Ergodic Theory

遍历论

（第2版）

孙文祥◎著

北京大学出版社
PEKING UNIVERSITY PRESS

图书在版编目(CIP)数据

遍历论/孙文祥著. —2 版. —北京：北京大学出版社，2018. 8
ISBN 978-7-301-29719-3

Ⅰ. ①遍⋯ Ⅱ. ①孙⋯ Ⅲ. ①遍历定理 Ⅳ. ① O177.99

中国版本图书馆 CIP 数据核字（2018）第 170942 号

书　　名 遍历论(第 2 版)
BIANLILUN
著作责任者 孙文祥　著
责 任 编 辑 尹照原
标 准 书 号 ISBN 978-7-301-29719-3
出 版 发 行 北京大学出版社
地　　址 北京市海淀区成府路 205 号　100871
网　　址 http://www.pup.cn
电 子 信 箱 zpup@pup.cn　　新浪微博：@北京大学出版社
电　　话 邮购部 62752015　发行部 62750672　编辑部 62752021
印 刷 者 北京虎彩文化传播有限公司
经 销 者 新华书店
890 毫米×1240 毫米　A5　7.375 印张　213 千字
2012 年 9 月第 1 版
2018 年 8 月第 2 版　2023 年 6 月第 3 次印刷
定　　价 38.00 元

内 容 简 介

遍历论是一个重要的数学学科，研究几乎所有状态点的运动规律，并指出每个典型的状态点的运动轨道均遍历系统的特征，且就可积函数而言证明这种轨道的时间平均等于函数的空间平均. 本书介绍遍历论的基本知识和基础技术，亦容纳少量最新研究成果. 内容包括遍历定理, Shannon−McMillan−Breiman 定理, 熵的理论和计算等. 本书可作为数学相关专业研究生的教材，也可作为物理学、概率学、统计学、经济学等各专业研究生和科技人员的参考书.

第二版前言

本书第一版自 2012 年出版以来，在学科领域获得了广泛的好评。这些年，作者一直在北京大学数学科学学院讲授“遍历论”研究生课程，每年开设一次，每次一个学期。现在，北京大学学习“遍历论”课程的研究生多了起来，且有部分高年级本科生学习遍历论。从全国来看，用本书作教材开设这门课程的学校多了起来。这本简练基本的研究生教材，方便了不同领域的学生学习遍历论。

遍历论应用的领域很广，其中一个成熟的研究方向是遍历论对数论的应用。我们在第二版增加了遍历论在数论中的一个重要应用，即第 2 章第 5 节，用遍历论方法给出了数论里重要的 van der Waerden 定理的一个简单的自封的证明。这种应用方法在数论里有一定的普遍性。在第 4 章第 3 节，我们替换了第一版的命题 4.3.1 的证明，本版的证明使用了 Hamming 度量和相应的技术。除此以外，这次修订还改正了一些第一版的印刷错误。

孙文祥

2018 年 6 月

于北京大学数学科学学院

第一版前言

遍历论是一个数学分支, 研究具有不变测度的动力系统的相关课题. 遍历论可以追溯到 19 世纪中叶, 那个时期的 Boltzmann 的众多遍历假设可以抽象地描述为：孤立力学系统的几乎所有运动轨道其时间平均等于空间平均. Boltzmann 的遍历假设是统计力学的基础. 20 世纪 30 年代建立的遍历定理则从数学上严格证明了时间平均等于空间平均的基本事实. 在遍历定理建立之后, 遍历论有了巨大发展. 下面我们稍微详细地介绍一下遍历论.

用 X 表示一个具有一定数学结构的状态空间, 如可测空间、拓扑空间、微分流形等. X 中的元素称为状态点. 考虑一个一一对应的映射 (既满的且单的映射) $T: X \to X,\ x \mapsto T(x)$. 记 T^{-1} 为 T 的逆映射, 它满足 $T \circ T^{-1} = T^{-1} \circ T = \mathrm{id}$, 这里 id 为恒同映射：$\mathrm{id}(x) = x,\ \forall x \in X$. 本书中用 $\mathbb{N}$ 表全体正整数所成之集, 用 $\mathbb{Z}$ 表全体整数所成之集. 记

$$T^n = \underbrace{T \circ T \circ \cdots \circ T}_{n}, \quad T^0 = \mathrm{id}, \quad T^{-n} = \underbrace{T^{-1} \circ T^{-1} \circ \cdots \circ T^{-1}}_{n},\ n \in \mathbb{N},$$

则称映射序列 $\{T^n\}_{-\infty}^{+\infty}$ 为定义在状态空间 X 上的离散动力系统, 简称动力系统. 注意到对每个 $n \in \mathbb{Z}$, T^n 均可由 T (或者它的逆 T^{-1}) 经迭代给出, 人们也称映射 $T: X \to X$ 为离散动力系统, 或简称动力系统. 有时将此动力系统表述为 (X, T). 对于状态点 $x \in X$, 集合 $\mathrm{Orb}(x, T) = \{T^n x \mid n \in \mathbb{Z}\}$ 称为它的轨道. 动力系统的定性理论主要研究状态点的轨道结构.

不妨把我们考虑的对象更限制一些, 即设 X 为拓扑空间, T 为连续的一一对应的映射, 且 T^{-1} 也连续. 依照拓扑学中的术语, 称 T 为连续同胚, 简称同胚. 人们称 (X, T) 为离散拓扑动力系统, 简称拓扑动力系统或动力系统. 如果某个状态点 x 其轨道 $\mathrm{Orb}(x, T)$ 在 X 中稠密, 即 $\overline{\mathrm{Orb}(x, T)} = X$ (稠密的概念需要状态空间的拓扑), 则 X 中的状态点可由 $\mathrm{Orb}(x, T)$ 中的状态点无限逼近. 换言之, 轨道 $\mathrm{Orb}(x, T)$ 逼近

空间 X 中的所有状态点, 是极限意义下遍历所有状态的轨道, 是一种所谓的遍历轨道. 本书正文中我们将看到, 遍历轨道的概念可以在一般的概率系统 (在那里 X 不一定具有拓扑, T 不一定连续) 中引进, 其定义的方式和这里有所不同. 我们将看到, 在一些动力系统中, "几乎所有" 轨道都是遍历的. 遍历论是用拓扑的和统计的方法研究几乎所有状态点 (包含了所有 "重要" 的状态点, 其轨道可以是遍历的也可以不是遍历的) 的轨道结构. "遍历" "几乎所有" 这些术语在本书正文中都会有确切定义.

本书中用 $\mathbb{R}$ 表实数集. 如果一个连续映射 $\phi: X\times\mathbb{R}\to X$, $(x,t)\mapsto\phi(x,t)$ 满足: (i) $\phi(x,0)=x$, $\forall x\in X$; (ii) $\phi(\phi(x,s),t)=\phi(x,s+t)$, $\forall x\in X$, $\forall s,t\in\mathbb{R}$, 则称 ϕ 为一个连续动力系统, 或简称为一个流. 对连续动力系统或流也可以讨论遍历理论. 对每个固定的时间 t, 称 ϕ_t 为流 ϕ 的时间 t 映射, 即 $\phi_t: X\to X$ 形成一个离散动力系统. 一般地, 离散系统 ϕ_t (此时 t 固定) 比流 ϕ 处理起来要简单些. 在遍历理论的一些课题中, 对离散动力系统 ϕ_t 成立的结论能够平行地推广到流 ϕ, 因而只就离散动力系统作讨论; 在另外的一些课题中, 两者的差别很大, 因而将离散动力系统和流分别讨论.

如果我们限制 X 为微分流形, $T: X\to X$ 为微分同胚, 即 T 为一一对应的映射且 T 和 T^{-1} 都是可微分的映射, 则 (X,T) 叫作 (离散的) 微分动力系统. 类似地, 可以定义连续的微分动力系统或可微流. 微分动力系统的遍历理论叫作微分遍历论. 微分遍历论之于基本的遍历论 (或者叫作拓扑遍历论) 的特色在于微分结构和线性化方法, 进而得到更丰富的成果. 本书仅介绍基本的遍历论, 简称遍历论.

Birkhoff 遍历定理是遍历论的一个基本重要定理. 它指出, 在遍历的动力系统中, 一个可积函数沿着几乎每一条轨道的时间平均都等于这个函数的空间平均. 在依据 Birkhoff 遍历定理为基础的重要成果中, 有一个被称为乘法遍历定理, 它已经成为微分遍历论的基本重要定理.

遍历论的一个辉煌成果是熵理论. 它用取自 $[0,\infty]$ 的数字 (这里不妨把 ∞ 也称为 "数字") 来表示一个概率系统 (保持一个概率测度的动力系统) 或拓扑动力系统的运动复杂程度. 概率系统有测度熵理论, 拓扑动力系统有拓扑熵理论, 两个理论由变分原理紧密联系.

一般而言, 遍历论是处理随时间演化的系统 (动力系统) 的动力学性质的强有力的综合性方法, 不仅惠及数学的相关学科, 而且对物理学、生物学、化学、经济学等有重要应用.

北京大学数学科学学院研究生的遍历论课程已经开设多年. 本书即由这个课程的讲义整理而成, 需用一个学期的时间讲授. 目前, 已有几本遍历论的英文教材, 如 P. Walters 的 *An introduction to ergodic theory*, M. Pollicott 和 M. Yuri 的 *Dynamical systems and ergodic theory* 等. 读者可以参考这些教材. 本书注重于遍历理论的基本定理、基础知识、基本技术和重要应用, 也适当介绍了最新研究成果, 力图兼顾普遍性与专门化. 本书共有 8 章, 第 1 章介绍预备知识; 第 7 章介绍流的熵理论, 相对独立; 第 2, 3, 4, 5, 6, 8 章分别介绍了 Birkhoff 遍历定理、测度熵理论、Shannon-McMillan-Breiman 定理、拓扑熵理论、变分原理、遍历分解定理、拓扑压理论等遍历论的基本知识.

北京大学数学科学学院研究生在使用本教材时提出过许多很好的意见和建议, 周云华博士承担了将讲义打字编排成书的工作, 廖刚博士为习题给出提示. 在此, 向他们诚挚地表达我的谢意!

孙文祥

2012 年 3 月

于北京大学数学科学学院

目　　录

第 1 章　预 备 知 识

本章作为预备知识, 主要介绍测度论的一些基础知识, 包括 σ 代数与测度, 可测函数与积分等.

§1.1　σ 代数与测度

1.1.1　概率空间的定义

定义 1.1.1　设 X 是一个集合. 考虑由 X 的一些子集构成的集类 $\mathcal{B}$. 称 $\mathcal{B}$ 为 σ **代数**, 如果它满足下面三个条件:

(i) $X \in \mathcal{B}$;

(ii) $B \in \mathcal{B}$ 蕴涵 $X \setminus B \in \mathcal{B}$;

(iii) $B_n \in \mathcal{B}\,(n \in \mathbb{N})$ 蕴涵 $\bigcup\limits_{n=1}^{\infty} B_n \in \mathcal{B}$.

换言之, σ 代数是包含全集合 X, 且对取余的运算, 可数并运算以及可数交运算均封闭的集类. 我们称 $(X, \mathcal{B})$ 为**可测空间**, 称 $\mathcal{B}$ 中的元素为**可测集**.

定义 1.1.2　$(X, \mathcal{B})$ 上的**概率测度** (本书中简称为**测度**) 是指一个函数 $m: \mathcal{B} \to [0,1]$, 它满足下面三个条件:

(i) $m(\varnothing) = 0$;

(ii) $m(X) = 1$;

(iii) 若 $\{B_n\}_1^\infty \subset \mathcal{B}$ 为互不相交的子集序列, 则

$$m\left(\bigcup_{n=1}^{\infty} B_n\right) = \sum_{n=1}^{\infty} m(B_n).$$

我们称 $(X, \mathcal{B}, m)$ 为**概率测度空间**. 如果去掉 $m(X) = 1$ 的限制, 则称 $(X, \mathcal{B}, m)$ 为**有限测度空间**.

本书一般考虑概率测度空间, 简称**测度空间**或**概率空间**.

例 1.1.1　$2^X = \{A \subset X\}$ 是 σ 代数. 对取定的一点 $x \in X$, 令 $\delta_x : 2^X \to [0,1]$,

$$\delta_x(B) = \begin{cases} 1, & \text{当 } x \in B \text{ 时}, \\ 0, & \text{当 } x \notin B \text{ 时}, \end{cases}$$

则 δ_x 是一个测度. 我们称 δ_x 为 x 点的**点测度**. $(X, 2^X, \delta_x)$ 是一个概率空间.

构造可测空间通常分两步: 先选取 X 的一些 (就某种目的而言) 感兴趣的子集, 之后再考虑能包含这些子集合的最小 σ 代数. 这样做是合理的, 因为首先 2^X 总是一个 σ 代数, 其次任意多个 σ 代数之交仍是 σ 代数.

定义 1.1.3　由 X 的一些子集构成的集类 $\mathcal{S}$ 称为**半代数**, 如果它满足下面三个条件:

(i) $\varnothing \in \mathcal{S}$;

(ii) $A, B \in \mathcal{S}$ 蕴涵 $A \cap B \in \mathcal{S}$;

(iii) 若 $A \in \mathcal{S}$, 则 $X \setminus A = \bigcup_{i=1}^{n} E_i$, 其中 $E_1, \cdots, E_n \in \mathcal{S}$ 两两不相交, $n \in \mathbb{N}$.

定义 1.1.4　由 X 的一些子集构成的集类 $\mathcal{A}$ 称为**代数**, 如果它满足下面三个条件:

(i) $\varnothing \in \mathcal{A}$;

(ii) $A, B \in \mathcal{A}$ 蕴涵 $A \cap B \in \mathcal{A}$;

(iii) 若 $A \in \mathcal{A}$, 则 $X \setminus A \in \mathcal{A}$.

一个 σ 代数自然满足代数的各条公理, 而代数也自然是半代数.

定义 1.1.5　一个函数 $\tau : \mathcal{S} \to [0,1]$ 是**有限可加**的, 如果

(i) $\tau(\varnothing) = 0$;

(ii) 若 $\{B_i\}_1^n\,(B_i \in \mathcal{S})$ 为互不相交的子集序列, 且 $\bigcup_{i=1}^{n} B_i \in \mathcal{S}$ 时, 有

$$\tau\left(\bigcup_{i=1}^{n} B_i\right) = \sum_{i=1}^{n} \tau(B_i).$$

称 τ 为**可数可加**的，如果上述的条件 (ii) 置换成下面的条件：若

$\{B_i\}_1^\infty (B_i \in \mathcal{B})$ 为互不相交的子集序列, 且 $\bigcup_{i=1}^{\infty} B_i \in \mathcal{S}$ 时, 有

$$\tau\left(\bigcup_{i=1}^{\infty} B_i\right) = \sum_{i=1}^{\infty} \tau(B_i).$$

自然, 可数可加性蕴涵有限可加性. 对定义在代数 $\mathcal{A}$ 或 σ 代数 $\mathcal{B}$ 上的非负函数, 可以类似定义有限可加性及可数可加性. 概率空间 $(X, \mathcal{B}, m)$ 中的测度 m 是定义在 σ 代数 $\mathcal{B}$ 上的可数可加函数.

1.1.2 概率空间的形成

在集合 X 上给定一个半代数 $\mathcal{S}$ 和一个有限可加 (或可数可加) 函数 $\tau : \mathcal{S} \to [0,1]$. 现在讨论如何扩张成一个概率空间. 将包含 $\mathcal{S}$ 的所有代数做交集, 则得到包含 $\mathcal{S}$ 的最小代数, 记成 $\mathcal{A}(\mathcal{S})$. 将包含代数 $\mathcal{A}$ 的所有 σ 代数做交集, 则得到包含 $\mathcal{A}$ 的最小 σ 代数, 记成 $\mathcal{B}(\mathcal{A})$.

定理 1.1.1 设 $\mathcal{S}$ 为 X 的一些子集合构成的半代数, 则 $\mathcal{S}$ 生成的代数 $\mathcal{A}(\mathcal{S})$ 恰由 X 中所有这样的子集组成, 即每个子集均能表示成 $\mathcal{S}$ 中有限个互不相交元素之并:

$$\mathcal{A}(\mathcal{S}) = \left\{ E = \bigcup_{i=1}^{n} E_i \,\middle|\, E_i \in \mathcal{S},\ E_1, \cdots, E_n \text{互不相交},\ n \in \mathbb{N} \right\}.$$

证明 记

$$\mathcal{E} = \left\{ E = \bigcup_{i=1}^{n} E_i \,\middle|\, E_i \in \mathcal{S},\ E_1, \cdots, E_n \text{互不相交},\ n \in \mathbb{N} \right\}.$$

首先验证 $\mathcal{E}$ 满足代数定义的三条公理. 第 (i) 条是显然成立的. 设 $E = \bigcup_{i=1}^{m} E_i$, 这里 $E_1, \cdots, E_m$ 均属于 $\mathcal{S}$ 且互不相交, 再设 $F = \bigcup_{i=1}^{n} F_i$, 其中 $F_1, \cdots, F_n$ 均属于 $\mathcal{S}$ 且互不相交, 则

$$E \cap F = \bigcup_{\substack{i=1,,2,\cdots,m \\ j=1,2,\cdots,n}} (E_i \cap F_j)$$

为 $\mathcal{S}$ 中元素 $E_i \cap F_j$ 的不交并, 因而第 (ii) 条公理满足. 为证 (iii), 先由半代数定义把 $X = X \backslash \varnothing$ 表示为有限个不交元素的并 $X = \bigcup_{j=1}^{\ell} D_j$,

$D_j \in \mathcal{S}$. 则

$$X \setminus E = \bigcup_{j=1}^{\ell} \left(D_j \Big\backslash \bigcup_{i=1}^{m} E_i \right) = \bigcup_{j=1}^{\ell} \left(\bigcap_{i=1}^{m} (D_j \setminus E_i) \right).$$

由半代数的公理有

$$X \setminus E_i = \bigcup_{r=1}^{p} G_r,$$

其中 $G_1, \cdots, G_p$ 均属于 $\mathcal{S}$ 且两两不交. 于是

$$D_j \setminus E_i = D_j \cap (X \setminus E_i) = D_j \cap \left(\bigcup_{r=1}^{p} G_r \right) = \bigcup_{r=1}^{p} (D_j \cap G_r),$$

这里 $D_j \cap G_r \in \mathcal{S}$, 进而 $D_j \setminus E_i \in \mathcal{E}$. 因为 $\mathcal{E}$ 已经满足代数公理 (ii), $\bigcap\limits_{i=1}^{m} (D_j \setminus E_i) \in \mathcal{E}$, 注意到当 $j_1 \neq j_2$ 时 $D_{j_1} \neq D_{j_2}$, 于是 $X \setminus E$ 为 $\mathcal{S}$ 中有限个不交元素之并. 故代数公理的第 (iii) 条也满足. 至此证明 $\mathcal{E}$ 是代数且包含 $\mathcal{S}$.

然后证明 $\mathcal{E}$ 为包含 $\mathcal{S}$ 的最小代数. 设 $\mathcal{A}$ 为一个包含 $\mathcal{S}$ 的代数. 任取 $E = \bigcup\limits_{i=1}^{m} E_i \in \mathcal{E}$, 其中 $E_1, \cdots, E_m$ 属于 $\mathcal{S}$ 且互不相交. 由 $X \setminus E_i \in \mathcal{A}$ 知

$$X \setminus E = \bigcap_{i=1}^{m} (X \setminus E_i) \in \mathcal{A}.$$

由此可得出 $E = X \setminus (X \setminus E) \in \mathcal{A}$, 即 $\mathcal{E} \subset \mathcal{A}$. □

定理 1.1.2 设 $\mathcal{S}$ 为 X 的一些子集合构成的半代数, $\tau : \mathcal{S} \to [0, 1]$ 是一个有限可加 (可数可加) 函数, 则存在唯一的有限可加 (可数可加) 函数 $\tau_1 : \mathcal{A}(\mathcal{S}) \to [0, 1]$, 满足 $\tau_1(B) = \tau(B), B \in \mathcal{S}$.

证明 任取定 $E \in \mathcal{A}(\mathcal{S})$, 则 $E = \bigcup\limits_{i=1}^{m} E_i$, 其中 $E_1, \cdots, E_m$ 均属于 $\mathcal{S}$ 且互不相交. 定义 $\tau_1(E) = \sum\limits_{i=1}^{m} \tau(E_i)$.

如果 $E = \bigcup\limits_{j=1}^{n} F_j$, 其中 $F_1, \cdots, F_n$ 均属于 $\mathcal{S}$ 且互不相交, 则

$$E = \bigcup_{j=1}^{n} \bigcup_{i=1}^{m} (E_i \cap F_j),$$

进而由 τ 的可加性知

$$\tau_1(E) = \sum_{j=1}^{n} \tau(F_j).$$

这表明 τ_1 的定义是合理的.

τ_1 的可加性可由定义直接验证. τ_1 显然是 τ 的扩充. 下面验证这是唯一的扩充. 事实上, 假如 $\tau' : \mathcal{A}(\mathcal{S}) \to [0,1]$ 也是 τ 的扩充. 任取定 $E = \bigcup\limits_{i=1}^{m} E_i$, 其中 $E_1, \cdots, E_m$ 均属于 $\mathcal{S}$ 且互不相交, 则有

$$\tau'(E) = \sum_{i=1}^{m} \tau'(E_i) = \sum_{i=1}^{m} \tau(E_i) = \tau_1(E),$$

亦即 $\tau' = \tau_1$. □

或许 X 不是 $\mathcal{S}$ 中的元素, 但是 $X = X \setminus \varnothing$ 总能表示为 $\mathcal{S}$ 中有限个成员如 $E_1, \cdots, E_n$ 的不交并. 一旦 $\sum\limits_{i=1}^{n} \tau(E_i) = 1$, 则有 $\tau_1(X) = 1$, 这里 $\tau_1(X) = \sum\limits_{i=1}^{n} \tau(E_i)$ 由定理 1.1.2 得出.

下面定理的证明可参见参考文献 [10].

定理 1.1.3 设 $\mathcal{A}$ 为 X 的一些子集构成的代数, 而 $\tau_1 : \mathcal{A} \to [0,1]$ 为可数可加的函数, 满足 $\tau_1(X) = 1$, 则存在唯一的概率测度 $\tau_2 : \mathcal{B}(\mathcal{A}) \to [0,1]$, 满足 $\tau_2(A) = \tau_1(A)$, $\forall A \in \mathcal{A}$.

设给定 X 上的一个半代数 $\mathcal{S}$ 和一个可数可加函数 $\tau : \mathcal{S} \to [0,1]$, 并进一步假定 X 可表示为 $\mathcal{S}$ 中有限个成员如 $E_1, \cdots, E_n$ 的不交并, 满足 $\sum\limits_{i=1}^{m} \tau(E_i) = 1$, 则由上面的三个定理我们可以确定唯一的概率空间 $(X, \mathcal{B}(\mathcal{A}(\mathcal{S})), \tau_2)$. 这空间可以完备化：即添加可测的具零测度的集合的子集合，并规定它们具有零测度.

由上面的定理, 当我们知道半代数 $\mathcal{S}$ 的元素时就能知道它生成的代数 $\mathcal{A}(\mathcal{S})$ 中的元素, 但是, 我们一般不知道生成的 σ 代数 $\mathcal{B}(\mathcal{A}(\mathcal{S}))$

中而没在代数 $\mathcal{A}(\mathcal{S})$ 中的元素, 能够把握的则是用代数 $\mathcal{A}(\mathcal{S})$ 中的元素逼近 σ 代数 $\mathcal{B}(\mathcal{A}(\mathcal{S}))$ 的元素. 这种逼近的程度可由对称差的测度来描述. 设 $(X, \mathcal{B}, m)$ 为概率空间. 两个可测集 A 和 B 的对称差 $A \triangle B$ 指的是 $(A \setminus B) + (B \setminus A)$. 下面的定理可参见文献 [7].

定理 1.1.4 设 $(X, \mathcal{B}, m)$ 为概率空间, $\mathcal{A}$ 为一个代数, 满足 $\mathcal{B}(\mathcal{A}) = \mathcal{B}$, 则对任意 $\varepsilon > 0$ 和 $B \in \mathcal{B}$, 存在 $A \in \mathcal{A}$, 使得 $m(A \triangle B) < \varepsilon$.

例 1.1.2 $\mathcal{S} = \{\varnothing, [0,b], (a,b] \mid 0 \leqslant a < b \leqslant 1\}$ 是 $[0,1]$ 上的半代数而不是代数. 事实上, 半代数的三条公理易验证. 至于不能成为代数的理由如下:

$$[0,1] \setminus \left(\frac{1}{2}, \frac{2}{3}\right] = \left[0, \frac{1}{2}\right] \cup \left(\frac{2}{3}, 1\right] \notin \mathcal{S}.$$

定义 $\tau : \mathcal{S} \to [0,1]$, $\tau(\varnothing) = 0, \tau([0,b]) = b$, $\tau((a,b]) = b - a$. 由上面的几个定理知, $\mathcal{S}$ 可唯一扩张成 σ 代数, 而 τ 可唯一扩张成概率测度. 此概率测度叫作 $[0,1]$ 上的 **Lebesgue 测度**.

1.1.3 单调类和 σ 代数

定义 1.1.6 X 的一些子集合组成的类 $\mathcal{C}$ 叫作**单调类**, 如果

(i) 对单调增的集合序列的并封闭, 即

$$E_1 \subset E_2 \subset \cdots, \quad E_i \in \mathcal{C} \Longrightarrow \bigcup_{i=1}^{\infty} E_i \in \mathcal{C};$$

(ii) 对单调减的集合序列的交封闭, 即

$$F_1 \supset F_2 \supset \cdots, \quad F_i \in \mathcal{C} \Longrightarrow \bigcap_{i=1}^{\infty} F_i \in \mathcal{C}.$$

显然 2^X 是单调类, 所以任何集合类都有包含它的单调类. 直接验证可知, 单调类的交集还是单调类. 对给定的一个代数 $\mathcal{A}$, 包含 $\mathcal{A}$ 的所有单调类之交则是包含 $\mathcal{A}$ 的最小单调类, 称之为 $\mathcal{A}$ 生成的单调类, 记成 $\mathcal{C}(\mathcal{A})$.

定理 1.1.5 设 $\mathcal{A}$ 为由 X 的一些子集构成的代数, $\mathcal{C}(\mathcal{A})$ 为 $\mathcal{A}$ 生成的单调类, 则 $\mathcal{C}(\mathcal{A}) = \mathcal{B}(\mathcal{A})$.

证明 我们验证 $\mathcal{C}(\mathcal{A})$ 对余运算封闭. 令

$$\mathcal{M} = \{E \in \mathcal{C}(\mathcal{A}) \mid E' = X \setminus E \in \mathcal{C}(\mathcal{A})\}.$$

自然 $\mathcal{A} \subset \mathcal{M}$. 现在证明 $\mathcal{M}$ 形成单调类. 设 $E_1 \subset E_2 \subset \cdots, E_i \in \mathcal{M}$, 则

$$E = \bigcup_{i=1}^{\infty} E_i \in \mathcal{C}(\mathcal{A}).$$

记 $E_i' = X \setminus E_i$, 有

$$E_1' \supset E_2' \supset \cdots,\ E_i' \in \mathcal{M}, \quad \bigcap_{i=1}^{\infty} E_i' \in \mathcal{C}(\mathcal{A}).$$

由此可得 $X \setminus E = \bigcap_{i=1}^{\infty} E_i' \in \mathcal{C}(\mathcal{A})$, 进而可得 $E \in \mathcal{M}$. 这说明 $\mathcal{M}$ 对单调增的集合序列的并封闭. 同理可证, 它对单调减的集合序列的交封闭, 进而是单调类. 而 $\mathcal{M}$ 作为包含 $\mathcal{A}$ 的单调类必等同于 $\mathcal{C}(\mathcal{A})$, 这说明 $\mathcal{C}(\mathcal{A})$ 对余运算封闭.

现在验证 $\mathcal{C}(\mathcal{A})$ 对取有限交运算也封闭. 为此, 对 $E \in \mathcal{C}(\mathcal{A})$, 令

$$\mathcal{M}_E = \{F \in \mathcal{C}(\mathcal{A}) \mid E \cap F \in \mathcal{C}(\mathcal{A})\}.$$

因为 $\varnothing \in \mathcal{M}_E$, 则有 $\mathcal{M}_E \neq \varnothing$. 对 $\mathcal{M}_E$ 中的单调增的集合序列 $F_1 \subset F_2 \subset \cdots$, 令 $F = \bigcup_{i=1}^{\infty} F_i$. 因 $\{E \cap F_i\}$ 是 $\mathcal{C}(\mathcal{A})$ 中的单调增的集合序列, 且 $E \cap F = \bigcup_{i=1}^{\infty}(E \cap F_i) \in \mathcal{C}(\mathcal{A})$, 进而 $F \in \mathcal{M}_E$, 故 $\mathcal{M}_E$ 对单调增的集合序列的并封闭. 同理可证, 它对单调减的集合序列的交封闭. 于是, 对每个 $E \in \mathcal{C}(\mathcal{A})$, $\mathcal{M}_E$ 是单调类. 当取 $E \in \mathcal{A}$ 时, 易见 $\mathcal{A} \subset \mathcal{M}_E$, 进而 $\mathcal{M}_E = \mathcal{C}(\mathcal{A})$. 这说明 $\mathcal{C}(\mathcal{A})$ 对有限交运算封闭. 至此证明了 $\mathcal{C}(\mathcal{A})$ 是代数.

设 $E_i \in \mathcal{C}(\mathcal{A})$, $i \in \mathbb{N}$. 因 $\mathcal{C}(\mathcal{A})$ 是代数, 则 $\bigcup_{i=1}^{n} E_i \in \mathcal{C}(\mathcal{A})$. 作为单调增序列 $\left\{\bigcup_{i=1}^{n} E_i\right\}_{n=1}^{\infty}$ 的无限并, $\bigcup_{i=1}^{\infty} E_i$ 必属于 $\mathcal{C}(\mathcal{A})$. 故 $\mathcal{C}(\mathcal{A})$ 是 σ 代

数且包含 $\mathcal{A}$. 注意到 $\mathcal{B}(\mathcal{A})$ 是包含 $\mathcal{A}$ 的最小 σ 代数以及 $\mathcal{B}(\mathcal{A})$ 显然是单调类, 则 $\mathcal{C}(\mathcal{A})$ 等同于 $\mathcal{B}(\mathcal{A})$. □

定理 1.1.5 说明, 要从代数 $\mathcal{A}$ 扩张成 (生成) σ 代数 $\mathcal{B}(\mathcal{A})$, 需要把这样的集合包含进来: 由 $\mathcal{A}$ 中的元素形成的单调增集合序列的并集和单调减集合序列的交集.

1.1.4　积概率空间

设 $(X_i, \mathcal{B}_i, m_i)$ 为概率空间, $i \in \mathbb{Z}$. 我们考虑集合

$$X = \prod_{i=-\infty}^{+\infty} X_i = \{(x_i)_{-\infty}^{+\infty} \mid x_i \in X_i\}.$$

对任意 $n \in \mathbb{N}$, 取 $B_j \in \mathcal{B}_j \, (-n \leqslant j \leqslant n, j \in \mathbb{Z})$, 如下定义的集合

$$\prod_{i=-\infty}^{-(n+1)} X_i \times \prod_{j=-n}^{n} B_j \times \prod_{i=n+1}^{+\infty} X_i = \{(x_i)_{-\infty}^{+\infty} \mid x_j \in B_j\}$$

称为**可测矩形**. 所有可测矩形 (n 变或 B_j 变可得到不同的可测矩形) 的集类 $\mathcal{S}$ 作成一个半代数 (习题 1). 由此半代数和 1.1.2 小节中的方法生成唯一的 σ 代数记成 $\mathcal{B}$. 称 $\mathcal{B}$ 为 $\mathcal{B}_i$ 的**积 σ 代数**. 如果我们定义 $\tau : \mathcal{S} \to [0,1]$ 如下:

$$\tau\left(\prod_{i=-\infty}^{-(n+1)} X_i \times \prod_{j=-n}^{n} B_j \times \prod_{i=n+1}^{+\infty} X_i\right) = \prod_{j=-n}^{n} m_j(B_j),$$

则 τ 是可数可加的函数 (思考题). 于是 τ 可以唯一扩张成 $(X, \mathcal{B})$ 上的概率测度, 记成 m, 叫作**积测度**. 称 $(X, \mathcal{B}, m)$ 为**积概率空间**, 记成 $\prod_{i=-\infty}^{+\infty} (X_i, \mathcal{B}_i, m_i)$. 类似地可定义 $\prod_{i=0}^{+\infty}(X_i, \mathcal{B}_i, m_i)$, $\prod_{i=0}^{n}(X_i, \mathcal{B}_i, m_i)$.

例 1.1.3　将 $[0,1]$ 上的 Lebesgue 测度 m (见例 1.1.2) 的二次自乘积的测度记为 $\mu = m \times m$. 它在可测矩形上的取值为

$$\mu(\varnothing) = 0, \quad \mu([0,b] \times [0,1]) = b, \quad \mu([0,1] \times (a,b]) = b - a,$$

$$\mu([0,b] \times (c,d]) = b(d-c), \quad \mu((a,b] \times (c,d]) = (b-a)(d-c),$$

$$\mu([0,b] \times [0,d]) = bd.$$

例 1.1.4 设 k 是一个正整数, Y 由 k 个元素组成, 这些元素分别用 $0,1,\cdots,k-1$ 表示, 即 $Y=\{0,1,\cdots,k-1\}$, 其 σ 代数取为 Y 中所有子集形成的集类 2^Y. 取定一个概率向量即数组 $(p_0,p_1,\cdots,p_{k-1})$, 满足

$$p_i>0,\quad i=0,1,\cdots,k-1,\quad \sum_{i=0}^{k-1}p_i=1.$$

$(Y,2^Y)$ 的测度 $\mu:2^Y\to[0,1]$ 由 $\mu(i)=p_i\,(i=0,1,\cdots,k-1)$ 及有限可加性给出. 由概率空间 $(Y,2^Y,\mu)$ 形成积概率空间

$$(X,\mathcal{B},m)=\prod_{-\infty}^{+\infty}(Y,2^Y,\mu).$$

如果把 1.1.4 小节开始时的可测矩形中的每个 B_j 取成单点 $a_i\in Y$ (在本例中单点集 $\{a_i\}$ 可测), 就形成了所谓的基本可测矩形:

$$[a_{-n}\cdots a_n]=\left\{(x_i)_{-\infty}^{+\infty}\in\prod_{-\infty}^{+\infty}Y\ \middle|\ x_i=a_i,\ i=-n,\cdots,n\right\}.$$

它的测度为 $m([a_{-n}\cdots a_n])=\prod\limits_{i=-n}^{n}p_{a_i}$. 对两个整数 $n>\ell$, 也称

$$[a_\ell\cdots a_n]=\left\{(x_i)_{-\infty}^{+\infty}\in\prod_{-\infty}^{+\infty}Y\ \middle|\ x_i=a_i,\ i=\ell,\cdots,n\right\}$$

为基本可测矩形, 其测度为 $m([a_\ell\cdots a_n])=\prod\limits_{i=\ell}^{n}p_{a_i}$.

注 我们把

$$X=\prod_{i=-\infty}^{+\infty}Y_i,\quad Y_i=Y,\quad -\infty<i<+\infty$$

简记为 $X=\prod\limits_{-\infty}^{+\infty}Y$. 同理, $\prod\limits_{m}^{n}$, $\prod\limits_{0}^{+\infty}$ 均可类似定义.

1.1.5 Borel σ 代数

如果 X 为拓扑空间, 那么包含所有开集的最小 σ 代数和包含所有闭集的最小 σ 代数是相同的 (思考题), 它被称为 **Borel σ 代数**, 记成 $\mathcal{B}(X)$. 而 $(X,\mathcal{B}(X))$ 上的概率测度称为 **Borel 概率测度**.

§1.2 可测函数与积分

1.2.1 可测函数

本书用 $\mathbb{R}$ 既表示实数集合, 也表示实数拓扑空间, 何时取何意行文中容易分辨. 用 $\mathcal{B}(\mathbb{R})$ 表示 $\mathbb{R}$ 的 Borel σ 代数. 直接验证可知, $\mathcal{B}(\mathbb{R})$ 是包含 $\{(c,\infty) \mid c \in \mathbb{R}\}$ 的最小 σ 代数.

定义 1.2.1 设 $(X,\mathcal{B})$ 为可测空间. 称函数 $f: X \to \mathbb{R}$ **可测**, 如果满足 $f^{-1}(B) \in \mathcal{B}, \forall B \in \mathcal{B}(\mathbb{R})$. 复值函数称为**可测的**, 如果它的实部和虚部都可测.

显然, 函数 $f: X \to \mathbb{R}$ 可测的一个等价条件是

$$f^{-1}(c,\infty) \in \mathcal{B}, \quad \forall c \in \mathbb{R} \quad (\text{习题 } 2).$$

例 1.2.1 简单函数 $\sum\limits_{i=1}^{n} a_i \chi_{A_i}$ 显然是可测函数, 这里 A_i 是可测集且互不相交, a_i 为实数, 而 χ_{A_i} 指 A_i 的特征函数, 即

$$\chi_{A_i} = \begin{cases} 1, & x \in A_i, \\ 0, & x \in X \setminus A_i. \end{cases}$$

实际上, 以 $f = \chi_A$ 为例, 有

$$f^{-1}(c,\infty) = \begin{cases} \varnothing, & c \geqslant 1, \\ A, & 0 \leqslant c < 1, \\ X, & c < 0. \end{cases}$$

命题 1.2.1 设 $f_n: X \to \mathbb{R}, n \in \mathbb{N}$ 为可测函数列, 则 $\inf\limits_n f_n$, $\sup\limits_n f_n$, $\liminf\limits_{n\to\infty} f_n$, $\limsup\limits_{n\to\infty} f_n$ 都是可测函数.

上面命题的证明是初等的, 参见测度论教材, 如文献 [20]. 由下面的命题我们可以找到更多的非平凡的可测函数.

命题 1.2.2 设 X 为拓扑空间, $\mathcal{B}(X)$ 为 Borel σ 代数, 则函数 $f: X \to \mathbb{R}$ 连续意味着可测.

证明 $f^{-1}(c,\infty)$ 是开集, 因而属于 $\mathcal{B}(X), \forall c \in \mathbb{R}$. □

注 记 $\overline{\mathbb{R}} = \mathbb{R} \cup \{+\infty\} \cup \{-\infty\}$. 称函数 $f: X \to \overline{\mathbb{R}}$ 可测, 如果 $f^{-1}(B) \in \mathcal{B}(X) (\forall B \in \mathcal{B}(\overline{\mathbb{R}}))$. $f: X \to \overline{\mathbb{R}}$ 可测的等价条件是 $f^{-1}(c,\infty) \in \mathcal{B} (\forall c \in \mathbb{R})$.

1.2.2 几乎处处收敛

设 $(X,\mathcal{B},m)$ 为概率空间, f, $f_n: X\to\mathbb{R}$ 为可测函数. 称 f 是 m-几乎处处有限的, 如果 $m(\{x\in X\mid f(x)=\infty\})=0$; 称 f 是 m-几乎处处有界的, 如果存在 $M>0$, 使 $m(\{x\in X\mid |f(x)|\geqslant M\})=0$; 称 f_n 是 m-几乎处处收敛于 f, 记成 $f_n\to f$, a.e., 如果 $m(\{x\in X\mid f_n(x)\to f(x)\})=1$; 称 f 是 m-几乎处处非负的, 如果 $m(\{x\in X\mid f(x)<0\})=0$. "$m$-几乎处处" 一词常写成 m-a.e., 而用 m-a.a. 表示 "m-几乎所有". 为简单, 本书有时对 m-a.e. 和 m-a.a. 不加区别.

例 1.2.2 设 $([0,1],\mathcal{B}([0,1]),m)$ 为概率空间, 这里 m 为 Lebesgue 测度. 定义函数

$$f_n(x)=\begin{cases}(-1)^n, & x\text{ 为 }[0,1]\text{ 上的有理数},\\ \dfrac{1}{n}, & x\text{ 为 }[0,1]\text{ 上的无理数},\end{cases}$$

$$f(x)=\begin{cases}+\infty, & x\text{ 为 }[0,1]\text{ 上的有理数},\\ 0, & x\text{ 为 }[0,1]\text{ 上的无理数},\end{cases}$$

则 f 是 m-a.e. 有限的. 因为

$$m(\{x\mid f_n(x)\not\to f(x)\})=m(\{\text{有理点}\})=0,$$

所以 $f_n\to f$, m-a.e.

1.2.3 积分

给定概率空间 $(X,\mathcal{B},m)$. 对非负的简单函数 $f=\sum\limits_{i=1}^{n}a_i\chi_{A_i}$, 其中 $A_i\ (i=1,2,\cdots,n)$ 是互不相交的可测集, 我们定义其关于 m 的积分为

$$\int f\,\mathrm{d}m=\sum_{i=1}^{n}a_im(A_i).$$

积分 $\int f\,\mathrm{d}m$ 定义是合理的, 因为: 若 $f=\sum\limits_{j=1}^{k}b_j\chi_{B_j}$, 其中 $B_j\ (j=1,2,\cdots,k,k\in\mathbb{N})$ 是互不相交的可测集, 则

$$\int f\,\mathrm{d}m=\sum_{i=1}^{n}a_im(A_i)=\sum_{j=1}^{k}b_jm(B_j)\quad(\text{思考题}).$$

对非负的可测函数 f, 取非负的递增简单函数列 f_n，使 $f_n \to f$, m-a.e. 例如, 取

$$f_n(x)=\begin{cases}\dfrac{i-1}{2^n}, & 当\ \dfrac{i-1}{2^n}\leqslant f(x)<\dfrac{i}{2^n},\ i=1,2,\cdots,n2^n\ 时,\\ n, & 当\ f(x)\geqslant n\ 时,\end{cases}$$

易知 $f_n \to f, m$-a.e., 下证 $f_n(x)$ 是简单函数. 注意到 $\mathcal{B}(\mathbb{R})$ 包含所有开区间和闭区间, 因而包含所有半开半闭区间. 令 $A_i = f^{-1}\left[\dfrac{i-1}{2^n},\dfrac{i}{2^n}\right)$, $B = f^{-1}([n,\infty))$, 则 $A_i, B \in \mathcal{B}$. 故

$$f_n(x)=\frac{1}{2^n}\chi_{A_2}+\frac{2}{2^n}\chi_{A_3}+\cdots+\frac{n2^n-1}{2^n}\chi_{A_{n2^n}}+n\chi_B$$

是简单函数. 此时定义积分为

$$\int f\,\mathrm{d}m=\lim_{n\to\infty}\int f_n\,\mathrm{d}m.$$

这一定义和简单函数 f_n 的选取无关, 见测度论如 [20]. 对一般的可测函数 $f: X \to \mathbb{R}$, 记

$$f^+(x)=\max\{f(x),0\},\quad f^-(x)=\max\{-f(x),0\},$$

则 $f = f^+ - f^-$. 称 f 可积, 如果 $\int f^+\,\mathrm{d}m<\infty$, 并且 $\int f^-\,\mathrm{d}m<\infty$. 此时定义积分为

$$\int f\,\mathrm{d}m=\int f^+\,\mathrm{d}m-\int f^-\,\mathrm{d}m.$$

注意, 可测函数 $f: X \to \mathbb{R}$ 可积等价于

$$\int |f|\,\mathrm{d}m<\infty.$$

复值可测函数 $f: X\to\mathbb{C}$, $f=f_1+\mathrm{i}f_2$ 称为可积的, 如果 f_1 和 f_2 都可积. 此时定义

$$\int f\,\mathrm{d}m=\int f_1\,\mathrm{d}m+\mathrm{i}\int f_2\,\mathrm{d}m.$$

注意, 如果 $f=g$, m-a.e., 则

$$\int f\mathrm{d}m=\int g\mathrm{d}m.$$

为简单起见并不失一般性, 在本书中一般只涉及实值函数.

令

$$L^1(X,\mathcal{B},m)=\left\{f:X\to\mathbb{R}\;\middle|\;\int|f|\,\mathrm{d}m<\infty\right\},$$

其中 $f=g$, m-a.e. 时被看成同一个函数, 用 L^1 模 $\|f\|_1=\displaystyle\int|f|\,\mathrm{d}m$ 和通常的函数加法 $L^1(X,\mathcal{B},m)$ 形成 Banach 空间. 当不需要强调可测空间 $(X,\mathcal{B})$ 时, 把 $L^1(X,\mathcal{B},m)$ 简单记为 $L^1(m)$. 通常用 $f\in L^1(m)$ 表示 f 是可积的. 如果 $f\in L^1(m)$, $A\in\mathcal{B}$, 则定义 $\displaystyle\int_A f\,\mathrm{d}m=\int f\circ\chi_A\,\mathrm{d}m$. 类似地, 人们可定义 $L^p(X,\mathcal{B},m)$, $p>1$.

我们不想多回顾积分的基本性质, 现在不加证明地叙述 Levi 定理, Fatou 引理和 Lebesgue 控制收敛定理, 它们的证明都可以从测度论教材 (如文献 [2] 和 [20]) 中找到.

定理 1.2.1 (Levi 定理) 设 $\{f_n\}_1^\infty$ 是概率空间 $(X,\mathcal{B},m)$ 上的非负可积函数列. 如果 f_n 是单调递增函数列且 $\left\{\displaystyle\int f_n\mathrm{d}m\right\}$ 是有界数列, 则极限 $\lim\limits_{n\to\infty}f_n=f$ 存在, m-a.e., 且是可积的, 并满足

$$\lim_{n\to\infty}\int f_n\,\mathrm{d}m=\int f\,\mathrm{d}m.$$

定理 1.2.2 (Fatou 引理) 设 $\{f_n\}_1^{+\infty}$ 是概率空间 $(X,\mathcal{B},m)$ 上的可测函数列.

(i) 如果存在可积函数 g, 使 $f_n\geqslant g$ 对每个 $n=1,2,3,\cdots$ 成立, 且

$$\liminf_{n\to\infty}\int f_n\,\mathrm{d}m<\infty,$$

则 $\liminf\limits_{n\to\infty}f_n$ 是可积的, 且有

$$\int\liminf_{n\to\infty}f_n\,\mathrm{d}m\leqslant\liminf_{n\to\infty}\int f_n\,\mathrm{d}m.$$

(ii) 如果存在可积函数 g, 使 $f_n\leqslant g$ 对每个 $n=1,2,3,\cdots$ 成立, 且

$$\limsup_{n\to\infty}\int f_n\,\mathrm{d}m>-\infty,$$

则 $\limsup\limits_{n\to\infty} f_n$ 是可积的, 且有

$$\int \limsup_{n\to\infty} f_n \,\mathrm{d}m \geqslant \limsup_{n\to\infty} \int f_n \,\mathrm{d}m.$$

定理 1.2.3 (Lebesgue 控制收敛定理) 设 $f_n : X \to \mathbb{R}$ 为概率空间 $(X, \mathcal{B}, m)$ 上的可测函数列且被一个可积函数 $g : X \to \mathbb{R}$ 如下控制: $|f_n| \leqslant g$, m-a.e., 进一步设 $\lim\limits_{n\to\infty} f_n = f$, m-a.e., 则 f 可积, 且满足

$$\lim_{n\to\infty} \int f_n \,\mathrm{d}m = \int f \,\mathrm{d}m.$$

§1.3 正则测度, 绝对连续测度, Lebesgue 数与 Perron-Frobenius 定理

定义 1.3.1 设 X 为拓扑空间, $\mathcal{B}(X)$ 为 Borel σ 代数. Borel 概率测度 m 称为**正则**的, 如果对每个 $B \in \mathcal{B}(X), \varepsilon > 0$, 存在开集 U_ε 和闭集 C_ε, 使得 $C_\varepsilon \subset B \subset U_\varepsilon$ 且 $m(U_\varepsilon \setminus C_\varepsilon) < \varepsilon$.

命题 1.3.1 对度量空间 (X, d), 每个 Borel 概率测度 $m : \mathcal{B}(X) \to [0,1]$ 均为正则的.

证明 令

$$\mathcal{R} = \{B \in \mathcal{B}(X) \mid \text{对 } \forall \varepsilon > 0, \text{ 存在开集 } U_\varepsilon \text{ 和闭集 } C_\varepsilon,$$
$$\text{使得 } C_\varepsilon \subset B \subset U_\varepsilon, \text{ 且 } m(U_\varepsilon \setminus C_\varepsilon) < \varepsilon\}.$$

下面证明 $\mathcal{R} = \mathcal{B}(X)$.

步骤 1 证明 $\mathcal{R}$ 为 σ 代数. 显然, $X \in \mathcal{R}$. 先证 $B \in \mathcal{R} \Longrightarrow X \setminus B \in \mathcal{R}$. 事实上, 当 $C_\varepsilon \subset B \subset U_\varepsilon$ 且 $m(U_\varepsilon \setminus C_\varepsilon) < \varepsilon$ 时, 有

$$X \setminus C_\varepsilon \supset X \setminus B \supset X \setminus U_\varepsilon,$$

且

$$m((X \setminus C_\varepsilon) \setminus (X \setminus U_\varepsilon)) = m(U_\varepsilon \setminus C_\varepsilon) < \varepsilon.$$

接着证明对可数并封闭. 事实上, 设 $B_1, B_2, \cdots, B_n, \cdots \in \mathcal{R}$, 令

$$B=\bigcup_{n=1}^{\infty}B_n.$$

对 $\varepsilon>0$, 存在闭集 $C_{n\varepsilon}$ 和开集 $U_{n\varepsilon}$, 使得

$$C_{n\varepsilon}\subset B_n\subset U_{n\varepsilon},\quad 且\quad m(U_{n\varepsilon}\setminus C_{n\varepsilon})<\frac{\varepsilon}{3^n}.$$

令

$$U_\varepsilon=\bigcup_{n=1}^{\infty}U_{n\varepsilon},\quad \tilde{C}_\varepsilon=\bigcup_{n=1}^{\infty}C_{n\varepsilon},$$

则存在 $k\in\mathbb{N}$, 使得 $m(\widetilde{C}_\varepsilon\setminus C_\varepsilon)<\frac{\varepsilon}{2}$, 其中 $C_\varepsilon=\bigcup_{n=1}^{k}C_{n\varepsilon}$.

我们有 $C_\varepsilon\subset B\subset U_\varepsilon$ 且

$$\begin{aligned}m(U_\varepsilon\setminus C_\varepsilon)&\leqslant m(U_\varepsilon\setminus\widetilde{C}_\varepsilon)+m(\widetilde{C}_\varepsilon\setminus C_\varepsilon)\\&\leqslant\sum_{n=1}^{\infty}m(U_{n\varepsilon}\setminus C_{n\varepsilon})+\frac{\varepsilon}{2}\\&<\sum_{n=1}^{\infty}\frac{\varepsilon}{3^n}+\frac{\varepsilon}{2}=\varepsilon.\end{aligned}$$

步骤 2 证明 $\mathcal{R}$ 包含所有闭集. 设 C 为闭集, $\varepsilon>0$, 令开集

$$U_n=\left\{x\in X\,\middle|\,d(x,C)<\frac{1}{n}\right\},$$

于是有

$$U_1\supset U_2\supset\cdots\supset U_n\supset\cdots,\quad 且\quad \bigcap_{n=1}^{\infty}U_n=C,$$

从而可取 $k\in\mathbb{N}$, 使得 $m(U_k\setminus C)<\varepsilon$. 故 $C\in\mathcal{R}$.

综上可知, $\mathcal{R}=\mathcal{B}(X)$. □

设 m 和 μ 为可测空间 $(X,\mathcal{B})$ 的两个概率测度. 如果对任意满足 $m(B)=0$ 的 $B\in\mathcal{B}$ 有 $\mu(B)=0$, 则称 μ 绝对连续于 m, 记为 $\mu\ll m$. 两个测度 μ 和 m 等价是指 $\mu\ll m$ 且 $m\ll\mu$. 下面定理的证明可在参考文献 [2] 和 [20] 中找到.

定理 1.3.1 (Radon-Nikodym 定理) 设 m 和 μ 为可测空间 $(X,\mathcal{B})$ 的两个概率测度, 则 $\mu\ll m$ 的充分必要条件是存在

$$f \in L^1(m), \quad f \geqslant 0, \quad \int f \mathrm{d}m = 1,$$

使得对任意 $C \in \mathcal{B}$, 有

$$\mu(C) = \int_C f \mathrm{d}m.$$

这时函数 f 是几乎处处唯一的 (如果 g 也满足这些性质, 则 $f(x) = g(x)$, m-a.e. $x \in X$).

注　上面定理中的函数 f 叫作 μ 关于 m 的 Radon-Nikodym 导数, 记成 $f = \dfrac{\mathrm{d}\mu}{\mathrm{d}m}$.

定理 1.3.2 (Lebesgue 覆盖引理)　设 (X, d) 是一个紧致度量空间, 并设 α 是 X 的一个开覆盖, 则存在正数 $\delta > 0$, 满足下列性质: 对 X 的每个直径小于或等于 δ 的子集 B, 存在 $A \in \alpha$, 使得 $B \subset A$.

证明　因为 X 是紧致的, 可以假定 α 是有限的开覆盖: $\alpha = \{A_1, \cdots, A_p\}$.

假定结论不对, 则对每个 n, 存在 $B_n \subset X$, 使得 $\operatorname{diam} B_n < \dfrac{1}{n}$ 且 B_n 不包含在任何一个 A_i 中. 选取点列 $x_n \in B_n$ 并从中选出收敛点列 $\{x_{n_j}\}$, 且设 $x_{n_j} \to x$. 因 α 是 X 的覆盖, 必存在一个开集 A_i, 使 $x \in A_i$. 设 $a = d(x, X \setminus A_i)$, 则 $a > 0$. 选取 n_i, 使得 $n_i > \dfrac{2}{a}$, $d(x_{n_i}, x) < \dfrac{a}{2}$, 则如果 $y \in B_{n_i}$ 就会有

$$d(y, x) \leqslant d(y, x_{n_i}) + d(x_{n_i}, x) < \frac{1}{n_i} + \frac{a}{2} < a.$$

所以推出 $B_{n_i} \subset A_i$, 矛盾. □

在上述定理中, 称 δ 为开覆盖 α 的 **Lebesgue 数**.

定义 1.3.2　设 $\boldsymbol{A} \in \mathbb{R}^{n \times n}$ 为非负矩阵 (指其每个元素非负). 如果对每对 $1 \leqslant i, j \leqslant n$, 存在 $N = N(i, j)$, 使得 $\boldsymbol{A}^N(i, j) > 0$, 称 $\boldsymbol{A}$ 是**不可约的**, 其中 $\boldsymbol{A}^N(i, j)$ 表示矩阵 $\boldsymbol{A}^N$ 的第 (i, j) 位置的元素. 如果 N 不随 (i, j) 变化, 则称 $\boldsymbol{A}$ 为**非周期矩阵**.

下面定理的证明可在文献 [12] 中找到.

定理 1.3.3 (Perron-Frobenius 定理)　设 $\boldsymbol{A} = (a_{ij})_{k \times k}$ 为不可约非负矩阵, 则

(i) 存在 $\boldsymbol{A}$ 的简单特征值 $\lambda > 0$, 称为**最大特征值**, 使得 $\boldsymbol{A}$ 的任何特征值之模均不超过 λ;

(ii) $\min\limits_i \sum\limits_{j=0}^{k-1} a_{ij} \leqslant \lambda \leqslant \max\limits_i \sum\limits_{j=0}^{k-1} a_{ij}$;

(iii) 对应于特征值 λ, 存在严格正的行特征向量 $\boldsymbol{u} = (u_0, \cdots, u_{k-1})$ 和严格正的列特征向量 $\boldsymbol{v} = (v_0, \cdots, v_{k-1})^{\mathrm{T}}$.

§1.4 习 题

1. 验证: 在 1.1.4 小节中所有可测矩形构成半代数.

2. 设 $(X, \mathcal{B}, m)$ 是一个概率空间. 证明:

$$f : X \to \mathbb{R} \text{ 可测 } \iff f^{-1}(c, +\infty) \in \mathcal{B}, \quad \forall c \in \mathbb{R}.$$

3. $[0,1]$ 的子集称为**剩余集**, 如果该子集是可数个稠密的开集合的交集. 用 m 表示 $[0,1]$ 的 Lebesgue 测度. 证明: 存在 m 零测度的剩余集. (提示: 考虑以有理点为心, 以趋于零的有理数为半径的开球的并集, 再考虑这些并集的交集.)

4. 举一个度量空间的例子, 它里边有可数多个开的稠密子集, 且这些子集的交是空集. (提示: 有理数作为实数空间的子拓扑空间是度量空间.)

5. 记 $X = [-1,1] \times [-1,1]$, 记 $\mathcal{B}(X)$ 为 Borel σ 代数. 用 μ_1 表示 $[-1,1]$ 的 Lebesgue 概率测度, μ_2 表示 $[-1,1] \times [-1,1]$ 的 Lebesgue 概率测度, 记 $\mu = \dfrac{1}{2}\mu_1 + \dfrac{1}{2}\mu_2$. 证明: μ 不绝对连续于 Lebesgue 概率测度.

第 2 章　遍历定理

遍历定理是遍历论中重要的基本定理. 本章我们介绍 Birkhoff 遍历定理 (其他形式的遍历定理可参见文献 [18]), 该定理指出, 对遍历系统而言, 可积函数沿 "几乎" 每一条轨道的时间平均等于其在状态空间上的平均.

§2.1　保测映射

2.1.1　概念

定义 2.1.1　设 $(X,\mathcal{B},m)$ 为概率空间, $T:X\to X$ 为映射 (或称为变换).

(i) 称 T 为**可测的**, 如果 $T^{-1}\mathcal{B}\subset\mathcal{B}$ (即 $B\in\mathcal{B}\Longrightarrow T^{-1}B\in\mathcal{B}$);

(ii) 称 T 为**保测的**, 如果 T 可测且 $m(T^{-1}B)=m(B)$, $\forall B\in\mathcal{B}$;

(iii) 称 T 为**可逆保测的**, 如果 T 是保测的, 一一的且 T^{-1} 是保测的.

设 $(X,\mathcal{B},m)$ 为概率空间. 当映射 $T:X\to X$ 保持测度 m 时, 称 m 为 T 的**不变测度**, 称 $(X,\mathcal{B},m,T)$ 为**概率系统**. 有时此概率系统也表示为 $T:(X,\mathcal{B},m)\to(X,\mathcal{B},m)$.

命题 2.1.1 (不变测度的特征)　设 $(X,\mathcal{B},m)$ 为概率空间, $T:X\to X$ 为可测映射, 则下列两条等价:

(i) T 保持测度 m;

(ii) $f\circ T$ 可积且 $\displaystyle\int f\circ T\mathrm{d}m=\int f\mathrm{d}m$, $\forall f\in L^1(X,\mathcal{B},m)$.

证明　(ii)$\Longrightarrow$(i): 对 $\forall B\in\mathcal{B}$, 令

$$f=\chi_B=\begin{cases}1, & x\in B,\\ 0, & x\notin B,\end{cases}$$

则

$$m(B)=\int f\mathrm{d}m=\int f\circ T\mathrm{d}m=m(T^{-1}B).$$

故 T 保持测度 m.

(i)$\Longrightarrow$(ii): 当 f 为特征函数时, $f=\chi_B$, 有

$$\int \chi_B\circ T\mathrm{d}m=m(T^{-1}B)=m(B)=\int \chi_B\mathrm{d}m,\quad \forall B\in\mathcal{B}.$$

当 f 为简单函数时, 因积分运算的线性性质有

$$\int f\circ T\mathrm{d}m=\int f\mathrm{d}m.$$

再依据积分定义的过程 (由简单函数逼近非负可测函数等), 同样的积分等式对 L^1 可积函数也成立, 即

$$\int f\circ T\mathrm{d}m=\int f\mathrm{d}m,\quad \forall f\in L^1(X,\mathcal{B},m).\qquad\square$$

命题 2.1.2 (保测变换的验证方法) 设 $(X,\mathcal{B},m)$ 为概率空间, $T:X\to X$ 为可测变换, $\mathcal{S}$ 为生成 $\mathcal{B}$ 的一个半代数, 即 $\mathcal{B}(\mathcal{A}(\mathcal{S}))=\mathcal{B}$. 如果 $m(T^{-1}B)=m(B),\forall B\in\mathcal{S}$, 则 T 为保测变换.

证明 令 $\mathcal{C}=\{B\in\mathcal{B}\,|\,m(T^{-1}B)=m(B)\}$, 则

(i) $\mathcal{S}\subset\mathcal{C}$;

(ii) $\mathcal{A}(\mathcal{S})\subset\mathcal{C}$, 其中 $\mathcal{A}(\mathcal{S})$ 中的元素为 $\mathcal{S}$ 中有限个元素的不交并;

(iii) $\mathcal{C}$ 是单调类. 事实上, 设 $B_1\subset B_2\subset\cdots\subset B_n\subset\cdots$ 为由 $\mathcal{C}$ 中的元素形成的一个递增的单调列, 则

$$\bigcup_{n=1}^{\infty}B_n\in\mathcal{B}.$$

显然,

$$m\left(T^{-1}\bigcup_{i=1}^{n}B_i\right)=m(T^{-1}B_n)=m(B_n)=m\left(\bigcup_{i=1}^{n}B_i\right).$$

因单调有界数列有极限, 则

$$m\left(\bigcup_{i=1}^{n}B_i\right)\to m\left(\bigcup_{i=1}^{\infty}B_i\right),$$

$$m\left(T^{-1}\bigcup_{i=1}^{n}B_i\right)\to m\left(T^{-1}\bigcup_{i=1}^{\infty}B_i\right),$$

故

$$m\left(T^{-1}\bigcup_{i=1}^{\infty}B_i\right)=m\left(\bigcup_{i=1}^{\infty}B_i\right).$$

至此我们证明了 $\mathcal{C}$ 对于单调增的集合序列的并是封闭的. 同理可证, $\mathcal{C}$ 对于单调递减的集合序列的交也是封闭的. 所以, $\mathcal{C}$ 是包含 $\mathcal{A}(\mathcal{S})$ 的单调类. 注意到 $\mathcal{B}$ 是含有 $\mathcal{A}(\mathcal{S})$ 的最小的单调类以及 $\mathcal{C}\subset\mathcal{B}$, 则必然有 $\mathcal{C}=\mathcal{B}$. 这意味着 T 保测. □

2.1.2　例子

例 2.1.1　恒同映射 $\mathrm{id}:(X,\mathcal{B},m)\to(X,\mathcal{B},m)$ 是保测变换:

$$m(\mathrm{id}^{-1}B)=m(B),\quad \forall B\in\mathcal{B}.$$

例 2.1.2　设 $T:(0,1]\to(0,1]$, $Tx=10x(\mathrm{mod}\ 1)$, 则 T 保持 Lebesgue 测度 λ.

事实上, 令 $\mathcal{S}=\{\varnothing,\ (a,b]\mid 0\leqslant a<b\leqslant 1\}$, 则 $\mathcal{S}$ 是半代数并生成 Borel σ 代数 $\mathcal{B}((0,1])$. 因为

$$T^{-1}(0,b]=\left(0,\frac{b}{10}\right]\cup\left(\frac{1}{10},\frac{b+1}{10}\right]\cup\cdots\cup\left(\frac{9}{10},\frac{b+9}{10}\right],$$

所以

$$\lambda(T^{-1}(0,b])=\frac{b}{10}\times 10=b=\lambda((0,b]).$$

同样可证

$$\lambda(T^{-1}(a,b])=\lambda((a,b]),\quad 0\leqslant a<b\leqslant 1.$$

由命题 2.1.2 可知, T 保持 Lebesgue 测度 λ.

例 2.1.3　考虑 Gauss 变换

$$T:(0,1]\to(0,1],\quad Tx=\frac{1}{x}(\mathrm{mod}\ 1)$$

和 Gauss 测度

$$m:\mathcal{B}((0,1])\to[0,1],\quad m(B)=\frac{1}{\ln 2}\int_B\frac{1}{x+1}\mathrm{d}x.$$

则 Gauss 测度 m 绝对连续于 Lebesgue 测度. 同上例, 半代数 $\mathcal{S}=\{\varnothing,\ (a,b]\mid 0\leqslant a<b\leqslant 1\}$ 生成 Borel σ 代数 $\mathcal{B}((0,1])$. 我们证明 T

保持 m. 由于命题 2.1.2 并不失一般性, 我们只需验证 $m(T^{-1}(0,b]) = m((0,b])$. 因为

$$T^{-1}(0,b] = \bigcup_{n=1}^{\infty}\left[\frac{1}{b+n},\frac{1}{n}\right)$$

是不交并, 所以

$$\begin{aligned}
m(T^{-1}(0,b]) &= \sum_{n=1}^{\infty} m\left(\left[\frac{1}{b+n},\frac{1}{n}\right)\right) = \sum_{n=1}^{\infty}\frac{1}{\ln 2}\int_{\frac{1}{b+n}}^{\frac{1}{n}}\frac{1}{x+1}\mathrm{d}x \\
&= \sum_{n=1}^{\infty}\frac{1}{\ln 2}\ln\frac{1+\dfrac{1}{n}}{1+\dfrac{1}{b+n}} \\
&= \frac{1}{\ln 2}\sum_{n=1}^{\infty}\left(\ln\frac{n+1}{n} - \ln\frac{b+n+1}{b+n}\right) \\
&= -\frac{1}{\ln 2}\ln\frac{1}{1+b} \quad (\text{直接运算得到}) \\
&= \frac{1}{\ln 2}\ln(b+1) = \frac{1}{\ln 2}\int_0^b \frac{1}{x+1}\mathrm{d}x = m((0,b]).
\end{aligned}$$

例 2.1.4 (Haar 测度) 设 G 是一个拓扑群: G 同时是群和拓扑空间且映射 $G\times G\to G$, $(x,y)\to xy^{-1}$ 是连续的; $\mathcal{B}(G)$ 为 Borel σ 代数. 如果 G 是紧致的, 则在 G 上存在一个左 Haar 测度 $m:\mathcal{B}(G)\to[0,+\infty)$, 即满足下列两条公理的有限测度:

(i) 左乘不变: $m(xB) = m(B)$, $\forall B\in\mathcal{B}(G)$, $\forall x\in G$;

(ii) m 正则 (参见定义 1.3.1).

在常数倍忽略不计的情况下, 左 Haar 测度是唯一存在的. 类似地, 可讨论右 Haar 测度. 当 G 是交换群时, 可以取左 Haar 测度等于右 Haar 测度. 正规化这些测度则形成概率测度. 有关 Haar 测度的知识可从测度论参考书 (参考文献 [4]) 中找到. 本书一般只涉及正规化了的 Haar 测度.

例 2.1.5 单位圆周 $K=\{y\in\mathbb{C}\mid |y|=1\}$ 上的正规化 Lebesgue 测度是 Haar 测度, 记成 m. 设

$$\begin{aligned}
T:(K,\mathcal{B}(K),m) &\to (K,\mathcal{B}(K),m), \\
z &\mapsto az, \quad a\in K,
\end{aligned}$$

则 T 是保测的: $m(T^{-1}B)=m(a^{-1}B)=m(B)$.

用 $K^n=K\times K\times\cdots\times K$ 表示 n 环面, 则 K 上的 Haar 测度所做的乘积测度是 K^n 上的 Haar 测度.

命题 2.1.3　紧致度量拓扑群 G 上任何连续同胚的群同构 $A: G\to G$ 均保持 Haar 测度.

证明　用 m 表示 G 上的左 Haar 测度 (右 Haar 测度时类似). 定义

$$\mu:\mathcal{B}(G)\to[0,1],$$
$$B\mapsto\mu(B)=m(A^{-1}B).$$

下证 μ 是左 Haar 测度, 进而由 Haar 测度的唯一性得

$$m(A^{-1}B)=m(B),\quad \forall B\in\mathcal{B}(G).$$

(i) 验证 μ 定义的合理性. 由 A 连续, $A^{-1}B\in\mathcal{B}(G)$ 对所有开集 $B\in\mathcal{B}(G)$ 成立, 进而 $A^{-1}\mathcal{B}(G)=\mathcal{B}(G)$.

(ii) 由题设知 m 是正则测度. 为证明 μ 是正则测度, 只需证对 $B\in\mathcal{B}(G)$ 和 $\varepsilon>0$, 存在闭集 $C\subset B(G)$, 使得 $\mu(B\setminus C)<\varepsilon$ (思考题). 这由 A 连续同胚是显然的. 设 $\varepsilon>0, B\in\mathcal{B}(G)$, 因 m 正则, 存在 $C\subset A^{-1}B, m(A^{-1}B\backslash C)<\varepsilon$, 则 $AC\subset B, \mu(B/AC)=m(A^{-1}B\backslash C)<\varepsilon$. 故 μ 也是正则测度. 由 A 连续以及 m 是 Haar 测度, 则 μ 在开集上取正测度.

(iii) μ 是左乘不变的. 这可以由 $\mu(Ax\cdot B)=m(A^{-1}(Ax\cdot B))=m(x\cdot A^{-1}B)=m(A^{-1}B)=\mu(B)$ 以及 A 是群同构给出.

综上可知, $\mu=m$. □

例 2.1.6 (符号系统的不变测度)　回顾例 1.1.4, 设 $Y=\{0,1,\cdots,k-1\}$ $(k\geqslant 2)$ 表示 k 个符号的集合, Y 的 σ 代数取为 2^Y. 取定一个概率向量, 即数组 $(p_0,p_1,\cdots,p_{k-1})$, 满足 $p_i>0$, $i=0,1,\cdots,k-1$, 且 $\sum\limits_{i=0}^{k-1}p_i=1$. 可测空间 $(Y,2^Y)$ 的测度由 $\mu(i)=p_i$ 及有限可加性给出. 记

$$X=\prod_{-\infty}^{+\infty}Y=\{(x_i)_{-\infty}^{+\infty}\mid x_i\in Y\}.$$

由概率空间 $(Y, 2^Y, \mu)$ 形成的乘积概率空间为

$$(X, \mathcal{B}, m) = \prod_{-\infty}^{+\infty} (Y, 2^Y, \mu).$$

定义

$$T:\ X \to X,\ \ (x_i)_{-\infty}^{+\infty} \mapsto (x_{i+1})_{-\infty}^{+\infty},$$

即把 $(x_i)_{-\infty}^{+\infty}$ 中的每个符号左移一个位置.

全部基本可测矩形组成一个半代数, 记成 $\mathcal{S}$. m 在基本可测矩形 $[a_0, a_1, \cdots, a_n]$ 上的取值为 $m[a_0, a_1, \cdots, a_n] = p_{a_0} p_{a_1} \cdots p_{a_n}$, 则 T 在 $\mathcal{S}$ 上保持测度 m. 据命题 2.1.2 可知 m 是 T 的不变测度. 类似地, m 也是 T^{-1} 的不变测度. 故 T 为可逆保测变换.

本例中的概率系统 $(X, \mathcal{B}, m, T)$ 称为 (双边) **Bernoulli 转移**.

我们在本例中的可测空间 $(X, \mathcal{B})$ 上可以给出许多不变测度. 事实上, 对 $n \geqslant 0$ 和 $a_i \in Y = \{0, 1, \cdots, k-1\} (i = 0, 1, \cdots)$, 定义函数 $p_n(a_0 a_1 \cdots a_n)$, 满足:

(i) $p_n(a_0 a_1 \cdots a_n) \geqslant 0$;

(ii) $\displaystyle\sum_{a_0 \in Y} p_0(a_0) = 1$;

(iii) $\displaystyle p_n(a_0 a_1 \cdots a_n) = \sum_{a_{n+1} \in Y} p_{n+1}(a_0 a_1 \cdots a_n a_{n+1})$,

$$p_n(a_0 a_1 \cdots a_n) = \sum_{a_{-1} \in Y} p_{n+1}(a_{-1} a_0 a_1 \cdots a_n).$$

仍用 $\mathcal{S}$ 表示由基本可测矩形组成的半代数, 定义 (此定义本身已蕴涵 T 在 $\mathcal{S}$ 上保测)

$$m : \mathcal{S} \to [0, 1], \quad m[a_0 a_1 \cdots a_n] = p_n(a_0 a_1 \cdots a_n).$$

容易验证 m 是可数可加的. 由定理 1.1.2 和定理 1.1.3 可生成概率测度, 仍记成 m. 由命题 2.1.2, m 为 T 的不变测度. 这样, 通过选取函数 $p_n(a_0 a_1 \cdots a_n)$, 我们可以获得 T 的许多不变测度. 例 2.1.6 中的乘积测度 m 即为此类测度. 事实上, 令 $p_n(a_0 a_1 \cdots a_n) = p_{a_0} p_{a_1} \cdots p_{a_n}$, 我们就有

$$\begin{aligned} m[a_0 a_1 \cdots a_n] &= p_{a_0} p_{a_1} \cdots p_{a_n} \\ &= p_{a_0} p_{a_1} \cdots p_{a_n} \sum_{a_{n+1} \in Y} p_{a_{n+1}} \end{aligned}$$

$$
\begin{aligned}
&= \sum_{a_{n+1}\in Y} p_{a_0}p_{a_1}\cdots p_{a_{n+1}} \\
&= \sum_{a_{n+1}\in Y} p_{n+1}(a_0a_1\cdots a_{n+1}).
\end{aligned}
$$

同理可验证

$$
m[a_0a_1\cdots a_n] = \sum_{a_{-1}\in Y} p_{n+1}(a_{-1}a_0a_1\cdots a_n).
$$

在下面的例子中再给一个这样的不变测度.

例 2.1.7 ($(\boldsymbol{p},\boldsymbol{P})$-Markov链) 给定概率向量

$$
\boldsymbol{p} = (p_0, p_1, \cdots, p_{k-1}), \quad p_i > 0, \quad \sum_{i=0}^{k-1} p_i = 1
$$

和矩阵

$$
\boldsymbol{P} = \begin{bmatrix} p_{00} & \cdots & p_{0,k-1} \\ \vdots & & \vdots \\ p_{k-1,0} & \cdots & p_{k-1,k-1} \end{bmatrix}, \quad p_{ij} \geqslant 0, \quad \sum_{j=0}^{k-1} p_{ij} = 1.
$$

这样的矩阵 $\boldsymbol{P}$ 叫作**随机矩阵**. 设这概率向量和随机矩阵满足关系

$$
(p_0, \cdots, p_{k-1}) \begin{bmatrix} p_{00} & \cdots & p_{0,k-1} \\ \vdots & & \vdots \\ p_{k-1,0} & \cdots & p_{k-1,k-1} \end{bmatrix} = (p_0, \cdots, p_{k-1}).
$$

构造数列 $p_n(a_0a_1\cdots a_n)$ 如下:

$$
p_n(a_0a_1\cdots a_n) = p_{a_0}p_{a_0a_1}p_{a_1a_2}\cdots p_{a_{n-1}a_n}.
$$

上述的 (i), (ii) 两条容易验证, 现在我们验证第 (iii) 条. 由于

$$
\begin{aligned}
&\sum_{a_{n+1}\in Y} p_{n+1}(a_0a_1\cdots a_{n+1}) \\
&\quad = \sum_{a_{n+1}\in Y} p_{a_0}p_{a_0a_1}p_{a_1a_2}\cdots p_{a_{n-1}a_n}p_{a_na_{n+1}} \\
&\quad = p_{a_0}p_{a_0a_1}p_{a_1a_2}\cdots p_{a_{n-1}a_n} \sum_{a_{n+1}\in Y} p_{a_na_{n+1}} \\
&\quad = p_n(a_0a_1\cdots a_n),
\end{aligned}
$$

则第一个等式成立. 又由于

$$\begin{aligned}
&\sum_{a_{-1}\in Y} p_{n+1}(a_{-1}a_0a_1\cdots a_n)\\
&\quad=\sum_{a_{-1}\in Y} p_{a_{-1}}p_{a_{-1}a_0}(p_{a_0a_1}p_{a_1a_2}\cdots p_{a_{n-1}a_n})\\
&\quad=p_{a_0}p_{a_0a_1}p_{a_1a_2}\cdots p_{a_{n-1}a_n}\\
&\quad=p_n(a_0a_1\cdots a_n),
\end{aligned}$$

则第二个等式得证. 故 $(\boldsymbol{p},\boldsymbol{P})$ 给出概率测度, 记成 m, 且 $T:X\to X$ 保持此测度. 概率系统 $\left(\prod\limits_{-\infty}^{+\infty}Y,\mathcal{B},m,T\right)$ 被称为 **Markov 链**或 **Markov 转移**, m 叫作 **Markov 测度**.

在 Markov 链的家族中, 可供选择的概率向量和随机矩阵是很多的. 例如, 取概率向量为 $\boldsymbol{p}=\left(\frac{1}{k},\frac{1}{k},\cdots,\frac{1}{k}\right)$, 随机矩阵为

$$\boldsymbol{P}=\begin{bmatrix}
0 & 1 & 0 & 0 & \cdots & 0\\
0 & 0 & 1 & 0 & \cdots & 0\\
0 & 0 & 0 & 1 & \cdots & 0\\
\vdots & \vdots & \vdots & \vdots & & \vdots\\
0 & 0 & 0 & 0 & \cdots & 1\\
1 & 0 & 0 & 0 & \cdots & 0
\end{bmatrix}.$$

对这个概率向量 $\boldsymbol{p}$, 随机矩阵也可取为

$$\boldsymbol{P}=\begin{bmatrix}
\frac{\varepsilon}{k-1} & 1-\varepsilon & \frac{\varepsilon}{k-1} & \frac{\varepsilon}{k-1} & \cdots & \frac{\varepsilon}{k-1}\\
\frac{\varepsilon}{k-1} & \frac{\varepsilon}{k-1} & 1-\varepsilon & \frac{\varepsilon}{k-1} & \cdots & \frac{\varepsilon}{k-1}\\
\vdots & \vdots & \vdots & \vdots & & \vdots\\
\frac{\varepsilon}{k-1} & \frac{\varepsilon}{k-1} & \frac{\varepsilon}{k-1} & \frac{\varepsilon}{k-1} & \cdots & 1-\varepsilon\\
1-\varepsilon & \frac{\varepsilon}{k-1} & \frac{\varepsilon}{k-1} & \frac{\varepsilon}{k-1} & \cdots & \frac{\varepsilon}{k-1}
\end{bmatrix},$$

其中 $0<\varepsilon<1$ 是常数.

§2.2　遍 历 测 度

定义 2.2.1　设 $(X,\mathcal{B},m)$ 是一个概率空间. 保测变换 $T:X\to X$ 叫作**遍历**的, 如果满足等式 $T^{-1}B=B$ 的可测集 $B\in\mathcal{B}$ 的测度只能取值 0 或 1. 此时称 m 为 T 的**不变遍历测度**, 简称**遍历测度**.

例 2.2.1　设可测变换 $T:(X,\mathcal{B})\to(X,\mathcal{B})$ 有一个周期轨道 $\{x,Tx,T^2x,\cdots,T^{p-1}x\}$, 其中 p 是最小周期. 令

$$\mu=\frac{1}{p}\sum_{i=0}^{p-1}\delta_{T^ix},$$

则 μ 是一个测度, 它在每个点 T^ix 处取相同的值 $\dfrac{1}{p}$, 在每个与此周期轨道不相交的可测集合上取值 0. 用定义可证 μ 是 T 的不变遍历测度. 习惯上人们称 μ 为周期测度或支撑在周期轨道上的原子测度.

对于保测映射 $T:(X,\mathcal{B},m)\to(X,\mathcal{B},m)$, 当存在可测集 $B\in\mathcal{B}$ 满足 $T^{-1}B=B$ 且 $m(B)>0$ 时, 可考虑限制在集合 B 上的 σ 代数 $\mathcal{B}\cap B$ 和如下给出的条件测度:

$$m|_B:\mathcal{B}\cap B\to[0,1],\quad m|_B(C\cap B)=\frac{m(C\cap B)}{m(B)}.$$

如此就形成了 (限制在 B 上的) 非平凡的 (指 $m(B)>0$) 子系统 $(B,\mathcal{B}\cap B,m|_B,T|_B)$. 一旦 T 是遍历的, 则不会存在这样的非平凡的真子系统.

引理 2.2.1　设 $T:X\to X$ 为概率空间 $(X,\mathcal{B},m)$ 的保测变换, $B\in\mathcal{B},n\in\mathbb{N}$. 令

$$B_\infty=\bigcap_{n=0}^{\infty}\bigcup_{i=n}^{\infty}T^{-i}B,$$

则 $B_\infty\in\mathcal{B}$, $B_\infty=T^{-1}B_\infty$, 且 $m(B_\infty)=m\left(\bigcup_{i=n}^{\infty}T^{-i}B\right)$.

注　对 $x\in X$, 令 $\mathrm{Orb}^+(x,T)=\{T^i(x)\mid i=0,1,2,\cdots\}$ 表示 x 在 T 迭代下的正向轨道, 则 B_∞ 由这样的状态点组成: 其正向轨道无限次进入 B.

证明 由 B_∞ 的定义可知

$$
\begin{aligned}
T^{-1}B_\infty &= \bigcap_{n=0}^{\infty}\bigcup_{i=n}^{\infty} T^{-(i+1)}B \\
&= \bigcap_{n=0}^{\infty}\bigcup_{i=n+1}^{\infty} T^{-i}B \\
&= B_\infty.
\end{aligned}
$$

因为 $\bigcup_{i=0}^{\infty} T^{-i}B \supset \bigcup_{i=1}^{\infty} T^{-i}B \supset \cdots$ 及

$$
m\left(\bigcup_{i=n}^{\infty} T^{-i}B\right) = m\left(T^{-1}\bigcup_{i=n}^{\infty} T^{-i}B\right) = m\left(\bigcup_{i=n+1}^{\infty} T^{-i}B\right),
$$

所以有

$$
m(B_\infty) = m\left(\bigcup_{i=n}^{\infty} T^{-i}B\right). \qquad \square
$$

遍历性条件有若干形式上不同但彼此等价的描述. 下面两个定理给出了两组描述.

定理 2.2.1 设 $T: X \to X$ 为概率空间 $(X, \mathcal{B}, m)$ 的保测变换, 则下列几条是等价的:

(i) T 遍历;

(ii) 满足 $m(T^{-1}B \triangle B) = 0$ 的 $B \in \mathcal{B}$, 其测度只能为 0 或 1;

(iii) 对每个正测集 $A \in \mathcal{B}$ (即 $m(A) > 0$), 有 $m\left(\bigcup_{i=1}^{\infty} T^{-i}A\right) = 1$;

(iv) 对每两个正测集 $A, B \in \mathcal{B}$ (即 $m(A) > 0, m(B) > 0$), 存在 $n \in \mathbb{N}$, 使得 $m(T^{-n}A \cap B) > 0$.

证明 (i)$\Longrightarrow$(ii): 由引理 2.2.1, 可以构造

$$
B_\infty = \bigcap_{n=0}^{\infty}\bigcup_{i=n}^{\infty} T^{-i}B.
$$

因为 $T^{-1}B_\infty = B_\infty$, 所以 $m(B_\infty) = 0, 1$. 下面由 $m(T^{-1}B \triangle B) = 0$ 推证 $m(B) = m(B_\infty) = 0, 1$.

因为

$$T^{-n}B \triangle B \subset \bigcup_{i=0}^{n-1}(T^{-(i+1)}B \triangle T^{-i}B) = \bigcup_{i=0}^{n-1} T^{-i}(T^{-1}B \triangle B),$$

所以

$$m(T^{-n}B \triangle B) \leqslant \sum_{i=0}^{n-1} m(T^{-i}(T^{-1}B \triangle B)) = nm(T^{-1}B \triangle B) = 0.$$

故

$$m\left(\left(\bigcup_{i=n}^{\infty} T^{-i}B\right) \triangle B\right) \leqslant \sum_{i=n}^{\infty} m(T^{-i}B \triangle B) = 0.$$

于是

$$m(B) = m\left(\bigcup_{i=n}^{\infty} T^{-i}B\right),$$

进而有 $m(B) = m(B_\infty) = 0, 1$.

(ii)$\Longrightarrow$(iii)：设 $A \in \mathcal{B}$ 满足 $m(A) > 0$. 令 $A_1 = \bigcup\limits_{i=1}^{\infty} T^{-i}A$, 则 $T^{-1}A_1 \subset A_1$. 又由于 $m(T^{-1}A_1) = m(A_1)$, 我们有 $m(A_1 \triangle T^{-1}A_1) = 0$. 根据 (ii), 我们得到 $m(A_1) = 0$ 或 1. 但 $m(A_1)$ 不可能等于 0, 原因是 $T^{-1}A \subset A_1$ 且 $m(T^{-1}A) = m(A) > 0$. 故 $m(A_1) = 1$.

(iii)$\Longrightarrow$(iv)：设 $A, B \in \mathcal{B}$ 满足 $m(A) > 0, m(B) > 0$. 由 (iii) 可知

$$m\left(\bigcup_{n=1}^{\infty} T^{-n}A\right) = 1.$$

故

$$0 < m(B) = m\left(B \cap \bigcup_{n=1}^{\infty} T^{-n}A\right) = m\left(\bigcup_{n=1}^{\infty} B \cap T^{-n}A\right).$$

所以存在 n, 使得 $m(B \cap T^{-n}A) > 0$.

(iv)$\Longrightarrow$(i)：反证法. 假设有 $B \in \mathcal{B}$ 满足 $T^{-1}B = B$ 且 $0 < m(B) < 1$, 则 $0 < m(X \setminus B) < 1$ 且

$$0 = m(B \cap (X \setminus B)) = m(T^{-n}B \cap (X \setminus B)).$$

但这与 (iv) 矛盾. □

(iii) 和 (iv) 可以解释为: 任何正测度集合 A 的轨道 $\{T^{-n}A\}_0^\infty$ 均扫遍 (不计 m 零测度集合意义下) 全空间 X.

定理 2.2.2 设 $(X,\mathcal{B},m)$ 为概率空间, $T: X \to X$ 为保测变换, 则下列五条是等价的:

(i) T 遍历;

(ii) 对任何满足 $(f\circ T)(x)=f(x), \forall x\in X$ 的可测函数 $f: X\to \mathbb{C}$, 有 $f=\text{const.}$, a.e.;

(iii) 对任何满足 $(f\circ T)(x)=f(x)$, a.e. $x\in X$ 的可测函数 $f: X\to \mathbb{C}$, 有 $f=\text{const.}$, a.e.;

(iv) 对任何满足 $(f\circ T)(x)=f(x), \forall x\in X$ 的 $f\in L^2(X,\mathcal{B},m)$, 有 $f=\text{const.}$, a.e.;

(v) 对任何满足 $(f\circ T)(x)=f(x)$, a.e. $x\in X$ 的 $f\in L^2(X,\mathcal{B},m)$, 有 $f=\text{const.}$, a.e..

证明 显然成立的有: (iii)$\Longrightarrow$(ii), (v)$\Longrightarrow$(iv), (ii)$\Longrightarrow$(iv), (iii)$\Longrightarrow$(v). 余下只需证明 (i)$\Longrightarrow$(iii) 和 (iv)$\Longrightarrow$(i) 即可.

(i)$\Longrightarrow$(iii): 设 T 是遍历的且 $f\circ T=f$, a.e.. 我们可以假定 f 是实值的, 因为当 f 是复值函数时可分别考虑其实部和虚部. 对 $k\in\mathbb{Z}$ 和 $n\in\mathbb{N}$, 令

$$X(k,n)=\left\{x\in X \,\middle|\, \frac{k}{2^n}\leqslant f(x)<\frac{k+1}{2^n}\right\}=f^{-1}\left(\left[\frac{k}{2^n},\frac{k+1}{2^n}\right)\right).$$

我们有

$$\begin{aligned}
&T^{-1}X(k,n)\,\triangle\, X(k,n)\\
&=T^{-1}\circ f^{-1}\left(\left[\frac{k}{2^n},\frac{k+1}{2^n}\right)\right)\triangle f^{-1}\left(\left[\frac{k}{2^n},\frac{k+1}{2^n}\right)\right)\\
&\subset \{x\in X \mid f\circ T(x)\neq f(x)\}.
\end{aligned}$$

由题设我们得到

$$m(T^{-1}X(k,n)\,\triangle\, X(k,n))=0.$$

由定理 2.2.1 中的 (ii) 可得

$$m(X(k,n))=0,1.$$

对 $\forall n\in\mathbb{N}$, $\bigcup\limits_{k\in\mathbb{Z}}X(k,n)=X$ 都是个不交并集, 总会有唯一的 k_n 满足

$m(X(k_n,n))=1$. 令 $Y=\bigcap_{n=1}^{\infty}X(k_n,n)$, 则 $m(Y)=1$. 于是 f 在 Y 上取常值, 即 $f=\text{const.}$, a.e..

(iv)$\Longrightarrow$(i): 设某个 $E\in\mathcal{B}$ 满足 $T^{-1}E=E$. 取 $\chi_E\in L^2(X,\mathcal{B},m)$, 则

$$(\chi_E\circ T)(x)=\chi_{T^{-1}E}(x)=\chi_E(x),\quad \forall x\in X.$$

故 $\chi_E=0$, a.e. 或 $\chi_E=1$, a.e.. 于是 $m(E)=\int\chi_E\mathrm{d}m=0,1$. □

注　(ii) 和 (iii) 两条对于实值的可测函数也是成立的; (iv) 和 (v) 两条对于 $f\in L^p(X,\mathcal{B},m)\,(p\geqslant 1)$ 也是成立的, 这里 $L^p(X,\mathcal{B},m)$ 既可以表示实值 L^p 函数空间, 也可以表示复值 L^p 函数空间.

定理 2.2.3　设 X 为紧致度量空间, $\mathcal{B}(X)$ 为 Borel σ 代数, 且 m 为 Borel 概率测度, 使得 X 的每个非空开集均具有 m 正测度, 又设 $T:X\to X$ 是连续的映射, 保持测度 m 的且是遍历的, 则对 m-几乎所有点其轨道都在 X 中稠密, 即

$$m(\{x\in X\mid\{T^nx\}_0^\infty\ \text{是}\ X\ \text{中的稠密子集}\})=1.$$

证明　设 $\{U_n\}_1^\infty$ 是 X 的一个可数拓扑基, 则

$$\overline{\{T^nx|n\geqslant 0\}}=X\Longleftrightarrow x\in\bigcap_{n=1}^{\infty}\bigcup_{k=0}^{\infty}T^{-k}U_n.$$

由于 $T^{-1}\bigcup_{k=0}^{\infty}T^{-k}U_n\subset\bigcup_{k=0}^{\infty}T^{-k}U_n$ 和 T 保测, 我们有

$$m\left(\left(T^{-1}\bigcup_{k=0}^{\infty}T^{-k}U_n\right)\triangle\left(\bigcup_{k=0}^{\infty}T^{-k}U_n\right)\right)=0.$$

根据 T 遍历及定理 2.2.1 中的 (ii) 知

$$m\left(\bigcup_{k=0}^{\infty}T^{-k}U_n\right)=0,1.$$

注意到 $\bigcup_{k=0}^{\infty}T^{-k}U_n$ 是非空开集, 知

$$m\left(\bigcup_{k=0}^{\infty} T^{-k}U_n\right) = 1,$$

进而有

$$m\left(\bigcap_{n=0}^{\infty}\bigcup_{k=0}^{\infty} T^{-k}U_n\right) = 1. \qquad \square$$

例 2.2.2 设 $S^1 = \mathbb{R}/\mathbb{Z}$ 是单位圆周, 用 m 表示它的 Haar 测度. 考虑旋转 $T: S^1 \to S^1$, $T(x) = x + \alpha(\bmod 1)$, 其中 $\alpha \in \mathbb{R}$ 是常数. 这里的 T 就是例 2.1.5 中考虑过的映射. Haar 测度 m 是 T 的不变测度. 下面将证明, m 是 T 的遍历测度 $\Longleftrightarrow$ α 为无理数.

事实上, 当 α 为有理数时, 可设 $\alpha = \dfrac{p}{q}, p, q \in \mathbb{Z}, q > 0, q$ 与 p 互素. 因为存在可测的非常值函数 $f: S^1 \to \mathbb{C}, f(x) = \mathrm{e}^{2\pi \mathrm{i} qx}$ 沿 T 的每条轨道是不变的, 则由定理 2.2.2 中的 (ii) 知, m 不是 T 的遍历测度.

现考虑 α 为无理数时的情形. 先证 T 是处处稠密的, 即 $\{T^n x\}_{n\in\mathbb{Z}}$ 在 S^1 中稠密, $\forall x \in S^1$. 注意到等式 $T^n x = x + n\alpha(\bmod 1) = x + m\alpha(\bmod 1) = T^m x$ 等价于 $(n-m)\alpha \in \mathbb{Z}$, 进而等价于 $n = m$, 故序列 $\{T^n x\}_{n\in\mathbb{Z}}$ 中的元素两两不相同. 因 S^1 紧, 此轨道有极限点. 于是对任意 $\varepsilon > 0$, 存在 $n, m \in \mathbb{N}$, 不妨设 $n > m$, 使得 $|T^n x - T^m x| < \varepsilon$. 由 T 的定义我们可得

$$|T^{n-m}x - x| < \varepsilon, \quad |T^{2(n-m)}x - T^{n-m}x| < \varepsilon,$$

$$|T^{3(n-m)}x - T^{2(n-m)}x| < \varepsilon, \quad \cdots.$$

这说明 $x, T^{n-m}x, T^{2(n-m)}x, \cdots, T^{k(n-m)}x, \cdots$ 将 S^1 分割为长度小于 ε 的区间的并. 由 ε 的任意性知 $\{T^n x\}_{n\in\mathbb{Z}}$ 是稠密的.

再证明一个简单事实: 设 A 为 m 正测集, 并设 $0 < \varepsilon < 1$, 则存在一个小区间 (弧段) I, 使得 $0 < m(I) < \varepsilon$ 且 $m(A \cap I) > (1-\varepsilon)m(I)$.

注意到 m 是 Lebesgue 测度且 $m(A) > 0$, 则存在区间序列 $\{I_n\}_{n\in\mathbb{N}}$ 满足

$$\bigcup_{n\in\mathbb{N}} I_n \supset A, \quad m(I_n) < \varepsilon, \quad (1-\varepsilon)\sum_n m(I_n) < m(A).$$

如果对 $\forall n\in\mathbb{N}$, 有

$$m(A\cap I_n)\leqslant(1-\varepsilon)m(I_n),$$

则推出

$$(1-\varepsilon)\sum_n m(I_n)\geqslant\sum_n m(A\cap I_n)\geqslant m(A).$$

这是矛盾的. 于是, 选取 I_n 满足 $m(A\cap I_n)\geqslant(1-\varepsilon)m(I_n)$, 并令 $I=I_n$, 则事实得证.

最后证明 T 是遍历的. 设 $A\in\mathcal{B}(S^1)$ 满足 $T^{-1}A=A$ 且 $m(A)>0$, 我们证明 $m(A)=1$. 对任意 $\varepsilon>0$, 取小区间 I, 使得 $0<m(I)<\varepsilon$, 且

$$m(A\cap I)>(1-\varepsilon)m(I),$$

则

$$m(A\cap T^nI)=m(A\cap I)>(1-\varepsilon)m(I)=(1-\varepsilon)m(T^nI).$$

只要有正整数列 $n_1,\cdots,n_k$, 使得 $T^{n_1}I,\cdots,T^{n_k}I$ 两两不相交, 则有

$$m(A)\geqslant\sum_{i=1}^k m(A\cap T^{n_i}I)>(1-\varepsilon)m\left(\bigcup_{i=1}^k T^{n_i}I\right).$$

另一方面, I 的端点在 T 作用之下的轨道是稠密的, 由 $m(I)<\varepsilon$, 总会存在正整数列 $n_1,\cdots,n_k$, 使得 $T^{n_1}I,\cdots,T^{n_k}I$ 两两不交, 且

$$m\left(\bigcup_{i=1}^k T^{n_i}I\right)>1-2\varepsilon.$$

这推出 $m(A)\geqslant(1-\varepsilon)(1-2\varepsilon)$. 当 $\varepsilon\to0$ 时, 得 $m(A)=1$. 故 T 遍历.

例 2.2.3 Bernoulli 转移 (参见例 2.1.6) 是遍历的.

证明 设 $E\in\mathcal{B}$ 满足 $T^{-1}E=E$. 对任意 ε, 下证

$$|m(E)-m(E)^2|<4\varepsilon.$$

令 $\mathcal{A}$ 表示由基本可测矩形的有限不交并组成的代数. 因为 $\mathcal{B}(\mathcal{A})=\mathcal{B}$, 根据定理 1.1.4, 存在 $A\in\mathcal{A}$, 满足 $m(E\triangle A)<\varepsilon$. 于是有

$$\begin{aligned}|m(E)-m(A)|&=|m(E\cap A)+m(E\setminus A)-m(A\cap E)-m(A\setminus E)|\\&\leqslant m(E\setminus A)+m(A\setminus E)\\&=m(E\triangle A)<\varepsilon.\end{aligned}$$

取 n_0 充分大, 使得 $T^{-n_0}A$ (它自然也是基本可测矩形的有限并) 和 A 的位置坐标完全不同, 其中基本可测矩形

$$[a_\ell \cdots a_n] = \left\{ (x_i)_{-\infty}^{+\infty} \in \prod_{-\infty}^{+\infty} Y \,\middle|\, x_i = a_i,\ i = \ell, \ell+1, \cdots, n \right\}$$

的位置坐标指 $(\ell, \ell+1, \cdots, n)$.

记 $B = T^{-n_0}A$. 因 m 是乘积测度, 则

$$m(B \cap A) = m(B) \cdot m(A) = m(A)^2.$$

于是

$$\begin{aligned} m(E \triangle B) &= m(T^{-n_0}E \triangle T^{-n_0}A) = m(T^{-n_0}(E \triangle A)) \\ &= m(E \triangle A) < \varepsilon. \end{aligned}$$

因为

$$E\triangle(A \cap B) \subset (E\triangle A) \cup (E\triangle B),$$

所以

$$m(E\triangle(A \cap B)) < 2\varepsilon.$$

于是

$$|m(E) - m(A \cap B)| \leqslant m(E\triangle(A \cap B)) < 2\varepsilon.$$

因此有

$$\begin{aligned} |m(E) - m(E)^2| &\leqslant |m(E) - m(A \cap B)| + |m(A \cap B) - m(E)^2| \\ &< 2\varepsilon + |m(A)^2 - m(E)^2| \\ &\leqslant 2\varepsilon + m(A)|m(A) - m(E)| + m(E)|m(A) - m(E)| \\ &< 4\varepsilon. \end{aligned}$$

由 ε 的任意性知 $m(E) = m(E)^2$, 这意味着 $m(E) = 0, 1$. 故 Bernoulli 转移是遍历的. □

§2.3 Birkhoff 遍历定理

2.3.1 Birkhoff 遍历定理的陈述

本节介绍的遍历定理是 Birkhoff 于 1931 年证明的, 是遍历理论的基本定理.

定理 2.3.1 (不变测度情形) 设 $T: X \to X$ 为概率空间 $(X, \mathcal{B}, m)$ 的一个保测映射, $f \in L^1(m)$, 则

(i) 序列 $\frac{1}{n}\sum_{i=0}^{n-1} f(T^i x)$ 几乎处处收敛于一个函数 $f^*(x) \in L^1(m)$, 即

$$\lim_{n\to\infty} \frac{1}{n}\sum_{i=0}^{n-1} f(T^i x) = f^*(x), \quad m\text{-a.e.}\, x \in X;$$

(ii) $f^* \circ T(x) = f^*(x)$, m-a.e. $x \in X$, 且

$$\int f \mathrm{d}m = \int f^* \mathrm{d}m.$$

定理 2.3.2 (遍历测度情形)　设 $T : X \to X$ 为概率空间 $(X, \mathcal{B}, m)$ 的一个保测的且遍历的映射, $f \in L^1(m)$, 则

$$\lim_{n\to\infty} \frac{1}{n}\sum_{i=0}^{n-1} f(T^i x) = \int f \mathrm{d}m, \quad m\text{-a.e. } x \in X.$$

2.3.2　对遍历定理的解释

首先, 和 Riemann 积分定义作比较. 设 $f(x)$ 为 $[0,1]$ 上的连续函数 (进而黎曼可积). 依定积分的定义, 对 $[0,1]$ 作等分分解

$$\triangle:\ 0 = a_0 < a_1 = \frac{1}{n} < a_2 = \frac{2}{n} < \cdots < a_n = 1,$$

则

$$|\triangle| = \max_{1\leqslant i<n} (a_{i+1} - a_i) = \frac{1}{n}.$$

任取定 $\xi_i \in [a_i, a_{i+1})$, 我们有

$$\begin{aligned}\lim_{n\to\infty} \frac{1}{n}\sum_{i=0}^{n-1} f(\xi_i) &= \lim_{|\triangle|\to 0} \sum_{i=0}^{n-1} f(\xi_i)(a_{i+1} - a_i) \\ &= \int_0^1 f \mathrm{d}x = \int_{[0,1]} f \mathrm{d}\lambda. \qquad (3.1)\end{aligned}$$

在这最后一个积分表达式里, 我们使用了测度积分的符号, 其中 λ 表示 $[0,1]$ 的 Lebesgue 测度.

一旦有一个连续映射 $T : [0,1] \to [0,1]$ 保持 Lebesgue 测度 λ 且是遍历的, 则由定理 2.2.3 可知, 对于 λ-a.e. $x \in [0,1]$, $\{T^n x\}_0^\infty$ 在 $[0,1]$

上是稠密的. 当 n 充分大时, 我们期待 $\{x, Tx, \cdots, T^{n-1}x\}$ “均匀” 地分布在每个区间 $[a_i, a_{i+1})$ 上. 更严格地讲, 是期待极限值

$$\lim_{n\to\infty} \frac{\#\{0 \leqslant j < n \mid T^j x \in [a_i, a_{i+1})\}}{n}$$

存在且与 i 无关. 用 f 在轨道段 $\{T^i x\}_0^n$ 上取的平均值 $\frac{1}{n}\sum_{i=0}^{n-1} f(T^i x)$ 替代 (3.1) 式左端的平均值 $\frac{1}{n}\sum_{i=0}^{n-1} f(\xi_i)$ 而得到

$$\lim_{n\to\infty} \frac{1}{n}\sum_{i=0}^{n-1} f(T^i x) = \int_{[0,1]} f\mathrm{d}\lambda.$$

Birkhoff 遍历定理将保证, 这种期待是合理的.

其次, 再和 Fatou 引理的不等式作比较. 我们取定一个 $f \in L^1(m)$ 并以 $f \geqslant 0$ 为例讨论. 令

$$f_n(x) = \frac{1}{n}\sum_{i=0}^{n-1} f(T^i x), \quad f^+(x) = \limsup_{n\to\infty} f_n(x),$$

$$f^-(x) = \liminf_{n\to\infty} f_n(x), \quad \forall x \in X.$$

因 T 保测, 则有

$$\int f_n \mathrm{d}m = \int f\mathrm{d}m.$$

再由 Fatou 引理, 有

$$\int f\mathrm{d}m = \liminf_{n\to\infty} \int f_n \mathrm{d}m \geqslant \int \liminf_{n\to\infty} f_n \mathrm{d}m = \int f^- \mathrm{d}m.$$

如果又假定 $f_n \leqslant g$ 对某个可积函数 g 成立, 则由 Fatou 引理可知

$$\int f\,\mathrm{d}m = \limsup_{n\to\infty} \int f_n \mathrm{d}m \leqslant \int \limsup_{n\to\infty} f_n \mathrm{d}m = \int f^+ \mathrm{d}m.$$

故用 Fatou 引理可以得到不等式

$$\int f^-(x)\mathrm{d}m \leqslant \int f\mathrm{d}m \leqslant \int f^+(x)\mathrm{d}m.$$

如果再能证明相反方向的不等式

$$\int f^-(x)\mathrm{d}m \geqslant \int f\mathrm{d}m \geqslant \int f^+(x)\mathrm{d}m,$$

则

$$\int \limsup_{n\to\infty} \frac{1}{n}\sum_{i=0}^{n-1} f(T^i x)\mathrm{d}m = \int \liminf_{n\to\infty} \frac{1}{n}\sum_{i=0}^{n-1} f(T^i x)\mathrm{d}m.$$

由此可以得出

$$\limsup_{n\to\infty} \frac{1}{n}\sum_{i=0}^{n-1} f(T^i x) = \liminf_{n\to\infty} \frac{1}{n}\sum_{i=0}^{n-1} f(T^i x), \quad m\text{-a.e.},$$

即极限 $\lim\limits_{n\to\infty} \dfrac{1}{n}\sum\limits_{i=0}^{n-1} f(T^i x)$ 存在, m-a.e., 它和 $f^-(x)$ 和 $f^+(x)$ 都相等, m-a.e., 且这个极限的积分等于 $\int f\mathrm{d}m$. 这就得到了 Birkhoff 遍历定理.

从这个分析可以说, Birkhorff 遍历定理是要证明 Fatou 引理的相反方向的不等式, 即

$$\int f\mathrm{d}m \geqslant \int f^+(x)\mathrm{d}m = \int \limsup_{n\to\infty} \frac{1}{n}\sum_{i=0}^{n-1} f(T^i x)\mathrm{d}m,$$

$$\int f\mathrm{d}m \leqslant \int f^-(x)\mathrm{d}m = \int \liminf_{n\to\infty} \frac{1}{n}\sum_{i=0}^{n-1} f(T^i x)\mathrm{d}m.$$

简单地说, Birkhorff 遍历定理 (就遍历系统情形) 使 Fatou 引理的不等式成为等式.

遍历系统中, 可测集合的测度等于几乎所有点进入该集合的频率. 事实上, 在一个遍历的系统 $T:(X,\mathcal{B},m)\to(X,\mathcal{B},m)$ 中取定 $B\in\mathcal{B}$ 和特征函数 χ_B, 则应用遍历定理得

$$\begin{aligned} m(B) = \int \chi_B \mathrm{d}m &= \lim_{n\to\infty} \frac{1}{n}\sum_{i=0}^{n-1} \chi_B(T^i x) \\ &= \lim_{n\to\infty} \frac{1}{n}\#\{i\in\{0,1,\cdots,n-1\} \mid T^i(x)\in B\}, \quad m\text{-a.e. } x\in X. \end{aligned}$$

2.3.3 应用

Birkhoff 遍历定理有广泛的应用. 限于篇幅, 我们仅分析一个例子来展示它的一些应用.

例 2.3.1 考虑概率空间 $((0,1],\mathcal{B}((0,1]),m)$, 其中 m 为 Lebesgue 测度, 以及映射 $T:(0,1]\to(0,1], T(x)=2x(\text{mod }1)$. 我们做以下几个方面的讨论:

(i) 仿照 2.1.2 小节中的例子可证, T 保持测度 m.

(ii) m 是遍历测度.

证明 因自然投射 $p:\mathbb{R}\to S^1, x\mapsto \mathrm{e}^{2\pi x\mathrm{i}}$, 可以把 $T:(0,1]\to(0,1], T(x)=2x(\text{mod }1)$ 视为单位圆周 S^1 上的系统 $T:S^1\to S^1, T(x)=x^2$. 依照定义 3.3.1, 可知 $T:((0,1],\mathcal{B}((0,1]),m)\to((0,1],\mathcal{B}((0,1]),m)$ 和 $T:(S^1,\mathcal{B}(S^1),m)\to(S^1,\mathcal{B}(S^1),m)$ 是同构的系统. 而同构的系统遍历性相同.

设 $f\in L^2(m)$ 满足 $f\circ T(x)=f(x),\ x\in S^1$. 我们将证明 $f(x)=\text{const.}$, m-a.e. $x\in S^1$. 在空间 $L^2(m)$ 中 $f(x)$ 的 Fourier 级数表示为

$$f(x)=\sum_{n=-\infty}^{+\infty}a_nx^n.$$

$f(Tx)=f(x^2)$ 的 Fourier 级数表示为

$$f(x^2)=\sum_{n=-\infty}^{+\infty}a_nx^{2n}.$$

由 $f\circ T(x)=f(x)$ 可以得出 $a_n=0$, 且 $f(x)=a_0=\text{const.}, x\in S^1$. 由定理 2.2.2 中的 (iv) 可知, m 是遍历测度. □

(iii) 对几乎所有的点 $x\in(0,1]$, 其二进制表达式中 1 出现的频率为 $\frac{1}{2}$.

证明 $(0,1]$ 中有的实数的二进制的表达式不是唯一的, 例如 $\frac{1}{2}$ 自身是一个二进制表达式, 此外它还可以表达成

$$\frac{1}{2^2}+\frac{1}{2^3}+\cdots.$$

如果一个数 $x\in(0,1]$ 的二进制表达式不是唯一的, 那么它必然有一个有限位的表达式, 即存在 $N=N(x)$, 使得

$$x=\frac{a_1}{2}+\frac{a_2}{2^2}+\cdots+\frac{a_N}{2^N},$$

其中 $a_i=0,1\,(i=1,2,\cdots,N-1)$, $a_N=1$ (思考题). 固定 N, 则二进制表达式末项是 $\frac{a_N}{2^N}$ $(a_N=1)$ 的实数的个数是有限的, 因而在 $(0,1]$ 中二进制表达式不唯一者构成可数集合. 令

$$Y=\{x\in(0,1]\mid x\text{ 的二进制表达式唯一}\},$$

则 $m(Y)=1$. 设 $x\in Y$ 且

$$x=\frac{a_1}{2}+\frac{a_2}{2^2}+\frac{a_3}{2^3}+\cdots,\quad a_i=0,1.$$

则

$$Tx=\frac{a_2}{2}+\frac{a_3}{2^2}+\cdots.$$

记 $f(x)=\chi_{[\frac{1}{2},1)}(x)$, 这里 $\chi_{[\frac{1}{2},1)}$ 表示 $\left[\frac{1}{2},1\right)$ 上的特征函数, 则

$$f(T^ix)=f\left(\frac{a_{i+1}}{2}+\frac{a_{i+2}}{2^2}+\cdots\right)=\begin{cases}1, & a_{i+1}=1,\\ 0, & a_{i+1}=0.\end{cases}$$

对于 $x\in Y$, 其二进制表达式中前 n 项中出现 1 的个数为 $\sum\limits_{i=0}^{n-1}f(T^ix)$, 故 x 的二进制表达式中出现 1 的频率为 $\lim\limits_{n\to\infty}\frac{1}{n}\sum\limits_{i=0}^{n-1}f(T^ix)$. 由定理 2.3.2 可知, 这个频率为

$$\lim_{n\to\infty}\frac{1}{n}\sum_{i=0}^{n-1}f(T^ix)=\int f\mathrm{d}m=\int\chi_{[\frac{1}{2},1)}\mathrm{d}m=m\left[\frac{1}{2},1\right)=\frac{1}{2}.\qquad\square$$

(iv) 选取 $f:(0,1]\to\mathbb{R}, f(x)=\ln\left|\frac{\mathrm{d}T}{\mathrm{d}x}\right|=\ln 2, x\neq\frac{1}{2}$. 由定理 2.3.2 可知, 存在 E, $m(E)=1$, 使得对 $x\in E$ 有

$$\begin{aligned}
&\lim_{n\to\infty}\frac{1}{n}\ln\left|\frac{\mathrm{d}T^n x}{\mathrm{d}x}\right| \\
&\quad=\lim_{n\to\infty}\frac{1}{n}\ln\left(\left|\frac{\mathrm{d}T(T^{n-1}x)}{\mathrm{d}x}\right|\cdots\left|\frac{\mathrm{d}T(x)}{\mathrm{d}x}\right|\right) \\
&\quad=\lim_{n\to\infty}\frac{1}{n}\left[\ln\left|\frac{\mathrm{d}T(x)}{\mathrm{d}x}\right|+\cdots+\ln\left|\frac{\mathrm{d}T(T^{n-1}(x))}{\mathrm{d}x}\right|\right] \\
&\quad=\lim_{n\to\infty}\frac{f(x)+\cdots+f(T^{n-1}x)}{n} \\
&\quad=\int_0^1 f\mathrm{d}x=\ln 2.
\end{aligned}$$

称极限 $\lim\limits_{n\to\infty}\frac{1}{n}\ln\left|\frac{\mathrm{d}T^n x}{\mathrm{d}x}\right|$ 为映射 T 在 x 点的 Lyapunov 指数. 在本例中, 几乎所有点的 Lyapunov 指数都存在 $\left(\text{指极限 } \lim\limits_{n\to\infty}\frac{1}{n}\ln\left|\frac{\mathrm{d}T^n x}{\mathrm{d}x}\right| \text{ 在 } m\text{-a.e. } x \text{ 处存在}\right)$ 且是常数 $\ln 2$. Lyapunov 指数是微分遍历理论的一个基本概念和研究对象, 我们在本书中不做讨论.

2.3.4 遍历定理的证明

我们只证明定理 2.3.2. 以下三点可使证明简化:

(i) 因为任何 $f\in L^1(m)$ 总可以写成 $f=f_1-f_2$, 其中 $f_1,f_2\geqslant 0$, f_1, $f_2\in L^1(m)$, 所以我们可以只考虑 $L^1(m)\ni f\geqslant 0$ 的情形.

(ii) 设 $L^1(m)\ni f\geqslant 0$, 并令

$$\left.\begin{aligned}
f^+(x)&=\limsup_{n\to\infty}\frac{1}{n}\sum_{i=0}^{n-1}f(T^i x),\\
f^-(x)&=\liminf_{n\to\infty}\frac{1}{n}\sum_{i=0}^{n-1}f(T^i x),
\end{aligned}\right\}\quad x\in X.$$

显然 $f^-(x)\leqslant f^+(x)$. 由于

$$\frac{1}{n}\sum_{i=0}^{n-1}f(T^iTx)=\frac{n+1}{n}\left(\frac{1}{n+1}\sum_{i=0}^{n}f(T^ix)-\frac{f(x)}{n+1}\right),$$

令 $n\to\infty$, 取上极限得到恒等式

$$f^+(Tx) = f^+(x).$$

由 (T, m) 遍历, 知 $f^+(x) = \text{const.}, \forall x \in E_1$, 其中 E_1 是一个可测集, 满足 $m(E_1) = 1$. 同理, $f^-(x) = \text{const.}, \forall x \in E_2$, 其中 E_2 是某个测度为 1 的可测集. 取 $E = E_1 \cap E_2$, 则 $m(E) = 1$, 且 $f^+(x)$, $f^-(x)$ 于 E 上分别取常数.

(iii) 只需证明下面的不等式:

$$f^+ \leqslant \int f \mathrm{d}m \leqslant f^-, \quad m\text{-a.e. } x \in E.$$

因为证明方法类似, 所以我们只证

$$f^+ \leqslant \int f \mathrm{d}m. \tag{3.2}$$

我们分四步证明这个不等式:

步骤 1 任给定 $\varepsilon > 0$, 定义函数

$$n : E \to \mathbb{N},\ n(x) = \inf\left\{ n \geqslant 1 \,\middle|\, f^+ \leqslant \frac{1}{n}\sum_{i=0}^{n-1} f(T^i x) + \varepsilon \right\}.$$

显然 $n(x) < \infty$.

步骤 2 用一个几乎处处一致有界的函数替代 $n(x)$. 对 $N > 0$, 令 $A = A_N = \{x \in E \,|\, n(x) > N\}$. 当 $N \to +\infty$ 时, $m(A_N) \to 0$. 取 N 充分大, 使得 $m(A) < \dfrac{\varepsilon}{f^+}$. 定义函数

$$\widetilde{f}(x) = \begin{cases} f(x), & x \in E \setminus A, \\ \max\{f(x), f^+\}, & x \in E \cap A. \end{cases}$$

令

$$\widetilde{n}(x) = \begin{cases} n(x), & x \in E \setminus A, \\ 1, & x \in E \cap A, \end{cases}$$

则 $\widetilde{n}(x) \leqslant N, \forall x \in E$. 分别取 $x \in E \setminus A$ 和 $x \in E \cap A$, 可以验证

$$\widetilde{n}(x) f^+ \leqslant \sum_{i=0}^{\widetilde{n}(x)-1} \widetilde{f}(T^i x) + \widetilde{n}(x)\varepsilon, \quad x \in E. \tag{3.3}$$

函数 $\tilde{f}(x)$ 和 $f(x)$ 满足下面的关系式:

$$\begin{aligned}\int_X \widetilde{f}(x)\mathrm{d}m &= \int_{A\cap E} \widetilde{f}(x)\mathrm{d}m + \int_{E\setminus A} f(x)\mathrm{d}m \\ &= \int_{A\cap E} \max\{f(x), f^+\}\mathrm{d}m + \int_E f(x)\mathrm{d}m - \int_{A\cap E} f(x)\mathrm{d}m \\ &< \int_{A\cap E} f^+\mathrm{d}m + \int_E f(x)\mathrm{d}m \\ &= \int_X f(x)\mathrm{d}m + f^+ \cdot m(A) \\ &< \int_X f(x)\mathrm{d}m + \varepsilon.\end{aligned}$$

步骤 3 对满足 $\dfrac{Nf^+}{L} < \varepsilon$ 的任何大时刻 $L > 0$, 证明类似于 (3.3) 式的不等式, 即

$$f^+ \leqslant \frac{1}{L}\sum_{i=0}^{L-1} \widetilde{f}(T^i x) + 2\varepsilon, \quad m\text{-a.e. } x \in E.$$

设 $x \in E$, 我们从 x 点开始对轨道段 $\{x, Tx, \cdots, T^{L-1}x\}$ 作分划, 使其每个子段的长度不超过 N. 更精确些, 是如下取出分点:

$$\begin{aligned}&n_0(x) = 0, \\ &n_1(x) = n_0(x) + \widetilde{n}(x), \\ &n_2(x) = n_1(x) + \widetilde{n}(T^{n_1(x)}x), \\ &\cdots\cdots\cdots\cdots\cdots\cdots\cdots\cdots\cdots \\ &n_k(x) = n_{k-1}(x) + \widetilde{n}(T^{n_{k-1}(x)}x), \\ &\cdots\cdots\cdots\cdots\cdots\cdots\cdots\cdots\cdots\cdots\end{aligned}$$

现定义函数 $k: E \to \mathbb{Z}^+, k(x) = \sup\{k \in \mathbb{Z}^+ \mid n_k(x) \leqslant L-1\}$. 我们有

$$n_i(x) - n_{i-1}(x) = \widetilde{n}(T^{n_{i-1}(x)}x) \leqslant N, \quad i \geqslant 1.$$

特别地,

$$L - n_{k(x)}(x) \leqslant N.$$

参见数轴:

0 $n_1(x)$ $n_2(x)$ $n_k(x)$ L $n_{k+1}(x)$

这样, 对任意 $x \in E$, 有

$$\begin{aligned} L =&(n_1(x) - n_0(x)) + (n_2(x) - n_1(x)) + \cdots \\ &+ (n_{k(x)}(x) - n_{k(x)-1}(x)) + (L - n_{k(x)}(x)). \end{aligned}$$

注意到 $m\left(\bigcap_{n=0}^{\infty} T^{-n}(E)\right) = 1$, 把 $x \in \bigcap_{n=0}^{\infty} T^{-n}(E) \subset E$ 应用到 (3.3) 式, 有

$$\begin{aligned} Lf^+ &= \sum_{k=1}^{k(x)} f^+(n_k(x) - n_{k-1}(x)) + f^+(L - n_{k(x)}(x)) \\ &\leqslant \sum_{k=1}^{k(x)} \left(\sum_{j=n_{k-1}(x)}^{n_k(x)-1} \widetilde{f}(T^j x) + \widetilde{n}(T^{n_{k-1}(x)} x)\varepsilon \right) + f^+ N \\ &\leqslant \sum_{j=0}^{L-1} \widetilde{f}(T^j x) + L\varepsilon + f^+ N. \end{aligned}$$

故

$$\begin{aligned} f^+ &\leqslant \frac{1}{L} \sum_{j=0}^{L-1} \widetilde{f}(T^j x) + \varepsilon + \frac{f^+ N}{L} \\ &< \frac{1}{L} \sum_{j=0}^{L-1} \widetilde{f}(T^j x) + 2\varepsilon, \quad m\text{-a.e. } x \in \bigcap_{n=0}^{\infty} T^{-n}(E). \end{aligned} \tag{3.4}$$

步骤 4 对 (3.4) 式积分, 注意 m 是 T 的不变测度并应用步骤 2 给出的积分之间的不等式, 得到

$$\begin{aligned} f^+ &\leqslant \frac{1}{L} \sum_{j=0}^{L-1} \int \widetilde{f}(T^j x) \mathrm{d}m + 2\varepsilon \\ &= \frac{1}{L} \sum_{j=0}^{L-1} \int \widetilde{f}(x) \mathrm{d}m + 2\varepsilon \\ &= \int \widetilde{f}(x) \mathrm{d}m + 2\varepsilon \\ &< \int f(x) \mathrm{d}m + 3\varepsilon. \end{aligned}$$

由 ε 的任意性得 $f^+(x) \leqslant \int f(x)\mathrm{d}m$. □

§2.4 Poincaré 回复定理

本节介绍保测映射的一个性质——**回复性质**: 几乎所有的状态点在映射的迭代下都会无限多次返回到该状态点邻近. 我们将从定性和(相对来说) 定量两个方面介绍.

定理 2.4.1 (Poincaré 回复定理) 设 $T:(X,\mathcal{B},m)\to(X,\mathcal{B},m)$ 为概率空间的保测变换, $B\in\mathcal{B}$ 满足 $m(B)>0$, 则 B 中几乎所有点在 T 的正向迭代下无限多次返回到 B, 即存在 $F\subset B$, 使得 $m(F)=m(B)$, 且对每个 $x\in F$, 存在 $0<n_1<n_2<\cdots$, 满足 $T^{n_i}(x)\in F, \forall i\in\mathbb{N}$.

证明 令 $F=B\cap B_\infty$, 其中 $B_\infty=\bigcap\limits_{n=0}^{\infty}\bigcup\limits_{i=n}^{\infty}T^{-i}B$, 则 F 由包含在 B 中所有那样的点组成, 它在 T 正向迭代下无限次进入 B. 由于 $B_\infty\subset\bigcup\limits_{i=0}^{\infty}T^{-i}B$ 以及 $m(B_\infty)=m\left(\bigcup\limits_{i=0}^{\infty}T^{-i}B\right)$ (引理 2.2.1), 则

$$m(F)=m\left(B\cap\bigcup_{i=0}^{\infty}T^{-i}B\right)=m(B).$$

对于 $x\in F$, 存在 $0<n_1<n_2<\cdots$, 使得 $T^{n_i}(x)\in B$. 对每个取定的 i, 有无限多个 $j>i$, 使得 $T^{n_j-n_i}(T^{n_i}(x))\in B$. 于是 $T^{n_i}(x)\in F$. 故对每个 $x\in F$, 有无限多个时刻 n_i, 使得 $T^{n_i}(x)\in F$. □

定义 2.4.1 设 $T:X\to X$ 为紧致度量空间 X 上的连续变换. $x\in X$ 的 ω 极限集由 $\{T^n(x)\mid n\geqslant 1\}$ 的所有极限点组成, 即

$$\omega(x)=\{y\in X|\ \text{存在}\ n_i\to\infty,\ \text{使得}\ T^{n_i}x\to y\}.$$

若 T 为同胚, 可把 T^{-1} 的 ω 极限集定义为 T 的 α 极限集, 即

$$\alpha(x)=\{y\in X|\ \text{存在}\ n_i\to\infty,\ \text{使得}\ T^{-n_i}x\to y\}.$$

命题 2.4.1 设 $T:X\to X$ 为紧致度量空间 X 上的连续变换, $x\in X$, 则

(i) $\omega(x) \neq \varnothing$;

(ii) $\omega(x)$ 是 X 的闭集;

(iii) $T\omega(x) = \omega(x)$.

证明　(i) 由 X 的紧致性显然成立.

(ii) 设 $y_k \in \omega(x), k \geqslant 1$ 并设 $y_k \to y$, 下证 $y \in \omega(x)$. 对每个 j 取 k_j 使得 $d(y_{k_j}, y) < \dfrac{1}{2j}$, 取 n_j 满足 $d(T^{n_j}x, y_{k_j}) < \dfrac{1}{2j}$ 且对所有 j 有 $n_j < n_{j+1}$, 则

$$d(T^{n_j}x, y) \leqslant d(T^{n_j}x, y_{k_j}) + d(y, y_{k_j}) < \frac{1}{j}.$$

故 $y \in \omega(x)$.

(iii) 由定义易知 $T\omega(x) \subset \omega(x)$. 设 $y \in \omega(x)$, 且假设 $T^{n_i}x \to y$. 则 $\{T^{n_i-1}(x)\}$ 有一个子列 $\{T^{n_{i_j}-1}(x)\}$ 收敛于 X 中的某个点 z. 于是 $T^{n_{i_j}}(x) \to T(z)$. 由极限的唯一性知 $T(z) = y$. 又因为显然 $z \in \omega(x)$, 我们有 $T\omega(x) = \omega(x)$. □

如果 $x \in \omega(x)$, 则称 x 为**回复点**. 回复点具有这样的特征: 对任意 $\varepsilon > 0$, 存在 $n = n(\varepsilon, x)$, 使得 $T^n x \in B(x, \varepsilon)$, 其中 $B(x, \varepsilon)$ 表示以 x 为心, ε 为半径的开球.

定理 2.4.2　设 X 为紧致度量空间, $T: X \to X$ 是连续映射, 且 T 保持 Borel 测度 μ, 则 $\mu(\{x | x \notin \omega(x)\}) = 0$, 即几乎所有点都是回复的.

证明　设 $\{U_n\}_{n \geqslant 0}$ 是 X 的一个可数基, 满足 $\lim\limits_{n\to\infty} \operatorname{diam} U_n = 0$ 且 $\bigcup\limits_{n \geqslant m} U_n = X$ 对每个 $m \geqslant 0$ 都成立. 记

$$\widetilde{U}_n = \{x \in U_n \mid T^j(x) \in U_n,\ \text{存在无限多 } j > 0 \text{ 成立}\}.$$

由 Poincaré 回复定理可知 $\mu(U_n \setminus \widetilde{U}_n) = 0$.

令

$$\widetilde{X} = \bigcap_{m=0}^{\infty} \bigcup_{n \geqslant m} \widetilde{U}_n,$$

则

$$\mu(X \setminus \widetilde{X}) = \mu\Big(\bigcup_{m=0}^{\infty}\Big(X \setminus \bigcup_{n \geqslant m} \widetilde{U}_n\Big)\Big) = \mu\Big(\bigcup_{m=0}^{\infty}\Big(\bigcup_{n \geqslant m} U_n \setminus \bigcup_{n \geqslant m} \widetilde{U}_n\Big)\Big)$$

$$\leqslant \mu\Big(\bigcup_{m=0}^{\infty}\Big(\bigcup_{n \geqslant m} (U_n \setminus \widetilde{U}_n)\Big)\Big) = 0,$$

即 $\mu(\widetilde{X}) = 1$.

下证对 $x \in \widetilde{X}$, 有 $x \in \omega(x)$.

设 $r > 0$, 选 $m > 0$, 使得 $\mathrm{diam} U_n < \dfrac{r}{3}, \forall n \geqslant m$. 现在 $x \in \widetilde{X}$, 进而对某个 $n \geqslant m$, 有 $x \in \widetilde{U}_n$. 这说明有无限多个 j, 满足 $T^j x \in U_n \subset B(x, r)$. 由定义知 $x \in \omega(x)$. □

下面的定理可对回复时间做量的刻画.

定理 2.4.3 设 $T: X \to X$ 为紧致度量空间 X 上保持 Borel 测度 μ 的连续同胚, $\Gamma \subset X$ 为 X 上的一个可测子集, 且 $\mu(\Gamma) > 0$. 记

$$\Omega = \bigcup_{n \in \mathbb{Z}} T^n(\Gamma).$$

任给定 $\gamma > 0$, 则存在函数 $N_0 : \Omega \to \mathbb{N}$, 使得对几乎所有点 $x \in \Omega$ 及每个 $n \geqslant N_0(x)$ 及每个 $t \in [0,1]$, 存在 $l \in \{0, 1, \cdots, n\}$, 满足 $T^l(x) \in \Gamma$ 且 $\left|\dfrac{l}{n} - t\right| < \gamma$.

证明 用 χ_Γ 记 Γ 的特征函数, 考虑 Birkhoff 和

$$s_n(x) = \sum_{j=0}^{n-1} \chi_\Gamma(T^j x), \quad x \in \Omega.$$

步骤 1 对几乎所有 $x \in \Omega$, 极限 $\lim\limits_{n \to \infty} \dfrac{s_n(x)}{n}$ 存在且为正的.

事实上, 由 Birkhoff 遍历定理知道上面极限对几乎处处的 $x \in \Omega$ 都存在. 将使得极限为 0 的点 $x \in \Omega$ 组成的集合记为 Z. 记 $Z_0 = Z \cap \Gamma$. 考虑函数

$$\varphi(x) = \lim_{n \to \infty} \frac{1}{n} \sum_{j=0}^{n-1} \chi_{Z_0}(T^j x) \leqslant \lim_{n \to \infty} \frac{s_n(x)}{n}.$$

则 $\varphi|_{Z_0} = 0$. 我们将证明 $\varphi(x) = 0$ 对几乎所有 x 都成立. 若否, 记 $P = \{x \mid \varphi(x) > 0\}$, 则 $\mu(P) > 0$, $T(P) = P$ 且 $P \cap Z_0 = \varnothing$. 另一方

面, 由 $\varphi(x)>0$ 推出点 $x\in P$ 经 T 的某次迭代落在 Z_0 中. 结合 P 在 T 迭代下的不变性可推出 $P\cap Z_0\neq\varnothing$, 矛盾. 于是 $\varphi(x)=0$, μ-a.e. $x\in X$. 由此得出

$$\mu(Z_0)=\int_X \chi_{Z_0}\mathrm{d}\mu=\int_X\varphi\mathrm{d}\mu=0.$$

但 $\Omega=\bigcup\limits_{n\in\mathbb{Z}}T^n(\Gamma)$ 意味着 $Z=\bigcup\limits_{n\in\mathbb{Z}}T^n(Z_0)$, 于是 $\mu(Z)=0$.

步骤 2　对几乎处处的 $x\in\Omega$, 令

$$a=a(x)=\lim_{n\to\infty}\frac{s_n(x)}{n}>0.$$

取 $0<\varepsilon<a$, 使得

$$\frac{a+\varepsilon}{a-\varepsilon}<1+\frac{\gamma}{2}.$$

取 n_0, 使得 $n\geqslant n_0$ 时 $\left|\dfrac{s_n}{n}-a\right|<\varepsilon$. 再取整数

$$N_0(x)>\max\left\{\frac{2n_0}{\gamma(a-\varepsilon)},\ \frac{4}{\gamma}\right\}.$$

现在我们反设: 对某个 $n\geqslant N_0(x)$, 存在 $t\in[0,1]$, 使得对每个 $l\in(n(t-\gamma),n(t+\gamma))$ 都有 $T^l(x)\notin\Gamma$. 记 $[l_1,l_2]$ 表示包含在 $(n(t-\gamma),n(t+\gamma))\cap[0,n]$ 中最大的以整数为端点的闭区间, 则

$$\frac{s_{l_2}}{l_2}=\frac{s_{l_1}}{l_2}.$$

注意 $(n(t-\gamma),n(t+\gamma))\cap[0,n]$ 的左端点是 $n(t-\gamma)$ 或 0, 右端点是 $n(t+\gamma)$ 或 n. 当 $n>N_0(x)$ 时, $n>\dfrac{4}{\gamma}$, 且 γ 总假定小于 1, 则

$$l_2-l_1>n\gamma-2=\frac{n\gamma}{2}+\frac{n\gamma}{2}-2>\frac{n\gamma}{2}.$$

如果 $l_1\geqslant n_0$ (注意 $l_1\leqslant n$), 则

$$a-\varepsilon<\frac{s_{l_2}}{l_2}=\frac{s_{l_1}}{l_2}\leqslant\frac{s_{l_1}}{l_1+\dfrac{n\gamma}{2}}\leqslant\frac{s_{l_1}}{l_1\left(1+\dfrac{\gamma}{2}\right)}<\frac{a+\varepsilon}{1+\dfrac{\gamma}{2}}<a-\varepsilon.$$

这是一个矛盾. 因此只能是 $l_1 < n_0$. 此时

$$l_2 > \frac{n\gamma}{2} > \frac{n_0}{a-\varepsilon} > n_0.$$

这里用到了

$$n \geqslant N_0(x) > \frac{2n_0}{\gamma(a-\varepsilon)}.$$

于是

$$a-\varepsilon < \frac{s_{l_2}}{l_2} = \frac{s_{l_1}}{l_2} < \frac{l_1}{l_1+\dfrac{n\gamma}{2}} < \frac{n_0}{\dfrac{n\gamma}{2}} < a-\varepsilon.$$

这也是一个矛盾. 于是定理获证. □

定理 2.4.4 设 $T:(X,\mathcal{B},\mu)\to(X,\mathcal{B},\mu)$ 是概率空间上的一个保测且遍历的变换, $A\in\mathcal{B}$ 是一个 μ-正测集合, 则第一返回时间函数

$$n_A : A \to \mathbb{N}\cup\{+\infty\},\quad n_A(x) = \min\{n>0 \mid T^n x\in A\},\quad \forall x\in A$$

(几乎处处有限的) 满足

$$\int_A n_A(x)\mathrm{d}\mu|_A(x) = \frac{1}{\mu(A)}.$$

证明 由 $\mu|_A$ 的定义, 我们等价地证明

$$\int_A n_A(x)\mathrm{d}\mu(x) = 1.$$

对 $n\geqslant 1$, 定义 $A_n=\{x\in A \mid n_A(x)=n\}$, 则当 $i\neq j$ 时, $A_i\cap A_j=\varnothing$. 记

$$\tilde{A} = \bigcup_{n\geqslant 1} A_n,$$

则由 Poincaré 回复定理有

$$\sum_{n=1}^{\infty}\mu(A_n) = \mu(\tilde{A}) = \mu(A).$$

定义

$$B_n = \{x\in X \mid T^j x\notin A, T^n x\in A\},$$

其中 $n\in\mathbb{N}, j=1,2,\cdots,n-1$, 于是 B_n 是互不相交的. 令

$$\widetilde{X}=\bigcup_{n\geqslant 1}B_n,$$

则

$$\sum_{n=1}^{\infty}\mu(B_n)=\mu(\widetilde{X}).$$

因遍历性, 几乎所有点均以 $\mu(A)>0$ 的频率进入 A, 故 $\mu(\widetilde{X})=1$.

现在有

$$\int_A n_A(x)\mathrm{d}\mu(x)=\sum_{k=1}^{\infty}k\mu(A_k)=\sum_{k=1}^{\infty}\left(\sum_{n=k}^{\infty}\mu(A_n)\right).$$

所以, 如果我们能证明

$$\sum_{n=k}^{\infty}\mu(A_n)=\mu(B_k),$$

则定理获证.

对 $k=1$, 由定义有 $B_1=T^{-1}A$, 所以

$$\sum_{n=1}^{\infty}\mu(A_n)=\mu(A)=\mu(B_1).$$

对 $k>1$, 我们归纳地证明. 作 (不交并的) 分解

$$T^{-1}B_k=B_{k+1}\cup T^{-1}A_k,$$

其中

$$T^{-1}A_k=T^{-1}B_k\cap T^{-1}A,\quad B_{k+1}=T^{-1}B_k\cap(X\setminus T^{-1}A).$$

于是

$$\mu(T^{-1}B_k)=\mu(B_k)=\mu(B_{k+1})+\mu(T^{-1}A_k)=\mu(B_{k+1})+\mu(A_k).$$

再用归纳假设有

$$\mu(B_{k+1})=\mu(B_k)-\mu(A_k)=\sum_{n=k+1}^{\infty}\mu(A_n).$$

故定理成立. □

§2.5 多重回复定理和 van der Waerden 定理

本节介绍多重回复定理. 这个定理表明, 有限多个交换映射存在公共的回复点且回复时刻相同. 在符号系统运用这个定理, 给出数论中 van der Waerden 定理的一个证明.

2.5.1 回复集, 回复点

定理 2.5.1 (Birkhoff 回复定理) 设 X 为紧致度量空间, $T: X \to X$ 为连续映射, 则存在点 $x \in X$ 和正整数列 $\{n_k\}$, 使得 $T^{n_k}x \to x$.

证明 由不变测度存在定理 (定理 6.1.2) 存在 Borel 不变测度 m. 而定理 2.4.2 保证 T 回复的点形成 m 满测度集合. □

Birkhoff 回复定理保证了紧致度量空间上的连续同胚具有回复点. 下面我们研究闭子集上的回复点, 这种闭子集可以不是 T 的不变集合.

引理 2.5.1 设 T 是紧致度量空间 X 上的连续自映射, 闭子集 $A \subset X$ 满足以下的性质: 对 $\forall x \in A$, $\delta > 0$, 存在 $y \in A$, $n \geqslant 1$, 使得 $d(T^n y, x) < \delta$. 则对任意的 $\varepsilon > 0$, $\exists z \in A$, $n \geqslant 1$ 满足 $d(T^n z, z) < \varepsilon$.

证明 任意给定 $\varepsilon > 0$ 并令 $\varepsilon_1 = \varepsilon/2$. 任意取 $z_0 \in A$, 存在 $z_1 \in A$, n_1, 使得

$$d(z_0, T^{n_1}z_1) < \varepsilon_1.$$

取 ε_2, $0 < \varepsilon_2 < \varepsilon_1$, 使得当 $d(z, z_1) < \varepsilon_2$ 时, 有 $d(T^{n_1}z, z_0) < \varepsilon_1$. 对 ε_2, $\exists z_2 \in A$, n_2, 使得

$$d(T^{n_2}z_2, z_1) < \varepsilon_2, \quad d(T^{n_1+n_2}z_2, z_0) < \varepsilon.$$

重复这个过程, 则由 z_n 以及 ε_n 的取法知当 $j > i$ 时有

$$d(T^{n_j+n_{j-1}+\cdots+n_{i+1}}z_j, z_i) < \varepsilon_i \leqslant \varepsilon/2.$$

由 A 的紧性知存在 $z_i, z_j \in A$, 使得 $d(z_i, z_j) < \varepsilon/2$, 所以

$$d(T^{n_j+n_{j-1}+\cdots+n_{i+1}}z_j, z_j) < \frac{\varepsilon}{2} + \frac{\varepsilon}{2} = \varepsilon.$$

于是 z_j 和 $n_j + n_{j-1} + \cdots + n_{i+1}$ 即为所求. □

上面引理中的 $z \in A$“回复到 ε 精度“, 并不能说它就是回复点 (点 z 可能依赖于 ε). 为证明 A 中存在回复点, 我们需要群作用的辅助工具. 我们将讨论和 T 交换的一些同胚构成的群 G, 让闭子集 A(它可能不是 T 的不变集) 成为群 G 作用的不变集合. 这样便于讨论关于 T 回复性的点. 为此, 我们需要引进一些概念.

设 G 是拓扑群, X 为紧致度量空间. 群作用指连续映射

$$G \times X \to X,\ (g, x) \mapsto gx,$$

满足:

(1) $\mathrm{id}\, x = x,\ \forall\, x \in X$;

(2) $g_2(g_1 x) = g_2 g_1 x,\ \forall\, x \in X,\ g_1,\ g_2 \in G$.

我们把群作用记成 (X, G). 设 $T : X \to X$ 是紧致度量空间的同胚映射, 则 $\{T^n \mid n \in \mathbb{Z}\}$ 是一个群, 和整数群 $\mathbb{Z}$ 同构. 于是拓扑系统 (X, T) 可以看成是群作用 $\mathbb{Z} \times X \to X,\ \ (n, x) \mapsto T^n x$.

定义 2.5.1　我们称群作用 (X, G) 是**极小**的, 若 $\overline{\{gx|g \in G\}} = X$, $\forall x \in G$.

通常称 $\{Gx\} = \{gx|g \in G\}$ 为 $x \in X$ 在群 G 作用下的轨道. 极小是指各个状态点的轨道都在 X 中稠密.

定义 2.5.2　设 T 是紧致度量空间上的同胚映射. 闭集 $A \subset X$ 关于 T 称为**齐性**的, 如果存在 X 上的与 T 交换的同胚构成的群 G, 使得 A 在 G 的作用下是不变的: $GA = A$, 并且 G 限制在 A 的群作用 (A, G) 是极小的.

$\{T^n\}_{n\in\mathbb{Z}}$ 是和 T 交换的一个群 G. $\{T^n T^{n_0}\}_{n\in\mathbb{Z}}$ 也是一个这样的群 G. 当 $n_0 > 1$ 时, $\{T^n T^{n_0}\}_{n\in\mathbb{Z}}$ 中不包含 T.

定义 2.5.3　称闭集 A 为 (X, T) 的**回复集**, 如果对于任意的 $\varepsilon > 0$, $x \in A$, 存在 $y \in A, n \geqslant 1$, 使得 $d(x, T^n y) < \varepsilon$.

引理 2.5.2　设闭集 A 是 (X, T) 的齐性集, 满足 $\forall \varepsilon > 0$, 存在 $x \in A, y \in A, n \geqslant 1$, 使得 $d(x, T^n y) < \varepsilon$. 则 A 是回复集.

此引理说明, 齐性集 A 的回复性用一个 (对) 点就能定义.

证明　由于 A 是齐性集, 存在与 T 交换的同胚所构成的群 G, 满足 A 在 G 的作用下不变且 (A, G) 是极小的.

断言 对 $\forall \varepsilon > 0$, 存在 G 的有限子集 G_0, 满足:

$$\forall x, y \in A, \quad \min_{g \in G_0} d(gx, y) < \varepsilon.$$

证明 设 $\{V_i\}$ 是直径小于 ε 的一族开集合其并覆盖 A, 由 A 紧致可设此为有限开覆盖. 对任一个 V_i, $g^{-1}V_i$ 为开集合, 这里 $g \in G$. 由于 (A, G) 极小 (同时蕴涵 A 紧致), 存在有限集 $\{g_{ij}\} \subset G$, 使得 $\bigcup_j g_{ij}^{-1} V_i \supset A$. 我们令

$$G_0 = \bigcup_{i,j} \{g_{ij}\},$$

则任意给定 x, $y \in A$, 存在 i, j, 使得 $x \in V_i$, $y \in g_{ij}^{-1} V_i$, 进而 $g_{ij} y \in V_i$, $d(g_{ij} y, x) < \varepsilon$. 断言得证.

存在 $\delta > 0$, $\delta < \varepsilon$, 使得

$$d(x_1, x_2) < \delta \Rightarrow d(gx_1, gx_2) < \varepsilon, \quad \forall g \in G_0.$$

由题设条件, 存在 $x, y \in A, n \geqslant 1$, 满足 $d(T^n y, x) < \delta$. 因为 $g \circ T = T \circ g$,

$$d(T^n gy, gx) = d(gT^n y, gx) < \varepsilon.$$

任取 A 中的点 z, 由断言 $\exists g \in G_0$, 使得 $d(gx, z) < \varepsilon$. 则我们得到

$$d(T^n gy, z) < d(T^n gy, gx) + d(gx, z) < \varepsilon + \varepsilon = 2\varepsilon.$$

这证明了 A 是回复集. □

引理 2.5.3 设 X 是紧致度量空间, T 是 X 上的同胚, 闭集 A 是 (X, T) 的齐性集, 并且 A 是回复集, 则 A 中包含系统的一个回复点.

证明 定义一个函数

$$F : A \to \mathbb{R}, \quad F(x) = \inf_{n \geqslant 1} d(T^n x, x).$$

我们只要证明 $F(x)$ 在 A 上可以取到 0. 由于 A 是回复集, 满足引理 2.5.1 的题设, 所以 $F(x)$ 在 A 中可以充分接近 0. 但这还不足以说明 $F(x)$ 能达到 0.

用定义容易验证 $F(x)$ 是上半连续的. 上半连续函数的不连续点集是可数个无处稠的闭集的并, 所以 $F(x)$ 有很多连续点存在. 取 $x_0 \in A$ 为 $F(x)$ 的一个连续点. 如果 $F(x_0)=0$, 则证明结束. 假若 $F(x_0)=\eta>0$, 我们通过下面讨论推出矛盾.

此时存在包含 x_0 的开集 V, 使得

$$F(y)>\frac{1}{2}\eta, \quad \forall y \in V.$$

由于 A 是齐性的因而是紧致的, 所以存在 G 的有限集 G_0, 使得 $A \subset \bigcup\limits_{g \in G_0} g^{-1}V$. 我们取 $0<\delta<\varepsilon$, 满足

$$d(x,y)<\delta \Rightarrow d(gx,gy)<\frac{\eta}{2}, \quad \forall g \in G_0.$$

断言 在每个 $g^{-1}V$ 上, $F(x) \geqslant \delta$.

证明 假若断言不成立, 则存在某个 $g_0 \in G_0$ 和某个 $y_0 \in g_0^{-1}V$, 使得 $F(y_0)<\delta$. 换言之, $\exists n$, 使得 $d(T^n y_0, y_0)<\delta$. 据 δ 的选取有

$$d(hy_0, hT^n y_0)<\frac{\eta}{2}, \quad \forall h \in G_0,$$

也就是 $F(hy_0)<\dfrac{\eta}{2}$. 取 $h=g_0$, $z_0=g_0y_0$, 则 $z_0 \in V$ 且 $F(z_0)<\dfrac{\eta}{2}$. 这说明 F 在 V 的取值也可以小于 $\dfrac{\eta}{2}$, 和 V 的取法矛盾. 所以断言是成立的.

据断言有 $F(x) \geqslant \delta, \forall x \in A$. 这与引理 2.5.1 是矛盾的, 所以必有 $F(x_0)=0$, 即连续点就是回复点. □

综合上面 3 个引理, 我们得到下面的命题:

命题 2.5.1 设 X 是紧致度量空间, T 是 X 上的同胚映射, 闭集 A 是 (X,T) 的齐性集. 如果对 $\forall \varepsilon>0$, 存在 $x,y \in A$, 满足 $d(x,T^n y)<\varepsilon$, 则 A 中包含系统的回复点.

2.5.2 多重回复定理

定理 2.5.2(多重 Birkhoff 回复定理) 设 X 是紧致度量空间, $T_1, T_2, \cdots, T_\ell$ 是 X 上的交换的同胚, 则 $\exists x \in X$, 以及序列 $\{n_k\}: n_k \to \infty$ 满足

$$T_1^{n_k}x \to x, \quad T_2^{n_k}x \to x, \quad \cdots, \quad T_\ell^{n_k}x \to x.$$

证明 设 G 是由 X 上的同胚 $T_1, T_2, \cdots, T_\ell$ 生成的群. 由于 G 作用的极小系统总是存在的 (参见 [18] 中的定理 5.2), 我们假设 (X, G) 是极小系统.

我们对 ℓ 用归纳法. 在 $\ell = 1$ 时就是 Birkhorf 回复定理, 得证. 假设 $\ell - 1$ 的情形已经证明, 下面讨论 ℓ 的情形. 记

$$X^\ell = \overbrace{X \times \cdots \times X}^{\ell}, \quad \Delta^\ell = \{(x, \cdots, x) \in X^\ell\}, \quad T = T_1 \times T_2 \times \cdots \times T_\ell,$$

其中

$$T : X^\ell \to X^\ell, \quad (x_1, \cdots, x_\ell) \mapsto (T_1 x_1, \cdots, T_\ell x_\ell).$$

对任意的 $g \in G$, 定义 g 在 X^ℓ 上的作用为 $\overbrace{g \times \cdots \times g}^{\ell}$ 的作用. T 与 G 中的作用是交换的, T 不属于 G(注意 $T_1, \cdots, T_\ell$ 互不相同). 显然 Δ^ℓ 是闭子集且 $G\Delta^\ell = \Delta^\ell$. 由 (X, G) 的极小性以及 G 中的在 X 上作用与 $T_1, T_2, \cdots, T_\ell$ 交换, 易知 Δ^ℓ 在 T 作用下是 X^ℓ 的齐性子集. 记

$$R_i = T_i T_l^{-1}, \quad i = 1, 2, \cdots, \ell - 1.$$

由归纳假设, 存在 X 中的点 $y \in X$, 满足

$$R_i^{n_k} y \to y, \quad i = 1, 2, \cdots, \ell - 1.$$

记

$$x^* = (y, \cdots, y) \in \Delta^\ell, \ \ y_k^* = (T_\ell^{-n_k} y, \cdots, T_\ell^{-n_k} y) \in \Delta^\ell.$$

则对于充分大的 k,

$$T^{n_k} y_k^* = (T_1^{n_k} T_\ell^{-n_k} y, \cdots, T_{\ell-1}^{n_k} T_\ell^{-n_k} y, y) = (R_1^{n_k} y, \cdots, R_{\ell-1}^{n_k} y, y)$$

会充分接近 $(y, \cdots, y) = x^*$, 从而由引理 2.5.2 知 Δ^ℓ 是回复集. 再由引理 2.5.3 知 Δ^ℓ 中有回复点. □

注 上面的多重 Birkhoff 回复定理对自映射情形也成立, 我们略去证明.

2.5.3 van der Waerden 定理

定理 2.5.3　设 $\mathbb{N}=C_1\cup C_2\cup\cdots\cup C_\ell$ 是 $\mathbb{N}$ 的任意一个无交的分划, 则对于任意的自然数 s, 都存在某个 C_j, 使得 C_j 含有长度为 s 的等差数列. 严格地讲, 对任意给定的整数 $s\geqslant 1$, 存在整数 $j\in\{1,\cdots,\ell\}$ 和整数 $a,\ d\geqslant 1$, 使得

$$\{a,\ a+d,\cdots,a+sd\}\subset C_j.$$

证明　设

$$\Sigma(\ell)=\prod_{i=0}^{\infty}\{1,2,\cdots,\ell\},\ \ T:\Sigma(\ell)\to\Sigma(\ell),\ (x_i)\mapsto(x_{i+1})$$

表示左平移变换. 定义一个函数

$$\phi:\mathbb{N}\to\{1,\cdots,\ell\},\ \ \phi(n)=i,\ \ 若\ n\in C_i.$$

我们用这个函数确定 $\Sigma(\ell)$ 中的一个点 $x=(x(0),x(1),\cdots)$, 其中 $x(n)=\phi(n)$. 记 $X=\overline{\{T^nx|n\geqslant 1\}}$. 对 $(X,T,T^2,\cdots,T^s)$ 应用多重 Birkhoff 回复定理知, 存在 $y\in X$ 存在 $n_k\to\infty$, 使得

$$T^{n_k}y\to y,\quad\cdots,\quad T^{sn_k}y\to y.$$

由符号系统中度量的定义, 我们知道 x,y 充分近时有 $x(0)=y(0)$, 因此存在 n_k, 使得

$$y(0)=y(n_k)=y(2n_k)=\cdots=y(sn_k).$$

再由 X 的定义知, 存在 $m\in\mathbb{N}$, 使得

$$T^mx充分接近y,T^{m+n_k}x充分接近T^{n_k}y,\cdots,T^{m+sn_k}x充分接近T^{sn_k}y,$$

从而

$$x(m)=x(m+n_k)=\cdots=x(m+sn_k),$$

记之为 j. 令 $a=m,\ d=n_k$, 则

$$\{a,\ a+d,\ \cdots,a+sd\}\subset C_j.$$

故在 C_j 中包含长度为 s 的等差数列. □

§2.6 习　题

1. 设

$$T(x)=\begin{cases}1, & x=0,\\ \dfrac{x}{2}, & 0<x\leqslant 1.\end{cases}$$

证明: $T(x)$ 不能保持任何一个 Borel 概率测度.

2. 设 T 为概率空间 $(X,\mathcal{B},\mu)$ 的一个保测映射. 我们已经知道 T 保持测度的充分必要条件是对任意 $f\in L^1(\mu)$, 有

$$\int f\mathrm{d}\mu=\int f\circ T\mathrm{d}\mu.$$

问: 当把 $L^1(\mu)$ 换成 $L^\infty(\mu)$ 时结论还成立吗? 为什么?

3. 证明: 圆周上的保方向, 保长度的同胚是一个旋转. (提示: $f(x)-f(0)=x-0$.)

4. 保测映射 $T:(X,\mathcal{B},m)\to(X,\mathcal{B},m)$ 遍历等价于下面的条件: 当 f 是可测函数并满足 $f(Tx)\geqslant f(x)$, m-a.a. x 时, 有 $f(x)=\text{const.}$, m-a.a. x. (提示: 用反证法.)

5. 证明: 在 $(0,1]$ 上几乎所有点的十进制表达式中, 0 出现的频率为 $\dfrac{1}{10}$.

6. 设 $f:X\to X$ 为紧致度量空间 (X,d) 上的连续同胚且是极小的 (即每条轨道都在 X 中稠密). 证明: 对任意 $\varepsilon>0$, $x\in X$, 存在 $L=L(x,\varepsilon)$, 使得

$$\{f^n(x),f^{n+1}(x),\cdots,f^{n+L}(x)\}\cap B(x,\varepsilon)\neq\varnothing$$

对每个 $n\in\mathbb{Z}$ 都成立, 这里 $B(x,\varepsilon)$ 为以 x 为中心, ε 为半径的开球. $\left(\text{提示: } \bigcup\limits_{i\in\mathbb{Z}} f^iB(x,\varepsilon)=X.\right)$

7. 设 $(X,\mathbb{B},\mu,T)$ 是可逆保测系统, 并设 $f\in L^1(\mu)$. 证明:

$$\lim_{n\to\infty}\frac{1}{n}\sum_{i=0}^{n-1}f(T^ix)=\lim_{n\to\infty}\frac{1}{n}\sum_{i=0}^{n-1}f(T^{-i}x)$$

对 μ-a.e. $x\in X$ 成立.

8. 设 X 是一个拓扑空间, 在它上面定义了一个连续流, 即连续映射

$$\phi:X\times\mathbb{R}\to X$$

满足：(i) $\phi(x,0)=x$, $\forall x\in X$; (ii) $\phi(\phi(x,s),t)=\phi(x,t+s)$, $\forall x\in X,\ s\in\mathbb{R}$, $t\in\mathbb{R}$. 称 ϕ 是连续遍历的, 如果对任何连续函数 $F:X\to\mathbb{R}$, F 沿 ϕ 的每条轨道为常数就意味着 F 本身是常数. 设 $(p_1,\cdots,p_n,q_1,\cdots,q_n)\in\mathbb{R}^{2n}$, $H(p_1,\cdots,p_n,q_1,\cdots,q_n)$ 为光滑函数, 满足

$$\frac{\mathrm{d}q_i}{\mathrm{d}t}=\frac{\partial H}{\partial p_i},\quad \frac{\mathrm{d}p_j}{\mathrm{d}t}=-\frac{\partial H}{\partial q_j}.$$

由此方程组定义出 $\mathbb{R}^{2n}$ 上的流, 称为 **Hamilton 流**. 证明：Hamilton 流不是连续遍历的. (提示：考虑函数 $H(p_1,\cdots,p_n,q_1,\cdots,q_n)$.)

9. $\{2^n\}_1^\infty$ 的首位数码：$\{2,4,8,1,3,6,\cdots\}$ 中出现 9 的频率是多少？(提示：a 的首位数码为 9 的充分必要条件是 $\lg a(\mathrm{mod}\,1)\in[\lg 9,1)$. 借助单位圆周上的无理数 $\lg 2$ 旋转, 证明此旋转只有一个不变测度.)

10. 概率空间 $(X,\mathcal{B},\mu)$ 的保测映射 T 叫作混合的, 如果对任意的 $A,B\in\mathcal{B}$, 有

$$\lim_{n\to\infty}\mu(T^{-n}A\cap B)=\mu(A)\mu(B).$$

考虑单位圆周上的扩张映射 $T:S^1\to S^1$, $T(x)=mx(\mathrm{mod}\,1)$, 这里 m 是正整数. 证明：T 关于 Lebesgue 测度是混合的. $\left(\text{提示：任何可测集可以由有限个区间的并逼近, 进而可以取 } A=\left[\frac{p}{m^i},\frac{p+1}{m^i}\right]\ (p\in\{0,1,\cdots,m^i-1\}) \text{ 和 } B=\left[\frac{q}{m^j},\frac{q+1}{m^j}\right]\ (q\in\{0,1,\cdots,m^j-1\}) \text{ 验证.}\right)$

第3章 测 度 熵

本章引进测度熵的概念, 它可以衡量概率空间上的动力系统的运动复杂性并构成同构系统的不变量.

§3.1 测度熵的概念

对概率空间上的保测变换 $T:(X,\mathcal{B},m)\to(X,\mathcal{B},m)$, 在 $[0,+\infty]$ 指定一个数 $h_m(T)$(有时也允许 $h_m(T)$ 取 $+\infty$) 以衡量概率空间上动力系统 (有时简称为概率系统)$(X,\mathcal{B},m,T)$ 的运动复杂程度, 这个数 $h_m(T)$ 叫作测度熵.

3.1.1 测度熵

设 $(X,\mathcal{B},m)$ 为概率空间, $k\in\mathbb{N}$. 由 $\mathcal{B}$ 中有限多个互不相交的子集构成的集类 $\xi=\{A_1,A_2,\cdots,A_k\}$ 叫作概率空间 $(X,\mathcal{B},m)$ 的一个有限可测分解, 如果它们的并集等于全集合 X. 有限可测分解的概念也可以稍作推广, 允许集合 A_i,A_j 相交而要求交集是 0 测度的: $m(A_i\cap A_j)=0$, 其中 $i,j=1,2,\cdots,k$ 且 $i\neq j$; 允许 $\bigcup\limits_{i=1}^{k}A_i$ 严格包含于全集合 X 中但满足 $m\left(X\setminus\bigcup\limits_{i=1}^{k}A_i\right)=0$. 有限可测分解简称为分解. 设 $T:X\to X$ 保持测度 m, 则 $T^{-n}\xi=\{T^{-n}A_1,T^{-n}A_2,\cdots,T^{-n}A_k\}$ 亦为 $(X,\mathcal{B},m)$ 的分解, 其中 $n\in\mathbb{N}$. 设 $\eta=\{B_1,B_2,\cdots,B_r\}$ 为 $(X,\mathcal{B},m)$ 的一个分解, 分解 ξ 和 η 的交定义成

$$\xi\vee\eta=\{A_i\cap B_j\,|\,1\leqslant i\leqslant k,\ 1\leqslant j\leqslant r\},$$

则 $\xi\vee\eta$ 亦为 $(X,\mathcal{B},m)$ 的分解. 记

$$\bigvee_{i=0}^{1}T^{-i}\xi=\xi\vee T^{-1}\xi,\quad\cdots,\quad\bigvee_{i=0}^{n-1}T^{-i}\xi=\left(\bigvee_{i=0}^{n-2}T^{-i}\xi\right)\vee T^{-(n-1)}\xi.$$

这些也是 $(X,\mathcal{B},m)$ 的分解.

定义 3.1.1 设 $(X,\mathcal{B},m)$ 为概率空间, $\xi=\{A_1,A_2,\cdots,A_k\}$ 是有限可测分解, 则定义分解 ξ 的**测度熵**为

$$H(\xi)=-\sum_{i=1}^{k}m(A_i)\ln m(A_i).$$

进一步, 设 $T:X\to X$ 是一个保持测度 m 的映射, 则定义 T 关于分解 ξ 的**测度熵**为

$$h_m(T,\xi)=\lim_{n\to\infty}\frac{1}{n}H\left(\bigvee_{i=0}^{n-1}T^{-i}\xi\right).$$

定义 T 关于 m 的**测度熵**为

$$h_m(T)=\sup_{\eta}\lim_{n\to\infty}\frac{1}{n}H\left(\bigvee_{i=0}^{n-1}T^{-i}\eta\right)=\sup_{\eta}h_m(T,\eta),$$

这里 η 取遍 $(X,\mathcal{B},m)$ 的所有有限可测分解.

对于测度熵定义的合理性, 我们将在后面专门讨论. 现在先讨论一些简单的例子, 以获得对测度熵的初步认识.

例 3.1.1 在概率空间 $(X,\mathcal{B},m)$ 中考虑分解 $\xi=\{X\}$, 该分解中只有一个集合, 即全空间 X. 对此分解, 有 $H(\xi)=0$. 此例表现概率实验最有秩序的情形, 即只有一个事件, 出现概率是 1, $m(X)=1$, 无不确定性而言, 不确定程度为 0. 对每个有限的可测分解 ξ, 有

$$H\left(\bigvee_{i=0}^{n-1}T^{-i}\xi\right)=H(\xi).$$

所以 $h_m(T)=0$.

例 3.1.2 设 $\xi=\{A_1,A_2,\cdots,A_k\}$ 为概率空间 $(X,\mathcal{B},m)$ 中的一个有限可测分解, 满足 $m(A_i)=\dfrac{1}{k}$, 其中 $k\in\mathbb{N},i=1,2,\cdots,k$, 则

$$H(\xi)=-\sum_{i=1}^{k}\frac{1}{k}\ln\frac{1}{k}=\ln k.$$

例 3.1.2 讨论的概率实验中共有 k 个事件, 其出现的可能性均等, 即 $\frac{1}{k}$, 因而结果是谁出现的不确定程度最大, 即结果的最大的不确定性出现在所有事件以相同概率发生的试验中. 用下面命题及推论我们证明, $\ln k$ 是 k 个元素给出的所有可测分解测度熵的最大值. 由上面两个例子看来, 分解的测度熵描述分解所给的概率实验结果的不确定程度.

命题 3.1.1 由

$$\phi(x)=\begin{cases}0, & x=0,\\ x\ln x, & x>0\end{cases}$$

所定义的函数 $\phi:[0,+\infty)\to\mathbb{R}$ 是凸的, 即对 $x,y\in[0,+\infty)$, $\alpha,\beta\geqslant 0$, $\alpha+\beta=1$, 有 $\phi(\alpha x+\beta y)\leqslant\alpha\phi(x)+\beta\phi(y)$. 此等式只在 $x=y$ 或 $\alpha=0$ 或 $\beta=0$ 时成立. 一般地, 对 $n\geqslant 1$, 我们有

$$\phi\left(\sum_{i=1}^{k}\alpha_i x_i\right)\leqslant\sum_{i=1}^{k}\alpha_i\phi(x_i),$$

其中 $x_i\in[0,\infty),\alpha_i\geqslant 0,\sum\limits_{i=1}^{k}\alpha_i=1$, 等式只在所有对应于非零的 α_i 的 x_i 都相等时成立.

证明 我们有

$$\phi'(x)=1+\ln x,\quad \phi''(x)=\frac{1}{x},$$

其中 $x\in(0,\infty)$. 固定 $\alpha,\beta>0,\alpha+\beta=1$. 设 $y>x$, 由中值定理, 存在 $z\in(\alpha x+\beta y,y),w\in(x,\alpha x+\beta y)$, 如下数轴所示:

0 x ω $\alpha x+\beta y$ z y

使得

$$\phi(y)-\phi(\alpha x+\beta y)=\phi'(z)(y-\alpha x-\beta y)=\phi'(z)\alpha(y-x),$$

$$\phi(\alpha x+\beta y)-\phi(x)=\phi'(w)\beta(y-x).$$

因为 $\phi''>0$, 所以 $\phi'(w)<\phi'(z)$. 于是

$$\beta(\phi(y)-\phi(\alpha x+\beta y))=\phi'(z)\alpha\beta(y-x)>\phi'(w)\alpha\beta(y-x)$$
$$=\alpha(\phi(\alpha x+\beta y)-\phi(x)).$$

所以有

$$\phi(\alpha x+\beta y)<\alpha\phi(x)+\beta\phi(y),\quad \forall x,\ y>0.$$

此严格不等式显然在 $x, y\geqslant 0$ 且 $x\neq y$ 时也成立.

我们省略一般情形的证明. □

推论 3.1.1　若 $\xi=\{A_1,A_2,\cdots,A_k\}$ 是概率空间 $(X,\mathcal{B},m)$ 的一个有限可测分解, 则 $H(\xi)\leqslant \ln k$.

证明
$$\begin{aligned}H(\xi)&=-\sum_{i=1}^{k}m(A_i)\ln m(A_i)=-k\sum_{i=1}^{k}\frac{1}{k}m(A_i)\ln m(A_i)\\&=-k\sum_{i=1}^{k}\frac{1}{k}\phi(m(A_i))\leqslant -k\phi\left(\sum_{i=1}^{k}\frac{1}{k}m(A_i)\right)\\&=-k\phi\left(\frac{1}{k}\right)=-k\cdot\frac{1}{k}\ln\frac{1}{k}=\ln k.\end{aligned}$$
□

3.1.2　测度熵定义的合理性的讨论

我们回顾 §2.2 中讨论过的条件测度的概念. 设 C 为概率空间 $(X,\mathcal{B},m)$ 的一个可测集合, 满足 $m(C)>0$, 则 $\mathcal{B}\cap C=\{B\cap C\mid B\in\mathcal{B}\}$ 为集合 C 上的一个 σ 代数, 而

$$m|_C:\mathcal{B}\cap C\to[0,1],\ A\cap C\mapsto\frac{m(A\cap C)}{m(C)}$$

是以 C 为全空间的测度, 称为 m 限制在 C 上的**条件测度**. 有时将 $m|_C$ 记作 $m(\cdot|C)$.

命题 3.1.2　设 $\xi=\{C_1,C_2,\cdots,C_k\}$, $\eta=\{D_1,D_2,\cdots,D_r\}$ 为概率空间 $(X,\mathcal{B},m)$ 的两个可测分解, 则分解熵满足不等式

$$H(\xi\vee\eta)\leqslant H(\xi)+H(\eta).$$

证明　由已知有

$$\begin{aligned}H(\xi\vee\eta)&=-\sum_{i,j}m(C_i\cap D_j)\ln m(C_i\cap D_j)\\&=-\sum_{i,j}m(C_i\cap D_j)\ln m(C_i)m(D_j|C_i)\end{aligned}$$

$$
\begin{aligned}
&= -\sum_{i,j} m(C_i \cap D_j) \ln m(C_i) - \sum_{i,j} m(C_i) m(D_j|C_i) \ln m(D_j|C_i) \\
&= -\sum_{i} \left(\sum_{j} m(C_i \cap D_j) \right) \ln m(C_i) \\
&\quad - \sum_{j} \left(\sum_{i} m(C_i) m(D_j|C_i) \ln m(D_j|C_i) \right) \\
&\leqslant H(\xi) - \sum_{j} m(D_j) \ln m(D_j) \quad (\text{使用命题 } 3.1.1) \\
&= H(\xi) + H(\eta),
\end{aligned}
$$

上述运算中我们用到了

$$
\begin{aligned}
&\sum_{i} m(C_i) m(D_j|C_i) \ln m(D_j|C_i) \\
&\qquad = \sum_{i} m(C_i) \phi(m(D_j|C_i)) \geqslant \phi \left(\sum_{i} m(C_i) m(D_j|C_i) \right) \\
&\qquad = \phi \left(\sum_{i} m(C_i \cap D_j) \right) = \phi(m(D_j)) = m(D_j) \ln m(D_j). \qquad \square
\end{aligned}
$$

用归纳法可以将命题 3.1.2 推广到有限多个分解的情形.

命题 3.1.3 设 $\{a_n\}$ 是实数列, 满足 $0 \leqslant a_{n+p} \leqslant a_n + a_p$, $\forall n, p \geqslant 1$, 则极限 $\lim\limits_{n\to\infty} \dfrac{a_n}{n}$ 存在且等于 $\inf \dfrac{a_n}{n}$.

证明 固定 $p > 0$, 记 $n = kp + i$, $0 \leqslant i < p$, 则有

$$
\frac{a_n}{n} = \frac{a_{kp+i}}{kp+i} \leqslant \frac{a_{kp} + a_i}{kp+i} \leqslant \frac{a_{kp}}{kp} + \frac{a_i}{kp} \leqslant \frac{ka_p}{kp} + \frac{a_i}{kp} = \frac{a_p}{p} + \frac{a_i}{kp},
$$

令 $n \to \infty$, 则 $k \to \infty$, 有

$$
\limsup_{n\to\infty} \frac{a_n}{n} \leqslant \frac{a_p}{p},
$$

因而

$$
\limsup_{n\to\infty} \frac{a_n}{n} \leqslant \inf \frac{a_p}{p}.
$$

但

$$\liminf_{n\to\infty}\frac{a_n}{n}\geqslant\inf\frac{a_p}{p},$$

故极限 $\lim\limits_{n\to\infty}\dfrac{a_n}{n}$ 存在且等于 $\inf\dfrac{a_n}{n}$. □

命题 3.1.4　极限 $\lim\limits_{n\to\infty}\dfrac{1}{n}H\left(\bigvee\limits_{i=0}^{n-1}T^{-i}\xi\right)$ 存在.

证明　令 $a_n=H\left(\bigvee\limits_{i=0}^{n-1}T^{-i}\xi\right)$, 则

$$\begin{aligned}a_{n+p}&=H\left(\bigvee_{i=0}^{n+p-1}T^{-i}\xi\right)=H\left(\bigvee_{i=0}^{n-1}T^{-i}\xi\vee\bigvee_{i=n}^{n+p-1}T^{-i}\xi\right)\\&\leqslant H\left(\bigvee_{i=0}^{n-1}T^{-i}\xi\right)+H\left(\bigvee_{i=n}^{n+p-1}T^{-i}\xi\right)\\&=a_n+H\left(T^{-n}\bigvee_{i=0}^{p-1}T^{-i}\xi\right)\\&=a_n+H\left(\bigvee_{i=0}^{p-1}T^{-i}\xi\right)\quad(\text{因为 } T \text{ 保持测度 } m)\\&=a_n+a_p.\end{aligned}$$

由命题 3.1.3 知, $\left\{\dfrac{a_n}{n}\right\}$ 有极限, 即 $\dfrac{1}{n}H\left(\bigvee\limits_{i=0}^{n-1}T^{-i}\xi\right)$ 有极限. □

于是测度熵的定义是合理的, 即每个有限可测分解 ξ 关于保测变换 T 的熵都存在, $h_m(T,\xi)<\infty$. 由于取上确界的原因, T 关于 m 的测度熵 $h_m(T)$ 则允许出现 ∞.

§3.2　条件熵与测度熵

3.2.1　条件熵

设 $(X,\mathcal{B},m)$ 为概率空间, $\xi=\{A_1,A_2,\cdots,A_k\},\eta=\{C_1,C_2,\cdots,C_p\}$ 为概率空间 $(X,\mathcal{B},m)$ 的两个可测分解. 我们总设定 $m(A_i)>0$, $m(C_j)>$

0, 这并不失一般性.

定义 3.2.1 ξ 关于 η 的**条件熵**定义为

$$H(\xi|\eta) = -\sum_{j=1}^{p} m(C_j) \sum_{i=1}^{k} \frac{m(A_i \cap C_j)}{m(C_j)} \ln \frac{m(A_i \cap C_j)}{m(C_j)}$$
$$= -\sum_{i,j} m(A_i \cap C_j) \ln \frac{m(A_i \cap C_j)}{m(C_j)}.$$

我们用条件测度来解释一下条件熵. 以 C_j 为全集合, $\mathcal{B} \cap C_j$ 为 σ 代数, $m(\cdot|C_j) : \mathcal{B} \cap C_j \to [0,1]$, $A \cap C_j \mapsto \dfrac{m(A \cap C_j)}{m(C_j)} = m(A|C_j)$ 为测度, 则得到概率空间 $(C_j, \mathcal{B} \cap C_j, m(\cdot|C_j))$. 我们考虑 ξ 限制在 $(C_j, \mathcal{B} \cap C_j, m(\cdot|C_j))$ 上的分解 $\xi_{C_j} = \{A_1 \cap C_j, A_2 \cap C_j, \cdots, A_k \cap C_j\}$. 对限制分解 ξ_{C_j} 也可以定义测度熵

$$H(\xi_{C_j}) = -\sum_{i=1}^{k} \frac{m(A_i \cap C_j)}{m(C_j)} \ln \frac{m(A_i \cap C_j)}{m(C_j)}.$$

于是

$$H(\xi|\eta) = \sum_{j=1}^{p} m(C_j) H(\xi_{C_j}).$$

我们看出, 分解 $\xi = \{A_1, A_2, \cdots, A_k\}$ 限制在 $\eta = \{C_1, C_2, \cdots, C_p\}$ 的每个元素 C_j 上形成概率空间 $(C_j, \mathcal{B} \cap C_j, m(\cdot|C_j))$ 的分解 ξ_{C_j}, 而 $H(\xi|\eta)$ 表述的是所有分解 ξ_{C_j} 的熵依权重 $m(C_j)(j = 1, \cdots, p)$ 所做的和.

3.2.2 条件熵的几条简单性质

设 $(X, \mathcal{B}, m)$ 是概率空间, ξ_1, ξ_2, η 均为有限可测分解.

性质 3.2.1 $H(\xi_1 \vee \xi_2) = H(\xi_1) + H(\xi_2|\xi_1)$.

证明 设 $\xi_1 = \{C_1, C_2, \cdots, C_k\}, \xi_2 = \{D_1, D_2, \cdots, D_\ell\}$, 则有

$$H(\xi_1 \vee \xi_2) = -\sum_{i,j} m(C_i \cap D_j) \ln m(C_i \cap D_j)$$
$$= -\sum_{i,j} m(C_i \cap D_j) \ln \left(m(C_i) \frac{m(C_i \cap D_j)}{m(C_i)} \right)$$

$$= -\sum_{i,j} m(C_i \cap D_j) \ln m(C_i) - \sum_{i,j} m(C_i \cap D_j) \ln \frac{m(C_i \cap D_j)}{m(C_i)}$$

$$= H(\xi_1) + H(\xi_2|\xi_1). \qquad \square$$

性质 3.2.2 (i) $H(\xi_1 \vee \xi_2|\eta) \leqslant H(\xi_1|\eta) + H(\xi_2|\eta)$;

(ii) $H(\xi_1 \vee \xi_2|\eta) = H(\xi_1|\eta) + H(\xi_2|\xi_1 \vee \eta)$.

证明 令 $\xi_1 = \{A_i\}, \xi_2 = \{C_j\}, \eta = \{D_k\}$, 则

$$\begin{aligned}
H(\xi_1 \vee \xi_2|\eta) &= -\sum_{i,j,k} m(A_i \cap C_j \cap D_k) \ln \frac{m(A_i \cap C_j \cap D_k)}{m(D_k)} \\
&= -\sum_{i,j,k} m(A_i \cap C_j \cap D_k) \ln \left(\frac{m(A_i \cap C_j \cap D_k)}{m(A_i \cap D_k)} \cdot \frac{m(A_i \cap D_k)}{m(D_k)} \right) \\
&= -\sum_{i,k} \left(\sum_j m(A_i \cap C_j \cap D_k) \right) \ln \frac{m(A_i \cap D_k)}{m(D_k)} \\
&\quad - \sum_{i,j,k} m(A_i \cap C_j \cap D_k) \ln \frac{m(A_i \cap C_j \cap D_k)}{m(A_i \cap D_k)} \\
&= H(\xi_1|\eta) + H(\xi_2|\xi_1 \vee \eta).
\end{aligned}$$

(ii) 得证.

我们也可以用性质 3.2.1 给出 (ii) 的一个证明如下:

$$\begin{aligned}
&H(\xi_1|\eta) + H(\xi_2|\xi_1 \vee \eta) \\
&\quad = H(\xi_1 \vee \eta) - H(\eta) + H(\xi_1 \vee \xi_2 \vee \eta) - H(\xi_1 \vee \eta) \\
&\quad = H(\xi_1 \vee \xi_2 \vee \eta) - H(\eta) = H(\xi_1 \vee \xi_2|\eta).
\end{aligned}$$

我们把 (i) 的证明留作习题. $\square$

用 $\xi \leqslant \eta$ 表示 η 是 ξ 的加细, 即 ξ 中每个元素都是 η 中元素之并. 例如 $\xi \leqslant \xi \vee T^{-1}\xi$.

性质 3.2.3 设 $\xi_1 \leqslant \xi_2$, 则 $H(\xi_1|\eta) \leqslant H(\xi_2|\eta), H(\xi_1) \leqslant H(\xi_2)$.

证明 已知 $\xi_1 \leqslant \xi_2$, 则

$$H(\xi_2|\eta) = H(\xi_1 \vee \xi_2|\eta) = H(\xi_1|\eta) + H(\xi_2|\xi_1 \vee \eta) \geqslant H(\xi_1|\eta).$$

令 $\eta = \{X, \phi\}$, 则 $H(\xi_1|\eta) = H(\xi_1), H(\xi_2|\eta) = H(\xi_2)$, 故

$$H(\xi_1) \leqslant H(\xi_2). \qquad \square$$

性质 3.2.4 若 $\xi_1 \leqslant \xi_2$, 则 $H(\eta|\xi_1) \geqslant H(\eta|\xi_2)$.

证明 设 $\eta = \{A_i\}, \xi_1 = \{C_j\}, \xi_2 = \{D_k\}$. 因为 $\xi_1 \leqslant \xi_2$, 则 $C_j \cap D_k = \varnothing, D_k$, 进而有

$$\frac{m(A_i \cap C_j)}{m(C_j)} = \sum_k \frac{m(C_j \cap D_k)}{m(C_j)} \cdot \frac{m(A_i \cap D_k)}{m(D_k)}.$$

利用函数 $\phi(x) = x \ln x$ 的凸性质 (命题 3.1.1), 若

$$\alpha_k = \frac{m(C_j \cap D_k)}{m(C_j)}, \quad x_k = \frac{m(A_i \cap D_k)}{m(D_k)},$$

则有

$$\begin{aligned}
&\frac{m(A_i \cap C_j)}{m(C_j)} \ln \frac{m(A_i \cap C_j)}{m(C_j)} \\
&\quad = \phi\left(\frac{m(A_i \cap C_j)}{m(C_j)}\right) = \phi\Bigg(\sum_k \alpha_k x_k\Bigg) \\
&\quad \leqslant \sum_k \alpha_k \phi(x_k) = \sum_k \frac{m(C_j \cap D_k)}{m(C_j)} \phi\left(\frac{m(A_i \cap D_k)}{m(D_k)}\right).
\end{aligned}$$

上式两边同乘以 $m(C_j)$ 得到

$$\begin{aligned}
&m(A_i \cap C_j) \ln \frac{m(A_i \cap C_j)}{m(C_j)} \\
&\qquad \leqslant \sum_k m(C_j \cap D_k) \frac{m(A_i \cap D_k)}{m(D_k)} \ln \frac{m(A_i \cap D_k)}{m(D_k)}.
\end{aligned}$$

令 i, j 变化作和, 有

$$\begin{aligned}
&\sum_{i,j} m(A_i \cap C_j) \ln \frac{m(A_i \cap C_j)}{m(C_j)} \\
&\qquad \leqslant \sum_{i,j,k} m(C_j \cap D_k) \frac{m(A_i \cap D_k)}{m(D_k)} \ln \frac{m(A_i \cap D_k)}{m(D_k)} \\
&\qquad = \sum_{i,k} m(A_i \cap D_k) \ln \frac{m(A_i \cap D_k)}{m(D_k)},
\end{aligned}$$

即

$$-H(\eta|\xi_1) \leqslant -H(\eta|\xi_2),$$

两边同时乘以 -1, 则性质得证. □

3.2.3　用条件熵研究测度熵

定理 3.2.1　设 $(X,\mathcal{B},m,T)$ 是一个概率空间上的保测系统, 而 ξ 是一个有限可测分解, 则

(i) 数列 $\left\{\frac{1}{n}H\left(\bigvee_{i=0}^{n-1}T^{-i}\xi\right)\right\}$ 单调递减;

(ii) $h_m(T,\xi)=\lim_{n\to\infty}H\left(\xi\middle|\bigvee_{i=1}^{n}T^{-i}\xi\right)$.

证明　先用 3.2.2 小节中条件熵的几条性质证明一个不等式. 注意到 T 保持测度, 我们有

$$
\begin{aligned}
&H\left(\bigvee_{i=0}^{n}T^{-i}\xi\right)\\
&=H\left(\bigvee_{i=1}^{n}T^{-i}\xi\right)+H\left(\xi\middle|\bigvee_{i=1}^{n}T^{-i}\xi\right)\\
&=H\left(\bigvee_{i=0}^{n-1}T^{-i}\xi\right)+H\left(\xi\middle|\bigvee_{i=1}^{n}T^{-i}\xi\right)\\
&=H\left(\bigvee_{i=0}^{n-2}T^{-i}\xi\right)+H\left(\xi\middle|\bigvee_{i=1}^{n-1}T^{-i}\xi\right)+H\left(\xi\middle|\bigvee_{i=1}^{n}T^{-i}\xi\right)\\
&=\cdots\\
&=H(\xi)+H(\xi|T^{-1}\xi)+H\left(\xi\middle|\bigvee_{i=1}^{2}T^{-i}\xi\right)+\cdots+H\left(\xi\middle|\bigvee_{i=1}^{n}T^{-i}\xi\right)\\
&\geqslant(n+1)H\left(\xi\middle|\bigvee_{i=1}^{n}T^{-i}\xi\right)\\
&\geqslant(n+1)H\left(\xi\middle|\bigvee_{i=1}^{n+1}T^{-i}\xi\right).
\end{aligned}\tag{2.1}
$$

在推导过程中用到了

$$\{X,\varnothing\}\leqslant\bigvee_{i=1}^{n}T^{-i}\xi$$

和

$$H(T^{-1}\xi)=H(\xi)=H(\xi|\{X,\varnothing\})\geqslant H\left(\xi\middle|\bigvee_{i=1}^{n}T^{-i}\xi\right).$$

由不等式 (2.1) 再注意到 T 保测, 有

$$\begin{aligned}
nH\left(\bigvee_{i=0}^{n}T^{-i}\xi\right)&=nH\left(\bigvee_{i=1}^{n}T^{-i}\xi\right)+nH\left(\xi\middle|\bigvee_{i=1}^{n}T^{-i}\xi\right)\\
&=nH\left(\bigvee_{i=0}^{n-1}T^{-i}\xi\right)+nH\left(\xi\middle|\bigvee_{i=1}^{n}T^{-i}\xi\right)\\
&\leqslant nH\left(\bigvee_{i=0}^{n-1}T^{-i}\xi\right)+H\left(\bigvee_{i=0}^{n-1}T^{-i}\xi\right)\\
&=(n+1)H\left(\bigvee_{i=0}^{n-1}T^{-i}\xi\right),
\end{aligned}$$

所以

$$\frac{1}{n+1}H\left(\bigvee_{i=0}^{n}T^{-i}\xi\right)\leqslant\frac{1}{n}H\left(\bigvee_{i=0}^{n-1}T^{-i}\xi\right),$$

即数列

$$\left\{\frac{1}{n+1}H\left(\bigvee_{i=0}^{n}T^{-i}\xi\right)\right\}$$

单调递减. 则 (i) 得证.

另一方面, 由 (2.1) 式的推导过程知

$$h_m(T,\xi)=\lim_{n\to\infty}\frac{1}{n}\sum_{k=0}^{n-1}H\left(\xi\middle|\bigvee_{i=1}^{k}T^{-i}\xi\right). \tag{2.2}$$

令

$$a_k=H\left(\xi\middle|\bigvee_{i=1}^{k}T^{-i}\xi\right),$$

则 $a_k\geqslant 0$, 且由性质 3.2.4 知 $a_k\geqslant a_{k+1}$. 数列 $\{a_k\}$ 单调递减且有下界, 因而有极限. 下面证明这极限就是 $h_m(T,\xi)$.

由数列 $\{a_k\}$ 的单调减性质, 有

$$a_{n+k} \leqslant \frac{1}{n+k} \sum_{i=1}^{n+k} a_i \leqslant \frac{ka_1}{n+k} + \frac{na_k}{n+k}.$$

令 $n \to \infty$, 对于 $\forall\, k$ 有

$$\lim_{n\to\infty} a_n = \lim_{n\to\infty} a_{n+k} \leqslant \lim_{n\to\infty} \frac{1}{n+k} \sum_{i=1}^{n+k} a_i \leqslant a_k,$$

于是

$$\lim_{n\to\infty} a_n \leqslant \lim_{n\to\infty} \frac{1}{n} \sum_{i=1}^{n} a_i \leqslant a_k.$$

再注意到 a_k 有极限, 故必有

$$\lim_{n\to\infty} \frac{1}{n} \sum_{i=1}^{n} a_i = \lim_{k\to\infty} a_k.$$

由 (2.2) 式, 有

$$h_m(T,\xi) = \lim_{n\to\infty} H\left(\xi \middle| \bigvee_{i=1}^{n} T^{-i}\xi\right). \qquad \square$$

由定义 3.1.1, 定理 3.2.1 中的 (ii) 及其证明, 我们可以写出 T 关于分解 ξ 的测度熵的几个表达式:

$$\begin{aligned} h_m(T,\xi) &= \lim_{n\to\infty} \frac{1}{n} H\left(\bigvee_{i=0}^{n-1} T^{-i}\xi\right) \\ &= \lim_{n\to\infty} \frac{1}{n} \sum_{k=1}^{n} H\left(\xi \middle| \bigvee_{i=1}^{k} T^{-i}\xi\right) \\ &= \lim_{n\to\infty} H\left(\xi \middle| \bigvee_{i=1}^{n} T^{-i}\xi\right). \end{aligned}$$

§3.3 测度熵的性质

3.3.1 映射的迭代

定理 3.3.1 设 $(X, \mathcal{B}, m)$ 为概率空间, $T : X \to X$ 是保测映射,

则 $h_m(T^\ell) = \ell h_m(T)$, 这里 ℓ 为正整数. 若 T 可逆保测, 则 $h_m(T^{-1}) = h_m(T)$.

证明 对给定的可测分解 ξ, 令 $\eta = \eta(\xi) = \xi \vee \cdots \vee T^{-(\ell-1)}\xi$, 则

$$\begin{aligned}
&H(\eta \vee (T^\ell)^{-1}\eta \vee \cdots \vee (T^\ell)^{-(n-1)}\eta) \\
&\quad = H((\xi \vee \cdots \vee T^{-(\ell-1)}\xi) \vee (T^{-\ell}\xi \vee \cdots \vee T^{-2\ell+1}\xi) \\
&\qquad \vee \cdots \vee (T^{-(n-1)\ell}\xi \vee \cdots \vee T^{-(\ell n-1)}\xi)), \\
&\frac{1}{n}H\left(\bigvee_{i=0}^{n-1}(T^\ell)^{-i}\eta\right) = \frac{n\ell}{n}\cdot\frac{1}{n\ell}H\left(\bigvee_{i=0}^{\ell n-1}T^{-i}\xi\right).
\end{aligned}$$

令 $n \to \infty$, 有 $h_m(T^\ell, \eta) = \ell h_m(T, \xi)$.

一方面,

$$\begin{aligned}
h_m(T^\ell) &= \sup_\zeta h_m(T^\ell, \zeta) \geqslant \sup_{\eta(\xi)} h_m(T^\ell, \eta(\xi)) \\
&= \ell \sup_\xi h_m(T, \xi) = \ell h_m(T).
\end{aligned}$$

另一方面, 对任意分解 ξ, 有 $\xi \leqslant \eta(\xi)$. 由性质 3.2.3, 可知

$$h_m(T^\ell, \xi) \leqslant h_m(T^\ell, \eta(\xi)).$$

因此

$$h_m(T^\ell) \leqslant \sup_{\eta(\xi)} h_m(T^\ell, \eta(\xi)) = \ell h_m(T).$$

故 $h_m(T^\ell) = \ell h_m(T)$. 第一个结论获证.

现在设 T 是可逆保测映射. 因为

$$H\left(\bigvee_{i=0}^{n-1}T^{-i}\xi\right) = H\left(T^{n-1}\bigvee_{i=0}^{n-1}T^{-i}\xi\right) = H\left(\bigvee_{i=0}^{n-1}T^{i}\xi\right),$$

所以 $h_m(T^{-1}) = h_m(T)$, 即第二个结论成立. □

3.3.2 熵是同构不变量

定义 3.3.1 设 $(X_1, \mathcal{B}_1, m_1), (X_2, \mathcal{B}_2, m_2)$ 是两个概率空间, 又设 $T_1 : X_1 \to X_1$ 和 $T_2 : X_2 \to X_2$ 是保测映射. 称 T_1 和 T_2 是**同构的** (isomorphism), 如果存在 $M_1 \in \mathcal{B}_1, M_2 \in \mathcal{B}_2$, 使得下列条件成立:

(i) $T_i(M_i) \subseteq M_i$, $m_i(M_i)=1$, $i=1,2$;

(ii) 存在可逆保测变换 $\phi: M_1 \to M_2$ (指 ϕ 可逆, 且 ϕ 和 ϕ^{-1} 都保测: $m_1(\phi^{-1}B) = m_2(B), \forall B \in \mathcal{B}_2$; $m_2(\phi B) = m_1(B), \forall B \in \mathcal{B}_1$), 使得 $\phi \circ T_1(x) = T_2 \circ \phi(x), \forall x \in M_1$, 用交换图表示即为

$$\begin{array}{ccc} M_1 & \xrightarrow{T_1} & M_1 \\ \phi \Big\downarrow & & \Big\downarrow \phi \\ M_2 & \xrightarrow{T_2} & M_2 \end{array}$$

注 同构关系显然是一种等价关系. 当一个系统是遍历系统时, 和它同构的系统也是遍历的. 下面的定理指出, 同构系统的测度熵相同.

定理 3.3.2 设 $(X_1, \mathcal{B}_1, m_1, T_1), (X_2, \mathcal{B}_2, m_2, T_2)$ 是同构的两个保测系统, 则 $h_{m_1}(T_1) = h_{m_2}(T_2)$.

证明 设 $\xi = \{A_1, A_2, \cdots, A_k\}$ 为 M_2 的有限可测分解, 则

$$\phi^{-1}\xi = \{\phi^{-1}A_1, \phi^{-1}A_2, \cdots, \phi^{-1}A_k\} \tag{3.1}$$

为 M_1 的有限可测分解. 由于 ϕ 保测, 即

$$m_1(\phi^{-1}A_i) = m_2(A_i), \quad i = 1, 2, \cdots, k,$$

因此

$$h_{m_2}(T_2, \xi) = h_{m_1}(T_1, \phi^{-1}\xi).$$

故

$$h_{m_2}(T_2) = \sup_{\xi} h_{m_2}(T_2, \xi) \leqslant \sup_{\eta} h_{m_1}(T_1, \eta) = h_{m_1}(T_1).$$

由对称的讨论也可以证明 $h_{m_2}(T_2) \geqslant h_{m_1}(T_1)$. 故

$$h_{m_1}(T_1) = h_{m_2}(T_2).$$

□

§3.4 测度熵的计算

本节首先介绍关于测度熵计算的一个定理, 之后举例计算测度熵.

3.4.1 Kolmogorov-Sinai 定理

设 $(X,\mathcal{B},m)$ 是一个概率空间, $\mathcal{C}$, $\mathcal{D}$ 是 $\mathcal{B}$ 的两个子 σ 代数. 如果对每个 $C\in\mathcal{C}$, 存在 $D\in\mathcal{D}$, 使得 $m(C\triangle D)=0$, 又对每个 $D'\in\mathcal{D}$, 存在 $C'\in\mathcal{C}$, 使得 $m(C'\triangle D')=0$, 则记 $\mathcal{C}\doteq\mathcal{D}$.

定义 3.4.1 设 $T:(X,\mathcal{B},m)\to(X,\mathcal{B},m)$ 为概率空间的可逆保测变换. 考虑可测分解 $\eta=\{D_1,D_2,\cdots,D_r\}$, 并记

$$\bigvee_{n=-\infty}^{+\infty}T^n\eta$$

为包含所有 T^nD_i $(i=1,2,\cdots,r;-\infty<n<+\infty)$ 的最小 σ 代数. 如果

$$\bigvee_{n=-\infty}^{+\infty}T^n\eta\doteq\mathcal{B},$$

则称 η 为 T 的**生成子** (generator).

用 $\mathcal{A}_n$ 记分解 $\bigvee\limits_{-n}^{n}T^{-i}\eta$ 之并集之类, 则 $\mathcal{A}_n$ 是子 σ 代数. 用 $\bigcup\limits_{n}\mathcal{A}_n$ 记这种 $B\in\mathcal{B}$ 之并: 对某个 $n,B\in\mathcal{A}_n$. 则 $\bigcup\limits_{n}\mathcal{A}_n$ 是代数但非 σ 代数 (可数并不封闭). 则 $\bigvee\limits_{+\infty}^{-\infty}T^{-i}\eta$ 是含代数 $\bigcup\limits_{n}\mathcal{A}_n$ 之最小 σ 代数. 基于这些, 我们给出如下等价定义:

定义 3.4.1′ 若对于 $\forall\ B\in\mathcal{B},\varepsilon>0$, 存在自然数 N 和集合

$$A_1,A_2,\cdots,A_k\in\bigvee_{i=-N}^{N}T^{-i}\eta,$$

使得

$$m\left(B\triangle\bigcup_{i=1}^{k}A_i\right)<\varepsilon,$$

则称 η 为 T 的生成子.

定理 3.4.1 (Kolmogorov-Sinai 定理) 设T为概率空间 $(X,\mathcal{B},\mu)$ 的可逆保测变换, η 为 T 的生成子分解, 则 $h_\mu(T)=h_\mu(T,\eta)$.

证明　设 $\xi = \{C_1, C_2, \cdots, C_r\}$ 为 $(X, \mathcal{B})$ 的任意一个可测分解, $\varepsilon > 0$ 为任意一个给定的正数. 我们要证明 $h_\mu(T,\xi) \leqslant h_\mu(T,\eta) + \varepsilon$, 进而由 ε 的任意性得到 $h_\mu(T,\xi) \leqslant h_\mu(T,\eta)$.

对整数 $m, n > 0$, 有

$$\begin{aligned}
H\left(\bigvee_{i=0}^{n-1} T^{-i}\xi\right) &= H\left(\bigvee_{i=0}^{n-1} T^{i}\xi\right) \quad (T : X \to X \text{ 为可逆保测变换}) \\
&\leqslant H\left(\bigvee_{i=-m}^{n+m} T^{i}\eta \vee \bigvee_{i=0}^{n-1} T^{i}\xi\right) \\
&= H\left(\bigvee_{i=-m}^{n+m} T^{i}\eta\right) + H\left(\bigvee_{i=0}^{n-1} T^{i}\xi \middle| \bigvee_{i=-m}^{n+m} T^{i}\eta\right) \\
&\leqslant H\left(\bigvee_{i=-m}^{n+m} T^{i}\eta\right) + \sum_{k=0}^{n-1} H\left(T^{k}\xi \middle| \bigvee_{i=-m}^{n+m} T^{i}\eta\right) \\
&= H\left(\bigvee_{i=-m}^{n+m} T^{i}\eta\right) + \sum_{k=0}^{n-1} H\left(\xi \middle| \bigvee_{i=-m-k}^{n+m-k} T^{i}\eta\right) \\
&\leqslant H\left(\bigvee_{i=-m}^{n+m} T^{i}\eta\right) + nH(\xi|\eta^{(m)}), \qquad (4.1)
\end{aligned}$$

其中

$$\eta^{(m)} = \bigvee_{i=-m}^{m} T^{i}\eta.$$

再注意到 $T : X \to X$ 为可逆保测变换, 于是要得到结论, 只需证明存在 m 满足 $H(\xi|\eta^{(m)}) < \varepsilon$ 即可.

为估算

$$H(\xi|\eta^{(m)}) = -\sum_{D \in \eta^{(m)}} \mu(D) \sum_{i=1}^{r} \mu(C_i|D) \ln \mu(C_i|D),$$

需要讨论 $\mu(C_i|D)$.

任给定 $0 < \delta < 1$, 并在 ξ 中任给定一个元素 C_i. 因 η 是生成子分解, 存在 m, 使得在 $\eta^{(m)}$ 中可找到有限个元素, 它们的并集 C_i' 满足

$\mu(C_i \triangle C_i') < \delta$. 用 C_i'' 表示满足条件 $\mu(C_i|D) > 1-\sqrt{\delta}$ 的集合 $D \in \eta^{(m)}$ 的并集. 因 η 是生成子分解, 当 m 大时, 这样的 C_i' 和 C_i'' 存在.

断言 1 $\mu(C_i'') \geqslant \mu(C_i') - \sqrt{\delta}$.

证明 设 D 是 $\eta^{(m)}$ 中一个元素, 且 $D \subset C_i' \backslash C_i''$, 则有 $\mu(C_i|D) \leqslant 1-\sqrt{\delta}$. 因为 $\mu(C_i|D) + \mu((X \setminus C_i)|D) = 1$, 所以

$$\mu((X \setminus C_i)|D) = 1 - \mu(C_i|D) \geqslant 1 - (1-\sqrt{\delta}) = \sqrt{\delta}.$$

再注意到 $\mu(C_i' \setminus C_i) < \mu(C_i \triangle C_i') < \delta$, 我们有

$$\begin{aligned}
\mu(C_i' \setminus C_i'') &= \sum_{D \subset C_i' \backslash C_i'', D \in \eta^{(m)}} \mu(D) \\
&\leqslant \frac{1}{\sqrt{\delta}} \sum_{D \subset C_i' \backslash C_i'', D \in \eta^{(m)}} \mu((X \setminus C_i)|D)\mu(D) \\
&= \frac{1}{\sqrt{\delta}} \sum_{D \subset C_i' \backslash C_i'', D \in \eta^{(m)}} \mu((X \setminus C_i) \cap D) \\
&\leqslant \frac{1}{\sqrt{\delta}} \mu(C_i' \setminus C_i) \leqslant \sqrt{\delta}.
\end{aligned}$$

又因为

$$C_i' \subset (C_i' \setminus C_i'') \cup C_i'',$$

$$\mu(C_i') \leqslant \mu(C_i' \setminus C_i'') + \mu(C_i'') < \sqrt{\delta} + \mu(C_i''),$$

所以有 $\mu(C_i'') \geqslant \mu(C_i') - \sqrt{\delta}$. 断言 1 得证. □

现在我们有

$$H(\xi|\eta^{(m)}) = -\sum_{D \in \eta^{(m)}} \mu(D) \sum_{i=1}^{r} \mu(C_i|D) \ln \mu(C_i|D) = -\Sigma^{(1)} - \Sigma^{(2)},$$

其中 $\Sigma^{(1)}$ 表示的和式里

$$D \in \eta^{(m)}, \quad 且 \quad D \subset \bigcup_{i=1}^{r} C_i'';$$

$\Sigma^{(2)}$ 表示的和式里则考虑其余所有的 $D \in \eta^{(m)}$, 即

$$D \cap \bigcup_{i=1}^{r} C_i'' = \varnothing.$$

为估计 $\Sigma^{(2)}$, 我们先给出下面的断言:

断言 2　$\mu\left(X\setminus\bigcup_{i=1}^{r}C_i''\right)\leqslant 2r\sqrt{\delta}$.

证明　事实上,

$$\begin{aligned}\mu\left(X\setminus\bigcup_{i=1}^{r}C_i''\right)&=\mu\left(\bigcup_{i=1}^{r}C_i\setminus\bigcup_{i=1}^{r}C_i''\right)=\sum_{i=1}^{r}\mu\left(C_i\setminus\bigcup_{i=1}^{r}C_i''\right)\\&\leqslant\sum_{i=1}^{r}\mu(C_i\setminus C_i'')\leqslant\sum_{i=1}^{r}[\mu(C_i\setminus C_i')+\mu(C_i'\setminus C_i'')]\\&<r\delta+r\sqrt{\delta}<2r\sqrt{\delta}.\end{aligned}$$

断言 2 得证. □

现在估计第二个和式 $\Sigma^{(2)}$. 我们有

$$\begin{aligned}-\Sigma^{(2)}&=-\sum_{D\in\eta^{(m)},\,D\cap\bigcup\limits_{i=1}^{r}C_i''=\varnothing}\mu(D)\sum_{i=1}^{r}\mu(C_i|D)\ln\mu(C_i|D)\\&=\sum_{D\in\eta^{(m)},\,D\cap\bigcup\limits_{i=1}^{r}C_i''=\varnothing}\mu(D)r\left(-\sum_{i=1}^{r}\frac{1}{r}\mu(C_i|D)\ln\mu(C_i|D)\right)\\&\leqslant\sum_{D\in\eta^{(m)},\,D\cap\bigcup\limits_{i=1}^{r}C_i''=\varnothing}\mu(D)r\left(-\sum_{i=1}^{r}\frac{1}{r}\mu(C_i|D)\right)\\&\quad\cdot\left(\ln\sum_{i=1}^{r}\frac{1}{r}\mu(C_i|D)\right)\quad(\text{由命题 3.1.1})\\&=-\sum_{D\in\eta^{(m)},\,D\cap\bigcup\limits_{i=1}^{r}C_i''=\varnothing}\mu(D)r\cdot\frac{1}{r}\cdot\frac{\mu(D)}{\mu(D)}\ln\frac{1}{r}\cdot\frac{\mu(D)}{\mu(D)}\\&=\ln r\cdot\sum_{D\in\eta^{(m)},D\cap\bigcup\limits_{i=1}^{r}C_i''=\varnothing}\mu(D)\\&=\mu\left(X\setminus\bigcup_{i=1}^{r}C_i''\right)\cdot\ln r\\&\leqslant 2r\sqrt{\delta}\ln r,\end{aligned}$$

则当 δ 很小时 (m 很大时可以使 δ 很小), 有 $-\Sigma^{(2)} \leqslant 2r\sqrt{\delta}\ln r < \dfrac{\varepsilon}{2}$.

现在估计第一个和式 $\Sigma^{(1)}$. 回顾命题 3.1.1 中的函数 $\phi(x) = x\ln x$, 它在 $(0,1)$ 内连续, 在 $(\mathrm{e}^{-1},1)$ 内是单调递增的, 且满足 $\phi(1) = 0$. 设 $D \subset C_i''$ 且 $D \in \eta^{(m)}$, 则 $\mu(C_i|D) > 1 - \sqrt{\delta}$. 当 δ 很小时, $\mu(C_i|D)$ 接近于 1, $|\mu(C_i|D)\ln\mu(C_i|D)|$ 接近于 0. 我们有

$$\left|\sum_{i=1}^{r}\mu(C_i|D)\ln\mu(C_i|D)\right| < \frac{\varepsilon}{2},$$

进而有

$$|\Sigma^{(1)}| = \left|\sum_{D\in\eta^{(m)}, D\subset\bigcup\limits_{i=1}^{r}C_i''}\mu(D)\sum_{i=1}^{r}\mu(C_i|D)\ln\mu(C_i|D)\right| < \frac{\varepsilon}{2}.$$

于是可以取充分大 m, 使得 $H(\xi|\eta^{(m)}) < \varepsilon$.

在 (4.1) 式两端除以 n, 则

$$\frac{1}{n}H\left(\bigvee_{i=0}^{n-1}T^{-i}\xi\right) \leqslant \frac{1}{n}H\left(\bigvee_{i=-m}^{m+n}T^{i}\eta\right) + H(\xi|\eta^{(m)}),$$

进而有

$$\frac{1}{n}H\left(\bigvee_{i=0}^{n-1}T^{i}\xi\right) \leqslant \frac{n+2m+1}{n}\cdot\frac{1}{n+2m+1}H\left(\bigvee_{i=0}^{n+2m}T^{-i}\eta\right) + \varepsilon.$$

令 $n\to\infty$, 得

$$h_\mu(T,\xi) \leqslant h_\mu(T,\eta) + \varepsilon. \qquad \square$$

对非可逆的保测映射也有相应的 Kolmogorov-Sinai 定理.

3.4.2 熵计算的例子

例 3.4.1 当 $T: X\to X$ 为恒同映射 id 时, 对每个 T 不变的测度 m 都有 $h_m(T) = 0$. 设 $T: X\to X$, 满足 $T^p = \mathrm{id}$, $p\in\mathbb{N}$. 对每个 T 不变的测度 m, 由于 $h_m(\mathrm{id}) = h_m(T^p) = ph_m(T)$, 则有 $h_m(T) = 0$.

例 3.4.2 单位圆周上的旋转. 证明下面的定理:

定理 3.4.2 单位圆周上的任何旋转 $T: S^1 \to S^1, T(x) = x + \alpha(\mathrm{mod}\ 1)$ 关于不变的 Borel 测度 m 的熵为 0.

证明 情形 1 当 $\alpha = \dfrac{p}{q}$ 为有理数时, 这里 $p \in \mathbb{Z}$, $q \in \mathbb{N}$, 则 $T^q(x) = x, \forall x \in S^1$. 由例 3.4.1 知测度熵为 0.

情形 2 当 α 为无理数时, 记 $\xi = \{A_1, A_2\}$, 其中 A_1 为上半圆周 $[1, -1)$, A_2 为下半圆周 $[-1, 1)$. 易知 $\{n\alpha(\mathrm{mod}\,1)\}_{n\in\mathbb{Z}}$ 在 S^1 中稠密. 任何包含左端点而不含右端点 (以逆时针序) 的半圆周都属于 $\{T^n\xi,\ n \in \mathbb{Z}\}$ 生成的 σ 代数; 进而, 任何包含左端点而不含右端点 (以逆时针序) 的圆弧都属于 $\{T^n\xi,\ n \in \mathbb{Z}\}$ 生成的 σ 代数, 每个开区间, 进而其并集, 进而所有开集均属于 $\{T^n\xi, n \in \mathbb{Z}\}$ 生成的 σ 代数, ξ 是生成子. 由 Kolmogorov-Sinai 定理知 $h_m(T) = h_m(T, \xi)$.

当 $n = 1$ 时, $\#\xi = 2$. 对于 $n - 1$ 时, 有

$$\#\left(\bigvee_{i=0}^{n-2} T^{-i}\xi\right) = 2(n-1).$$

分解 $\bigvee\limits_{i=0}^{n-1} T^{-i}\xi = \bigvee\limits_{i=0}^{n-2} T^{-i}\xi \vee T^{-(n-1)}\xi$ 比 $\bigvee\limits_{i=0}^{n-2} T^{-i}\xi$ 恰多出两个区间, 故 $\#\bigvee\limits_{i=0}^{n-1} T^{-i}\xi = 2n$. 所以

$$h_m(T) = h_m(T, \xi) = \lim_{n\to\infty} \frac{1}{n} H\left(\bigvee_{i=0}^{n-1} T^{-i}\xi\right) \leqslant \lim_{n\to\infty} \frac{\ln 2n}{n} = 0. \quad \square$$

例 3.4.3 $(p_0, \cdots, p_{k-1})$-Bernoulli 转移 (例 2.1.6) 的测度熵为 $-\sum\limits_{i=0}^{k-1} p_i \ln p_i$.

证明 令 $\xi = \{A_0, \cdots, A_{k-1}\}$, 其中 $A_i = \{\{s_n\}_{-\infty}^{+\infty} | s_0 = i\}$. 根据乘积 σ 代数的定义, ξ 是生成子分解. 故 $h_m(T) = h_m(T, \xi)$. 分解 $\xi \vee \cdots \vee T^{-(n-1)}\xi$ 中一个典型元素是形如

$$\begin{aligned} &A_{i_0} \cap T^{-1}A_{i_1} \cap \cdots \cap T^{-(n-1)}A_{i_{n-1}} \\ &\quad = \{\{x_n\} | x_0 = i_0, x_1 = i_1, \cdots, x_{n-1} = i_{n-1}\} \end{aligned}$$

的可测矩形, 其测度 (由定义) 为 $p_{i_0}p_{i_1}\cdots p_{i_{n-1}}$. 所以

$$\begin{aligned}
&H(\xi\vee\cdots\vee T^{-(n-1)}\xi)\\
&\quad=-\sum(p_{i_0}p_{i_1}\cdots p_{i_{n-1}})\ln(p_{i_0}p_{i_1}\cdots p_{i_{n-1}})\\
&\quad=-\sum_{i_0,\cdots,i_{n-1}=0}^{k-1}(p_{i_0}p_{i_1}\cdots p_{i_{n-1}})(\ln p_{i_0}+\ln p_{i_1}+\cdots+\ln p_{i_{n-1}})\\
&\quad=-n\sum_{i=0}^{k-1}p_i\ln p_i.
\end{aligned}$$

故

$$h_m(T)=-\sum_{i=0}^{k-1}p_i\ln p_i. \qquad \square$$

例 3.4.4 $(\boldsymbol{p},\boldsymbol{P})$-Markov 链的熵为 $-\sum\limits_{i,j}p_ip_{ij}\ln p_{ij}$.

证明 回顾例 2.1.7, 有

$$\boldsymbol{p}=(p_0,p_1,\cdots,p_{k-1}),\quad \boldsymbol{P}=\begin{bmatrix}p_{00}&\cdots&p_{0,k-1}\\ \vdots&&\vdots\\ p_{k-1,0}&\cdots&p_{k-1,k-1}\end{bmatrix},$$

满足

$$\sum_{j=0}^{k-1}p_{ij}=1$$

和

$$(p_0,p_1,\cdots,p_{k-1})\begin{bmatrix}p_{00}&\cdots&p_{0,k-1}\\ \vdots&&\vdots\\ p_{k-1,0}&\cdots&p_{k-1,k-1}\end{bmatrix}=(p_0,p_1,\cdots,p_{k-1}).$$

取分解 $\xi=\{A_0,\cdots,A_{k-1}\}, A_i=\{\{s_n\}_{-\infty}^{+\infty}|s_0=i\}$. 如上例 ξ 是生成子分解. 注意 $\bigvee\limits_{i=0}^{n-1}T^{-i}\xi$ 的典型元素

$$\begin{aligned}
&A_{i_0}\cap T^{-1}A_{i_1}\cap\cdots\cap T^{-(n-1)}A_{i_{n-1}}\\
&\quad=\{\{x_n\}|x_0=i_0,x_1=i_1,\cdots,x_{n-1}=i_{n-1}\}
\end{aligned}$$

的测度为 $p_{i_0}p_{i_0i_1}\cdots p_{i_{n-2}i_{n-1}}$，所以

$$\begin{aligned}
h_m(T) &= h_m(T,\xi) \\
&= \lim_{n\to\infty}\frac{1}{n}H(\xi\vee\cdots\vee T^{-(n-1)}\xi) \\
&= -\lim_{n\to\infty}\frac{1}{n}\sum_{i_0,\cdots,i_{n-1}=0}^{k-1}(p_{i_0}p_{i_0i_1}\cdots p_{i_{n-2}i_{n-1}}) \\
&\quad\cdot\ln p_{i_0}p_{i_0i_1}\cdots p_{i_{n-2}i_{n-1}} \\
&= -\lim_{n\to\infty}\frac{1}{n}\sum_{i_0,\cdots,i_{n-1}=0}^{k-1}(p_{i_0}p_{i_0i_1}\cdots p_{i_{n-2}i_{n-1}}) \\
&\quad\cdot(\ln p_{i_0}+\ln p_{i_0i_1}+\cdots+\ln p_{i_{n-2}i_{n-1}}) \\
&= -\lim_{n\to\infty}\frac{1}{n}\left(\sum_{i_0=0}^{k-1}p_{i_0}\ln p_{i_0}+(n-1)\sum_{i,j=0}^{k-1}p_ip_{ij}\ln p_{ij}\right) \\
&= -\sum_{i,j=0}^{k-1}p_ip_{ij}\ln p_{ij}.
\end{aligned}$$

□

§3.5 习　　题

1. 设 $T:(X,\mathcal{B},\mu)\to(X,\mathcal{B},\mu)$ 是一个保测映射, 具有由 k 个元素组成的生成子. 证明: $h_\mu(T)\leqslant\ln k$.

2. 考虑单位圆周上的扩张自映射 $T(x)=Kx(\mathrm{mod}\,1)$, 其中 $K>1$ 是正整数. 已知 T 保持 Lebesgue 测度 μ, 求 $h_\mu(T)$.

3. 设 ξ 和 η 是两个可测分解, 则

$$H_\mu(\xi\vee\eta)=H_\mu(\xi)+H_\mu(\eta)\Longleftrightarrow\mu(A\cap C)=\mu(A)\cdot\mu(C),\quad\forall A\in\xi,\quad\forall C\in\eta.$$

4. 证明: 生成子的两个定义是等价的. (提示: 设 $\mathcal{A}$ 是 $\mathcal{B}$ 的子 σ 代数, 则 $\{B\in\mathcal{B}\mid$ 对 $\forall\varepsilon>0$, 存在 $A\in\mathcal{A}$, 使得 $m(A\triangle B)<\varepsilon\}$ 是 σ 代数.)

5. 设 X 是度量空间, $T:(X,\mathcal{B}(X),\mu)\longrightarrow(X,\mathcal{B}(X),\mu)$ 是一个保测遍历映射, 具有由 k 个元素组成的生成子, 又设 $h_\mu(T)=\ln k$. 证明: T 同构于一个 $\left(\dfrac{1}{k},\cdots,\dfrac{1}{k}\right)$-Bernoulli 转移. (提示: 利用生成子分解, 几乎处处地建立 X 中的

点和 Bernoulli 转移中的状态空间中的点的对应关系.)

6. 设 $I=[0,1]$ 具有 Borel σ 代数和 Lebesgue 测度, $X=\prod\limits_{-\infty}^{+\infty} I$ 具有乘积测度 m, 又设 $T:X\to X$ 是转移映射, 即 $T(\{x_i\})=\{x_{i+1}\}$. 证明: m 是 T 的不变测度, 并且 $h_m(T)=\infty$. (提示: 令

$$A_{ni}=\left\{x_j\,\middle|\,\frac{i-1}{n}<x_0<\frac{i}{n},\quad 1\leqslant i\leqslant n\right\}$$

并考虑 T 关于 X 的分解 $\xi_n=\{A_{n1},A_{n2},\cdots,A_{nn}\}$ 的测度熵.)

7. 固定正整数 $k>1$. 设 $Y=\{0,1,\cdots,k-1\}$, 其 σ 代数取为 Y 中所有子集形成的集类 2^Y. 由可测空间 $(Y,2^Y)$ 作乘积可测空间 $(X,\mathcal{B})$. 定义映射 $T:X\to X$, $(x_i)\mapsto(x_{i+1})$. 证明: 对每个 $b\in[0,\ln k]$, 存在一个 T 不变的概率测度 μ, 使得 $h_\mu(T)=b$.

第 4 章 Shannon-McMillan-Breiman 定理

在例 3.4.3 中, 我们计算过双边 $(p_0, \cdots, p_{k-1})$-Bernoulli 转移的测度熵. 现在我们换一种观点再讨论一下. 回顾集合 $Y = \{0, 1, \cdots, k-1\}$ 及其 σ 代数 2^Y 和概率向量 $(p_0, \cdots, p_{k-1})$; 乘积空间 $(X, \mathcal{B}, m)$, 其中 $X = \prod_{-\infty}^{+\infty} Y$; 以及转移映射

$$T : X \to X,$$
$$\{s_i\}_{-\infty}^{+\infty} \mapsto \{s_{i+1}\}_{-\infty}^{+\infty};$$

还有生成子分解 $\xi = \{A_0, \cdots, A_{k-1}\}$, 其中 $A_i = \{\{s_j\}_{-\infty}^{+\infty} | s_0 = i\}$. 这些都和例 3.4.3 相同. 在例 3.4.3 中我们已经证明了

$$h_m(T, \xi) = -\sum_{i=0}^{k-1} p_i \ln p_i.$$

现在我们考虑函数 $f : X \to \mathbb{R}, f(\{s_i\}_{-\infty}^{+\infty}) = -\ln p_{s_0}$, 则

$$\begin{aligned}\int_X f \mathrm{d}m &= \sum_{i=0}^{k-1} \int_{A_i} f \mathrm{d}m = -\sum_{i=0}^{k-1} m(A_i) \ln p_i \\ &= -\sum_{i=0}^{k-1} p_i \ln p_i = h_m(T, \xi).\end{aligned}$$

因为 $(X, \mathcal{B}, m, T)$ 是遍历的, 使用 Birkhoff 遍历定理, 对 m-a.e. $x = \{s_i\}_{-\infty}^{+\infty} \in X$, 有

$$\lim_{n\to\infty} \frac{1}{n} \sum_{i=0}^{n-1} f(T^i x) = \int_X f \mathrm{d}m = h_m(T, \xi).$$

现在, 有

$$\frac{1}{n} \sum_{i=0}^{n-1} f(T^i x) = -\frac{1}{n} \sum_{i=0}^{n-1} \ln p_{s_i}$$

$$= -\frac{1}{n}\ln(p_{s_0}p_{s_1}\cdots p_{s_{n-1}}) = -\frac{1}{n}\ln m(A_n(x)),$$

其中 $A_n(x)$ 指分解 $\bigvee\limits_{i=0}^{n-1} T^{-i}\xi$ 中包含 x 的那个元素. 故

$$-\lim_{n\to\infty}\frac{1}{n}\ln m(A_n(x)) = h_m(T,\xi), \quad m\text{-a.e. } x\in X.$$

我们看到, 测度熵 $h_m(T,\xi)$ 能用一个典型状态点 (这种点的集合具有满测度) 的运动轨道的信息表出. 本章就一般概率系统证实这一现象, 即介绍标题所述的 Shannon-McMillan-Breiman 定理. 应用这个定理, 换一种思路介绍 (紧致度量空间) 测度熵的形式上很不同的等价定义. 在第 7 章再次应用这个定理为流建立一个测度熵定义. Shannon-McMillan-Breiman 定理是信息论的基本重要定理.

§4.1 条件期望, 条件测度和条件熵

定义 4.1.1 设 $(X,\mathcal{B},m)$ 为概率空间, η 为 $\mathcal{B}$ 的子 σ 代数, $f\in L^1(X,\mathcal{B},m)$. 称 $E(f|\eta)$ 为 f 关于 η 的**条件期望**, 如果满足

(i) $E(f|\eta)\in L^1(X,\eta,m)$;

(ii) 对每个 $A\in\eta$, 有 $\displaystyle\int_A E(f|\eta)\mathrm{d}m = \int_A f\,\mathrm{d}m$.

将 $m(B|\eta)\triangleq E(\chi_B|\eta)$ 称为 $B\in\mathcal{B}$ 关于 η 的**条件测度**或**条件概率**.

注 我们解释定义的合理性, 即指出 $E(f|\eta)$ 的存在唯一性.

仅以 $f\in L^1(X,\mathcal{B},m)$ 是实值函数且 $f>0$ 的情形为例说明. 设 $A\in\eta$, 令

$$\varphi(A) = \frac{1}{\displaystyle\int_X f\mathrm{d}m}\int_A f\mathrm{d}m,$$

则 $\varphi:\eta\to[0,1]$ 和 $m:\eta\to[0,1]$ 均为定义在 η 上的测度且

$$\varphi \ll m.$$

根据 Radon-Nikodym 定理, 存在函数 $F(f|\eta)\in L^1(X,\eta,m)$, 满足

$$F(f|\eta)\geqslant 0, \quad \int_X F(f|\eta)\,\mathrm{d}m = 1,$$

且

$$\varphi(A) = \int_A F(f|\eta)\,\mathrm{d}m, \quad \forall A \in \eta.$$

故

$$\int_A F(f|\eta)\,\mathrm{d}m = \frac{\displaystyle\int_A f\,\mathrm{d}m}{\displaystyle\int_X f\,\mathrm{d}m}, \quad \forall A \in \eta.$$

记

$$E(f|\eta) = F(f|\eta)\int_X f\mathrm{d}m,$$

则 $E(f|\eta) \in L^1(X, \eta, m)$ 且

$$\int_A E(f|\eta)\,\mathrm{d}m = \int_A f\,\mathrm{d}m, \quad \forall A \in \eta.$$

当 f 是实值函数但不恒正时, 可考虑正值部分函数和负值部分函数, 再用 $E(f|\eta)$ 的线性性质给出; 当 f 是复值函数时, 可考虑实部函数和虚部函数, 再用 $E(f|\eta)$ 的线性性质给出.

如果有两个函数 g_1, g_2 都满足 (i), (ii), 则 $A = \{x \in X \mid g_1(x) < g_2(x)\} \in \eta$ 且

$$\int_A g_1\,\mathrm{d}m = \int_A f\,\mathrm{d}m = \int_A g_2\,\mathrm{d}m,$$

进而有 $m(A) = 0$. 同理, $\{x \in X \mid g_2(x) < g_1(x)\}$ 的测度也是 0. 故

$$g_1(x) = g_2(x), \quad m\text{-a.e. } x \in X.$$

$E(f|\eta)$ 与 f 可以很不同. 例如, 取 $\eta = \{\varnothing, X\}$, 由于 $E(f|\eta)$ 在 (X, η) 上可测, 则 $E(f|\eta)$ 为常函数.

设 $(X, \mathcal{B}, m)$ 为概率空间, η 为一个有限可测分解, 则由 η 中的元素的并集的全体 (再添加上空集合) 构成 $\mathcal{B}$ 的一个有限子 σ 代数, 记为 $\mathcal{A}(\eta)$ (注意, 这里的记号和第 1 章 §1.1 中的生成代数的记号含义有别). 反之, 给出 $\mathcal{B}$ 的一个有限的子 σ 代数 $\mathcal{A} = \{A_1, A_2, \cdots, A_n\}$, 全体形如 $C_1 \cap \cdots \cap C_n$ ($C_i = A_i$ 或 $X \setminus A_i$) 的非空集合构成 $(X, \mathcal{B}, m)$ 的有限分解, 记为 $\eta(\mathcal{A})$. 显然, $\mathcal{A}(\eta(\mathcal{A})) = \mathcal{A}$, $\eta(\mathcal{A}(\eta)) = \eta$. 故有限可测分解和有限 σ 代数是一一对应的. 于是, 关于可测分解 η 的条件期望 $E(f|\eta)$ 也是指关于 $\mathcal{A}(\eta)$ 的条件期望 $E(f|\mathcal{A}(\eta))$, 关于可测分解 η 的条件测度 $E(\chi|\eta)$ 是指关于 $\mathcal{A}(\eta)$ 的条件测度 $E(\chi|\mathcal{A}(\eta))$.

我们进一步指出, 定义 4.1.1 的条件测度是初等概率论的条件概率的推广.

例 4.1.1 设 $(X,\mathcal{B},m)$ 为概率空间, 集合 $B\in\mathcal{B}$ 满足 $m(B)>0$. 考虑子 σ 代数 $\eta=\{\varnothing,B,B^c,X\}$. 求 $A\in\mathcal{B}$ 关于 η 的条件概率 $m(A|\eta)$.

解 依定义, $m(A|\eta)$ 是关于 η 可测的, 且对每个 $C\in\eta$, 有

$$\int_C m(A|\eta)\mathrm{d}m=\int_C E(\chi_A|\eta)\mathrm{d}m=\int_C \chi_A\,\mathrm{d}m=m(C\cap A). \tag{1.1}$$

不难看出, 每个关于 σ 代数 $\eta=\{\varnothing,B,B^c,X\}$ 可测的函数具有形式 $a\chi_B+b\chi_{B^c}$. 因此可知 $m(A|\eta)=a\chi_B+b\chi_{B^c}$, 系数 a, b 待定. 将 $m(A|\eta)=a\chi_B+b\chi_{B^c}$ 代入 (1.1) 式并依次取 $C=B$ 和 $C=B^c$, 得到

$$am(B)=m(A\cap B),\quad bm(B^c)=m(A\cap B^c),$$

于是

$$m(A|\eta)=\frac{m(A\cap B)}{m(B)}\chi_B+\frac{m(A\cap B^c)}{m(B^c)}\chi_{B^c}.$$

函数 $m(A|\eta)$ 在 B 上的取值即为初等概率论中的条件测度

$$m(A|B)=\frac{m(B\cap A)}{m(B)}.$$

□

下面命题中条件期望函数的表达式可以理解为例 4.1.1 中给出的表达式

$$m(A|\eta)=\frac{m(A\cap B)}{m(B)}\chi_B+\frac{m(A\cap B^c)}{m(B^c)}\chi_{B^c},$$

亦即

$$E(\chi_A|\eta)=\frac{\displaystyle\int_B\chi_A\mathrm{d}m}{m(B)}\chi_B+\frac{\displaystyle\int_{B^c}\chi_A\mathrm{d}m}{m(B^c)}\chi_{B^c}$$

的推广.

命题 4.1.1 设 $\xi=\{A_1,A_2,\cdots,A_k\}$ 为概率空间 $(X,\mathcal{B},m)$ 的可测分解, $f\in L^1(X,\mathcal{B},m)$, 则 f 关于 ξ 的条件期望函数为

$$E(f|\xi)(x)=\sum_{i=1}^k\chi_{A_i}(x)\frac{\displaystyle\int_{A_i}f\mathrm{d}m}{m(A_i)};$$

设 $\eta=\{C_1,C_2,\cdots,C_p\}$ 也为可测分解, 则 ξ 关于 η 的条件熵为

$$H(\xi|\eta)=-\int\sum_{i=1}^{k}E(\chi_{A_i}|\eta)\ln E(\chi_{A_i}|\eta)\mathrm{d}m.$$

证明　用 A 表示 ξ 的一个元素. 因为 $A\in\xi$ 总是和某个 A_j 吻合, 进而和其他的 A_i 不相交 (在排除 0 测度集合的意义下), 所以有

$$\int_A\sum_{i=1}^{k}\chi_{A_i}\frac{\displaystyle\int_{A_i}f\mathrm{d}m}{m(A_i)}\mathrm{d}m=\int_{A_j}\frac{\displaystyle\int_{A_j\cap A}f\mathrm{d}m}{m(A_j)}\mathrm{d}m=\int_A f\mathrm{d}m.$$

由条件期望的唯一性 (定义 4.1.1), 则

$$E(f|\xi)(x)=\sum_{i=1}^{k}\chi_{A_i}(x)\frac{\displaystyle\int_{A_i}f\mathrm{d}m}{m(A_i)}.$$

又因为

$$\begin{aligned}
&-\int E(\chi_{A_i}|\eta)\ln E(\chi_{A_i}|\eta)\mathrm{d}m\\
&\quad=-\int\left(\sum_{j=1}^{p}\chi_{C_j}\frac{m(A_i\cap C_j)}{m(C_j)}\ln\sum_{j=1}^{p}\chi_{C_j}\frac{m(A_i\cap C_j)}{m(C_j)}\right)\mathrm{d}m\\
&\quad=-\sum_{j=1}^{p}\int\chi_{C_j}\frac{m(A_i\cap C_j)}{m(C_j)}\ln\sum_{j=1}^{p}\chi_{C_j}\frac{m(A_i\cap C_j)}{m(C_j)}\mathrm{d}m\\
&\quad=-\sum_{j=1}^{p}\int_{C_j}\frac{m(A_i\cap C_j)}{m(C_j)}\ln\frac{m(A_i\cap C_j)}{m(C_j)}\mathrm{d}m\quad(\text{由 } m(C_i\cap C_j)=\varnothing,\ i\neq j)\\
&\quad=-\sum_{j=1}^{p}m(A_i\cap C_j)\ln\frac{m(A_i\cap C_j)}{m(C_j)},
\end{aligned}$$

所以

$$\begin{aligned}
&-\int\sum_{i=1}^{k}E(\chi_{A_i}|\eta)\ln E(\chi_{A_i}|\eta)\mathrm{d}m\\
&\qquad=-\sum_{i,j}m(A_i\cap C_j)\ln\frac{m(A_i\cap C_j)}{m(C_j)}=H(\xi|\eta).
\end{aligned}$$

□

由命题 4.1.1, 对有限分解 $\xi=\{A_1,A_2,\cdots,A_k\}$ 来说, $E(f|\xi)$ 在每个 A_i 上取常值, 即取 f 在 A_i 上的平均值

$$\frac{\displaystyle\int_{A_i} f\mathrm{d}m}{m(A_i)},\quad i=1,2,\cdots,k.$$

由定理 3.2.1, 对 T 关于分解 ξ 的测度熵有如下等价定义:

$$h_m(T,\xi)=-\lim_{n\to\infty}\int\sum_{A\in\xi}E\left(\chi_A\middle|\bigvee_{i=1}^{n}T^{-i}\xi\right)\ln E\left(\chi_A\middle|\bigvee_{i=1}^{n}T^{-i}\xi\right)\mathrm{d}m. \tag{1.2}$$

我们使用条件期望重述一下 Birkhoff 遍历定理: 设 $(X,\mathcal{B},m)$ 是概率空间, $T:X\to X$ 是保持测度 m 的映射, $\mathcal{I}=\{A\in\mathcal{B}\mid T^{-1}A=A\}$, 则 $\mathcal{I}$ 是 $\mathcal{B}$ 的一个子 σ 代数. 设 $f\in L^1(X,\mathcal{B},m)$, 由 $E(\cdot|\mathcal{I}):L^1(\mathcal{B})\to L^1(\mathcal{I})$ 是正算子, 进而由 $E(f|\mathcal{I})$ 的唯一性知, 当 $f=f^+-f^-$ 时,

$$E(f|\mathcal{I})=E(f^+|\mathcal{I})-E(f^-|\mathcal{I}).$$

进而可设 $f\geqslant 0$. 因为

$$\int_A E(f\circ T|\mathcal{I})\mathrm{d}m=\int_A f\circ T\,\mathrm{d}m=\int_{T^{-1}A}f\circ T\,\mathrm{d}m=\int_A f\,\mathrm{d}m,\ \forall A\in\mathcal{I},$$

所以

$$E(f\circ T|\mathcal{I})(x)=E(f|\mathcal{I})(x),\quad m\text{-a.e. }x\in X.$$

定理 4.1.1 设 $(X,\mathcal{B},m)$ 是概率空间, $T:X\to X$ 是保持测度 m 的映射, $f\in L^1(X,\mathcal{B},m)$, 则对 m-a.e. $x\in X$, 有

$$\lim_{n\to\infty}\frac{1}{n}\sum_{i=0}^{n-1}f(T^ix)=E(f|\mathcal{I})(x).$$

证明 由定理 2.3.1, 极限

$$\lim_{n\to\infty}\frac{1}{n}\sum_{i=0}^{n-1}f(T^ix)$$

m-几乎处处收敛到一个函数 $f^*\in L^1(X,\mathcal{B},m)$,

$$f^*\circ T(x)=f^*(x),\ m\text{-a.e. }x\in X.$$

则 f^* 是 $\mathcal{I}$ 可测的. 自然 $f^*\in L^1(X,\mathcal{I},m)$. 任意给定一个具有正测度的 $A\in\mathcal{I}$, 在限制的保持测度系统 (注意到 $T^{-1}(A)=A$)

$$(A, \mathcal{B} \cap A, m|A, T|A)$$

上用定理 2.3.1, 则导出

$$\int_A f^* \mathrm{d}m = \int_A f \mathrm{d}m.$$

此积分等式对测度为 0 的 $A \in \mathcal{I}$ 自然也成立. 于是

$$f^*(x) = E(f|\mathcal{I})(x), \quad m\text{-a.e. } x \in X.$$ □

§4.2　Shannon-McMillan-Breiman 定理

定义 4.2.1　设 $(X, \mathcal{B}, \mu)$ 是概率空间, $\alpha = \{A_i\}$ 是 $(X, \mathcal{B})$ 的一个有限可测分解. 定义**信息函数** $I(\alpha): X \to \mathbb{R}$ 如下:

$$I(\alpha)(x) = -\ln \mu(A_i), \quad x \in A_i,$$

即

$$I(\alpha)(x) = -\sum_i \ln \mu(A_i) \chi_{A_i}(x).$$

给定子 σ 代数 $\mathcal{D} \subset \mathcal{B}$, 定义**条件信息函数** $I(\alpha|\mathcal{D}): X \to \mathbb{R}$ 如下:

$$I(\alpha|\mathcal{D})(x) = -\sum_i \ln \mu(A_i|\mathcal{D}) \chi_{A_i}(x),$$

这里 $\mu(A_i|\mathcal{D})(x) = E(\chi_{A_i}|\mathcal{D})(x)$ 为 A_i 关于 $\mathcal{D}$ 的条件测度.

显然, 分解的测度熵是信息函数的积分:

$$H(\alpha) = \int I(\alpha) \, \mathrm{d}\mu.$$

对可测分解 β, 回顾 $\mathcal{A}(\beta)$ 为相应的 σ 代数. 现在用 $I(\alpha|\beta)$ 来表示 $I(\alpha|\mathcal{A}(\beta))$. 对于两个 σ 代数 $\mathcal{D}_1, \mathcal{D}_2$, 我们用 $\mathcal{D}_1 \vee \mathcal{D}_2$ 来表示由 $\{A_1 \cap A_2 \mid A_1 \in \mathcal{D}_1, A_2 \in \mathcal{D}_2\}$ 生成的 σ 代数.

引理 4.2.1　给定概率空间 $(X, \mathcal{B}, \mu)$ 的可测分解 α, β, γ, 则

$$I(\alpha \vee \beta|\gamma)(x) = I(\beta|\gamma)(x) + I(\alpha|\beta \vee \gamma)(x), \quad \mu\text{-a.e. } x \in X.$$

证明 注意到对任何函数 $g \in L^1(X,\mathcal{B},\mu)$, 由命题 4.1.1 有

$$E(g|\gamma)(x) = \sum_{C\in\gamma} \chi_C(x)\frac{\int_C g\mathrm{d}\mu}{\mu(C)}.$$

特别地, 对 $B \in \mathcal{B}$, 令 $g(x) = \chi_B(x)$ 就得到

$$\mu(B|\gamma)(x) = \sum_{C\in\gamma} \chi_C(x)\frac{\mu(B\cap C)}{\mu(C)}.$$

再注意到对一个点 x, 分解 $\beta\vee\gamma$ 中恰有一个元素包含 x, 于是我们有

$$\begin{aligned} I(\beta|\gamma)(x) &= -\sum_{B\in\beta} \ln\mu(B|\gamma)\chi_B(x) \\ &= -\sum_{C\in\gamma,B\in\beta} \chi_{C\cap B}(x)\ln\left(\frac{\mu(B\cap C)}{\mu(C)}\right). \end{aligned} \tag{2.1}$$

同理, 有

$$I(\alpha|\beta\vee\gamma)(x) = -\sum_{C\in\gamma,B\in\beta,A\in\alpha} \chi_{C\cap B\cap A}(x)\ln\left(\frac{\mu(A\cap B\cap C)}{\mu(C\cap B)}\right). \tag{2.2}$$

把 (2.1) 和 (2.2) 式相加, 有

$$\begin{aligned} &I(\beta|\gamma)(x) + I(\alpha|\gamma\vee\beta)(x) \\ &\quad= -\sum_{C\in\gamma,B\in\beta,A\in\alpha} \chi_{C\cap B\cap A}(x)\left(\ln\left(\frac{\mu(B\cap C)}{\mu(C)}\right)+\ln\left(\frac{\mu(A\cap B\cap C)}{\mu(B\cap C)}\right)\right) \\ &\quad= -\sum_{C\in\gamma,B\in\beta,A\in\alpha} \chi_{C\cap B\cap A}(x)\ln\frac{\mu(A\cap B\cap C)}{\mu(C)} \\ &\quad= I(\alpha\vee\beta|\gamma)(x). \end{aligned}$$

这就完成了证明. □

下面的定理指出, 对给定的分解 α, 极限 $-\lim\limits_{n\to\infty}\dfrac{\ln\mu(A_n(x))}{n}$ 存在, μ-a.e.x, 且这个极限关于 μ 的积分就是映射关于 α 的测度熵 (思考题, 参看推论 4.2.1 的证明).

定理 4.2.1 (Shannon-McMillan-Breiman 定理)　设 $T: X \to X$ 是概率空间 $(X, \mathcal{B}, \mu)$ 上的保测变换, $\alpha = \{A_i\}$ 是 $(X, \mathcal{B}, \mu)$ 的一个有限可测分解, 则对几乎所有 $x \in X$, 当 $n \to \infty$ 时, 有

$$-\frac{\ln \mu(A_n(x))}{n} \to E(f|\mathcal{I})(x),$$

其中

$$f(x) = I\left(\alpha \middle| \bigvee_{i=1}^{\infty} T^{-i}\alpha\right)(x),$$

$\mathcal{I} = \{B \in \mathcal{B} \mid T^{-1}B = B\}$ 是由 $\mathcal{B}$ 中 T-不变集合组成的 σ 代数; $A_n(x)$ 是分解 $\bigvee_{i=0}^{n-1} T^{-i}\alpha$ 中含有 x 的那个元素; $\bigvee_{i=1}^{\infty} T^{-i}\alpha$ 指包含 $T^{-i}\alpha\,(i = 1, 2, \cdots)$ 的最小 σ 代数.

注　当 $n \to +\infty$ 时, $I\left(\alpha \middle| \bigvee_{i=1}^{n} T^{-i}\alpha\right)(x)$ 既几乎处处收敛于 $I\left(\alpha \middle| \bigvee_{i=1}^{\infty} T^{-i}\alpha\right)(x)$, 即

$$I\left(\alpha \middle| \bigvee_{i=1}^{n} T^{-i}\alpha\right)(x) \to I\left(\alpha \middle| \bigvee_{i=1}^{\infty} T^{-i}\alpha\right)(x), \quad \mu\text{-a.e. } x,$$

又 L^1 收敛于 $I\left(\alpha \middle| \bigvee_{i=1}^{\infty} T^{-i}\alpha\right)(x)$, 即

$$\int \left| I\left(\alpha \middle| \bigvee_{i=1}^{n} T^{-i}\alpha\right)(x) - I\left(\alpha \middle| \bigvee_{i=1}^{\infty} T^{-i}\alpha\right)(x) \right| \mathrm{d}\mu \to 0.$$

证明可参见文献 [1] 中的引理 4.1 和引理 4.3. 另外, 有

$$\sup_{n \geqslant 1} I\left(\alpha \middle| \bigvee_{i=1}^{n} T^{-i}\alpha\right) \in L^1(X, \mathcal{B}, \mu).$$

证明可参见文献 [11] 中第 6 章的推论 2.2.

推论 4.2.1 若 $T:(X,\mathcal{B},\mu)\to(X,\mathcal{B},\mu)$ 是遍历的, 则对几乎所有 $x\in X$, 当 $n\to\infty$ 时, 有

$$-\frac{\ln\mu(A_n(x))}{n}\to h_\mu(T,\alpha).$$

如果分解 α 是生成子, 则当 $n\to\infty$ 时, 有

$$-\frac{\ln\mu(A_n(x))}{n}\to h_\mu(T).$$

证明 令

$$\phi(x)=\lim_{n\to\infty}\frac{\ln\mu(A_n(x))}{n}.$$

由定理 4.2.1, $\phi(x)$ 是 μ-几乎处处有定义的. 因 T 保持测度 μ, 则

$$\begin{aligned}\phi(x)&=\lim_{n\to\infty}\frac{\ln\mu(A_{n+1}(x))}{n+1}\\&\leqslant\lim_{n\to\infty}\frac{\ln\mu(A_n(Tx))}{n}=\phi(Tx),\quad \mu\text{-a.e. } x\in X.\end{aligned}$$

由遍历性容易证明 (见第 2 章的习题), $-\lim\limits_{n\to\infty}\dfrac{\ln\mu(A_n(x))}{n}$ 几乎处处为常数. 另一方面, 因 $f_n\triangleq I\left(\alpha\middle|\bigvee_{i=1}^{n}T^{-i}\alpha\right)$ 及 f 均可积, 则由命题 4.1.1 我们有

$$\begin{aligned}\int E(f|\mathcal{I})\mathrm{d}\mu&=\int f\mathrm{d}\mu\\&=\lim_{n\to\infty}\int I\left(\alpha\middle|\bigvee_{i=1}^{n}T^{-i}\alpha\right)(x)\mathrm{d}\mu\\&=-\lim_{n\to\infty}\int\sum_{A\in\alpha}\ln\mu\left(A\middle|\bigvee_{i=1}^{n}T^{-i}\alpha\right)\chi_A(x)\mathrm{d}\mu\\&=-\lim_{n\to\infty}\int\sum_{A\in\alpha}\ln\left(\sum_{C\in\bigvee_{i=1}^{n}T^{-i}\alpha}\chi_C(x)\frac{\mu(C\cap A)}{\mu(C)}\right)\chi_A(x)\mathrm{d}\mu\\&=-\lim_{n\to\infty}\int\sum_{A\in\alpha,C\in\bigvee_{i=1}^{n}T^{-i}\alpha}\ln\frac{\mu(C\cap A)}{\mu(C)}\chi_{A\cap C}(x)\mathrm{d}\mu\end{aligned}$$

$$
\begin{aligned}
&= -\lim_{n\to\infty} \sum_{A\in\alpha, C\in \bigvee\limits_{i=1}^{n} T^{-i}\alpha} \mu(C\cap A)\ln\frac{\mu(C\cap A)}{\mu(C)} \\
&= \lim_{n\to\infty} H\left(\alpha\middle|\bigvee_{i=1}^{n} T^{-i}\alpha\right) \\
&= h_\mu(T,\alpha).
\end{aligned}
$$

用此式, 并对定理 4.2.1 给出的等式

$$
-\lim_{n\to\infty}\frac{\ln\mu(A_n(x))}{n} = E(f|\mathcal{I})(x)
$$

两边积分, 由于 $-\lim\limits_{n\to\infty}\dfrac{\ln\mu(A_n(x))}{n}$ 几乎处处是常数, 则可得出推论. □

注 当 μ 是非遍历的不变测度时,

$$
\begin{aligned}
-\int \lim\frac{1}{n}\ln\mu(A_n(x))\mathrm{d}\mu &= \int E(f|\mathcal{I})(x)\mathrm{d}\mu \\
&= h_\mu(T,\alpha).
\end{aligned}
$$

定理 4.2.1 的证明 由定义有

$$
I\left(\bigvee_{i=0}^{n-1} T^{-i}\alpha\right)(x) = -\ln\mu(A_n(x)).
$$

由三角不等式可知

$$
\begin{aligned}
&\limsup_{n\to\infty}\left|\frac{1}{n}I\left(\bigvee_{i=0}^{n-1}T^{-i}\alpha\right) - E(f|\mathcal{I})\right| \\
&\qquad \leqslant \limsup_{n\to\infty}\frac{1}{n}\left|I\left(\bigvee_{i=0}^{n-1}T^{-i}\alpha\right) - \sum_{i=0}^{n-1} fT^i\right| \\
&\qquad\quad + \limsup_{n\to\infty}\left|\frac{1}{n}\sum_{i=0}^{n-1} fT^i - E(f|\mathcal{I})\right|. \qquad (2.3)
\end{aligned}
$$

根据定理 4.1.1, 我们有

$$
\lim_{n\to\infty}\left|\frac{1}{n}\sum_{i=0}^{n-1} fT^i - E(f|\mathcal{I})\right| = 0
$$

几乎处处成立, 故 (2.3) 式右边第二项为零.

现在我们处理 (2.3) 式的第一项. 用引理 4.2.1 并注意到 $\chi_{T^{-1}A}(x)=\chi_A\circ T(x)$, 我们得到

$$
\begin{aligned}
I\left(\bigvee_{i=0}^{n}T^{-i}\alpha\right)=&I\left(\alpha\middle|\bigvee_{i=1}^{n}T^{-i}\alpha\right)+I\left(\bigvee_{i=1}^{n}T^{-i}\alpha\right)\\
=&I\left(\alpha\middle|\bigvee_{i=1}^{n}T^{-i}\alpha\right)+I\left(\alpha\middle|\bigvee_{i=1}^{n-1}T^{-i}\alpha\right)T+\cdots\\
&+I(\alpha|T^{-1}\alpha)T^{n-1}+I(\alpha)T^{n}.
\end{aligned}\tag{2.4}
$$

由 f 的定义及 (2.4) 式我们得到

$$
\begin{aligned}
&\frac{1}{n+1}\left|I\left(\bigvee_{i=0}^{n}T^{-i}\alpha\right)-\sum_{i=0}^{n}fT^{i}\right|\\
&\quad\leqslant\frac{1}{n+1}\sum_{i=0}^{n}\left|I\left(\alpha\middle|\bigvee_{j=1}^{n-i}T^{-j}\alpha\right)T^{i}-I\left(\alpha\middle|\bigvee_{j=1}^{\infty}T^{-j}\alpha\right)T^{i}\right|.
\end{aligned}
$$

对 $N\geqslant 1$, 定义

$$
F_N(x)=\sup_{N\leqslant k}\left|I\left(\alpha\middle|\bigvee_{j=1}^{k}T^{-j}\alpha\right)(x)-I\left(\alpha\middle|\bigvee_{j=1}^{\infty}T^{-j}\alpha\right)(x)\right|.
$$

对固定的 $N\geqslant 1$ 考虑 $n\geqslant N$, 则

$$
\begin{aligned}
&\frac{1}{n+1}\left|I\left(\bigvee_{i=0}^{n}T^{-i}\alpha\right)-\sum_{i=0}^{n}fT^{i}\right|\\
&\quad\leqslant\frac{F_N+F_NT+\cdots+F_NT^{n-N}}{n+1}\\
&\qquad+\frac{\sum\limits_{i=n-N+1}^{n}\left|I\left(\alpha\middle|\bigvee_{j=1}^{n-i}T^{-j}\alpha\right)T^{i}-I\left(\alpha\middle|\bigvee_{j=1}^{\infty}T^{-j}\alpha\right)T^{i}\right|}{n+1}.
\end{aligned}\tag{2.5}
$$

因为

$$\frac{1}{n+1}\sum_{i=n-N+1}^{n}\left|I\left(\alpha\middle|\bigvee_{j=1}^{n-i}T^{-j}\alpha\right)T^i-I\left(\alpha\middle|\bigvee_{j=1}^{\infty}T^{-j}\alpha\right)T^i\right|$$
$$\leqslant\frac{N}{n+1}\left(I\left(\alpha\middle|\bigvee_{j=1}^{\infty}T^{-j}\alpha\right)+\sup_{k\geqslant1}I\left(\alpha\middle|\bigvee_{j=1}^{k}T^{-j}\alpha\right)\right),$$

所以 (2.5) 式右边第二项当 $n\to\infty$ 时趋于 0. 下面我们来估计 (2.5) 式右边第一项. 由定理 4.1.1 并注意到

$$0\leqslant F_N\leqslant f+\sup_{k\geqslant1}I\left(\alpha\middle|\bigvee_{j=1}^{k}T^{-j}\alpha\right),$$

我们有

$$\lim_{n\to\infty}\frac{F_N+F_NT+\cdots+F_NT^{n-N}}{n+1}=E(F_N|\mathcal{I}).$$

注意到 $F_N\geqslant F_{N+1}$, 则 $E(F_N|\mathcal{I})\geqslant E(F_{N+1}|\mathcal{I})\geqslant 0$ (注意 $E(\cdot|\mathcal{I})$ 是正算子). 由 $F_N\to 0$ 得到

$$\lim_{N\to\infty}\int E(F_N|\mathcal{I})\mathrm{d}\mu=\lim_{N\to\infty}\int F_N\mathrm{d}\mu=0.$$

于是 $E(F_N|\mathcal{I})(x)\to 0$, μ-a.e. $x\in X$. 定理得证. □

§4.3　测度熵的另一种定义

设 (X,d) 为一个紧致度量空间, $(X,\mathcal{B}(X),\mu)$ 为 Borel 概率空间, $T:X\to X$ 是同胚且保持测度 μ. 对 $\varepsilon>0, n\in\mathbb{N}$, 记

$$D(x,n,\varepsilon,T)=\{y\in X\mid d(T^ix,T^iy)<\varepsilon,\ i=0,1,\cdots,n-1\},$$

并称之为以 x 为心的 (n,ε,T) **球**. 设 $0<\delta<1$, 我们称 $K\subset X$ 为 X 的 (n,ε,δ) **覆盖集**, 如果

$$\mu\left(\bigcup_{x\in K}D(x,n,\varepsilon,T)\right)>1-\delta.$$

记 $N_T(n,\varepsilon,\delta)$ 为 X 的 (n,ε,δ) 覆盖集的最小基数, 即

$$N_T(n,\varepsilon,\delta)=\min\{\#\,K\,|\,K \text{ 是 } X \text{ 的一个 } (n,\varepsilon,\delta)\text{覆盖集}\}.$$

自然, 总会存在 $N_T(n,\varepsilon,\delta)$ 个 (n,ε,T) 球 $D(x_1,n,\varepsilon,T),\cdots,$ $D(x_{N_T(n,\varepsilon,\delta)},n,\varepsilon,T)$, 使它们的并覆盖了 μ 测度大于 $1-\delta$ 的一个可测集合, 即

$$\mu\left(\bigcup_{i=1}^{N_T(n,\varepsilon,\delta)} D(x_i,n,\varepsilon,T)\right)>1-\delta.$$

这时, $K=\{x_1,x_2,\cdots,x_{N_T(n,\varepsilon,\delta)}\}$ 就是一个 (n,ε,δ) 覆盖集, 且 $\#K=N_T(n,\varepsilon,\delta)$. 下面我们介绍 Katok 引入的测度熵 (见参考文献 [6]).

定义 4.3.1 设 (X,d) 为一个紧致度量空间, $(X,\mathcal{B}(X),\mu)$ 为 Borel 概率空间, $T:X\to X$ 是同胚, 保持测度 μ 且是遍历的, $0<\delta<1$, 则 T 关于 μ 的**测度熵**定义为

$$\mathrm{ent}_\mu(T)=\lim_{\varepsilon\to 0}\limsup_{n\to\infty}\frac{\ln N_T(n,\varepsilon,\delta)}{n}.$$

我们将证明 $\mathrm{ent}_\mu(T)=h_\mu(T)$, 这里 $h_\mu(T)$ 为用分解熵的上确界定义的测度熵 (见第 3 章). 等式 $\mathrm{ent}_\mu(T)=h_\mu(T)$ 也说明 Katok 的测度熵定义与 $0<\delta<1$ 的选取无关.

引理 4.3.1 设 $(X,\mathcal{B}(X),\mu)$ 为紧致度量空间 X 上给出的 Borel 概率空间, $T:X\to X$ 是同胚且保持测度 μ, $\xi=\{A_1,\cdots,A_k\}$ 是一个可测分解, $\varepsilon>0$, 则存在紧集 $B_i\subset A_i\,(i=1,2,\cdots,k)$ 及可测分解 $\eta=\{B_0,\ B_1,\cdots,B_k\}$, 其中 $B_0=X\setminus\bigcup\limits_{i=1}^{k}B_i$, 使得

$$h_\mu(T,\xi)\leqslant h_\mu(T,\eta)+\varepsilon k\ln k.$$

证明 由于 μ 是正则测度, 总可以取到紧集 $B_i\subset A_i$, 使得

$$\mu(A_i\setminus B_i)<\varepsilon,\quad i=1,2,\cdots,k.$$

令 $B_0=X\setminus\bigcup\limits_{i=1}^{k}B_i$, 则 $\mu(B_0)<k\varepsilon$.

当 $x\in(0,1]$ 时, 记 $\phi(x)=x\ln x$, 并记 $\phi(0)=0$. 根据命题 3.1.1 及其推论, 我们有

$$
\begin{aligned}
H(\xi|\eta) &= -\sum_{j=0}^{k}\mu(B_j)\sum_{i=1}^{k}\phi\left(\frac{\mu(B_j\cap A_i)}{\mu(B_j)}\right)\\
&= -\mu(B_0)\sum_{i=1}^{k}\phi\left(\frac{\mu(B_0\cap A_i)}{\mu(B_0)}\right) \quad (\text{因为 } A_i\cap B_j=\varnothing,\ i\neq 0,\ j)\\
&= -\mu(B_0)k\sum_{i=1}^{k}\frac{1}{k}\phi\left(\frac{\mu(B_0\cap A_i)}{\mu(B_0)}\right)\\
&\leqslant \mu(B_0)\ln k < \varepsilon k\ln k.
\end{aligned}
$$

进一步, 有

$$
\begin{aligned}
H\left(\bigvee_{i=0}^{n-1}T^{-i}\xi\right) &\leqslant H\left(\bigvee_{i=0}^{n-1}T^{-i}\xi\vee\bigvee_{i=0}^{n-1}T^{-i}\eta\right)\\
&= H\left(\bigvee_{i=0}^{n-1}T^{-i}\eta\right)+H\left(\bigvee_{i=0}^{n-1}T^{-i}\xi\,\middle|\,\bigvee_{i=0}^{n-1}T^{-i}\eta\right)\\
&\leqslant H\left(\bigvee_{i=0}^{n-1}T^{-i}\eta\right)+\sum_{i=0}^{n-1}H\left(T^{-i}\xi\,\middle|\,\bigvee_{i=0}^{n-1}T^{-i}\eta\right)\\
&\leqslant H\left(\bigvee_{i=0}^{n-1}T^{-i}\eta\right)+\sum_{i=0}^{n-1}H\left(T^{-i}\xi\,|T^{-i}\eta\right)\\
&= H\left(\bigvee_{i=0}^{n-1}T^{-i}\eta\right)+nH(\xi|\eta)\\
&\leqslant H\left(\bigvee_{i=0}^{n-1}T^{-i}\eta\right)+nk\varepsilon\ln k.
\end{aligned}
$$

所以

$$
h_\mu(T,\xi)\leqslant h_\mu(T,\eta)+\varepsilon k\ln k. \qquad \square
$$

引理说明: 当 X 是紧致度量空间而 $(X,\mathcal{B}(X),\mu)$ 为 Borel 概率空间时, 要计算保测映射的熵, 只需要讨论如 η 样子的分解 (除一个集合外其他均为紧致的).

定理 4.3.1 设 X 是紧致度量空间, $\mathcal{B}(X)$ 是 Borel σ 代数, $T: X\to X$ 是同胚映射保持遍历的 Borel 概率测度 μ, 则

$$
\mathrm{ent}_\mu(T)\geqslant h_\mu(T).
$$

先引入一个 Hamming 度量. 设 $N \geqslant 3$. 令

$\Omega_{N,n} = \{w = (w_0, w_1, \cdots, w_{n-1}) \mid w_i \in \{1, 2, \cdots, N\},\ i = 0, 1, \cdots, n-1\}$.

在 $\Omega_{N,n}$ 中定义距离函数 $\rho_{N,n} : \Omega_{N,n} \times \Omega_{N,n} \to [0,1]$, $\rho_{N,n}(w, \bar{w}) = \frac{1}{n}\sum_{i=0}^{n-1}(1-\delta_{w_i\overline{w}_i})$, 其中 $\delta_{ij} = \begin{cases} 0, & i \neq j, \\ 1, & i = j \end{cases}$ 是 Kronecker 记号. 容易验证, $\rho_{N,n}$ 为度量，其中的三角不等式可以分坐标讨论。

注 在应用中，N 为正整数, 将取为有限剖分中的元素的个数. n 也为正整数，将取为映射迭代的次数. 一般 n 远大于 N.

引理 4.3.2 设 $B(\bar{\omega}, r; N, n)$ 为 $\Omega_{N,n}$ 空间中以 $\bar{\omega}$ 为球心 r 为半径的球, 即 $B(\bar{\omega}, r; N, n) = \{\omega \in \Omega_{N,n} \mid \rho_{N,n}(\omega, \bar{\omega}) \leqslant r\}$, 则 $\#B(\bar{\omega}, r; N, n) = \sum_{k=0}^{[nr]} \mathrm{C}_n^k (N-1)^k$.

证明

$$\omega \in B(\bar{\omega}, r; N, n) \Longleftrightarrow \frac{1}{n}\sum_{i=0}^{n-1}(1-\delta_{w_i\overline{w}_i}) \leqslant r$$

$$\Longleftrightarrow \sum_{i=0}^{n-1}(1-\delta_{w_i\overline{w}_i}) \leqslant nr.$$

令

$$B_k(\bar{\omega}, r; N, n) = \left\{\omega \in B(\bar{\omega}, r; N, n) \middle| \sum_{i=0}^{n-1}(1-\delta_{w_i\overline{w}_i}) = k\right\},$$

则有

$$B(\bar{\omega}, r; N, n) = \bigcup_{k=0}^{[nr]} B_k(\bar{\omega}, r; N, n)$$

且

$$B_i(\bar{\omega}, r; N, n) \bigcap B_j(\bar{\omega}, r; N, n) = \varnothing, \quad i \neq j.$$

又 $\#B_k(\bar{\omega}, r; N, n) = \mathrm{C}_n^k (N-1)^k$, 从而

$$\#B(\bar{\omega}, r; N, n) = \sum_{k=0}^{[nr]} \#B_k(\bar{\omega}, r; N, n) = \sum_{k=0}^{[nr]} \mathrm{C}_n^k (N-1)^k. \qquad \square$$

注意到 $\#B(\bar{\omega},r;N,n)$ 与 $\bar{\omega}$ 的选取无关, 记 $P(N,n,r)=\#B(\bar{\omega},r;N,n)$.

引理 4.3.3　当 $0\leqslant r<\dfrac{N-2}{N}$ 时, 有

$$\lim_{n\to+\infty}\frac{\ln P(N,n,r)}{n}=r\ln(N-1)-r\ln r-(1-r)\ln(1-r).$$

证明　记 $J(k)=\mathrm{C}_n^k(N-1)^k$, 则

$$\frac{J(k+1)}{J(k)}=\frac{\mathrm{C}_n^{k+1}(N-1)^{k+1}}{\mathrm{C}_n^k(N-1)^k}=\frac{(n-k)(N-1)}{k+1}\geqslant 1$$
$$\Longleftrightarrow k\leqslant\frac{n(N-1)-1}{N}.$$

当 $0\leqslant r<\dfrac{N-2}{N}$ 时, 有 $0<nr<n\dfrac{N-2}{N}\leqslant\dfrac{n(N-1)-1}{N}$. 于是当 $0\leqslant k\leqslant[nr]$ 时, $J(k)$ 随着 k 单增, 从而有

$$\mathrm{C}_n^{[nr]}(N-1)^{[nr]}\leqslant P(N,n,r)\leqslant[nr]\mathrm{C}_n^{[nr]}(N-1)^{[nr]},$$

$$\frac{\ln\mathrm{C}_n^{[nr]}(N-1)^{[nr]}}{n}\leqslant\frac{\ln P(N,n,r)}{n}\leqslant\frac{\ln[nr]}{n}+\frac{\ln\mathrm{C}_n^{[nr]}(N-1)^{[nr]}}{n}.$$

由 Striling 公式知

$$n!\sim\sqrt{2\pi n}\left(\frac{n}{\mathrm{e}}\right)^n,\quad [nr]!\sim\sqrt{2\pi[nr]}\left(\frac{[nr]}{\mathrm{e}}\right)^{[nr]}\sim\sqrt{2\pi nr}\left(\frac{nr}{\mathrm{e}}\right)^{nr},$$

$$\begin{aligned}(n-[nr])!&\sim\sqrt{2\pi(n-[nr])}\left(\frac{(n-[nr])}{\mathrm{e}}\right)^{(n-[nr])}\\&\sim\sqrt{2\pi n(1-r)}\left(\frac{n(1-r)}{\mathrm{e}}\right)^{n(1-r)},\end{aligned}$$

其中 $a_n\sim b_n$ 表示 $\lim\limits_{n\to+\infty}\dfrac{a_n}{b_n}=1$. 于是有

$$\begin{aligned}&\lim_{n\to+\infty}\frac{\ln\mathrm{C}_n^{[nr]}}{n}\\&=\lim_{n\to+\infty}\frac{1}{n}\ln\frac{\sqrt{2\pi n}\left(\dfrac{n}{\mathrm{e}}\right)^n}{\sqrt{2\pi nr}\left(\dfrac{nr}{\mathrm{e}}\right)^{nr}\sqrt{2\pi n(1-r)}\left(\dfrac{n(1-r)}{\mathrm{e}}\right)^{n(1-r)}}\end{aligned}$$

$$
\begin{aligned}
&= \lim_{n\to+\infty}\left(\frac{n\ln\dfrac{n}{\mathrm{e}}}{n}-\frac{nr\ln\dfrac{nr}{\mathrm{e}}}{n}-\frac{n(1-r)\ln\dfrac{n(1-r)}{\mathrm{e}}}{n}\right)\\
&= \lim_{n\to+\infty}[\ln n-1-r\ln n-r\ln r+r-(1-r)\ln n-(1-r)\ln(1-r)+(1-r)]\\
&= -r\ln r-(1-r)\ln(1-r).
\end{aligned}
$$

□

引理 4.3.4 设 ξ 为 X 的一个有限可测剖分, 且满足 $\mu(\partial\xi)=0$, 则对 $\forall\delta\in(0,1)$, 有

$$\lim_{\varepsilon\to 0}\liminf_{n\to+\infty}\frac{\ln N_T(n,\varepsilon,\delta)}{n}\geqslant h_\mu(T,\xi).$$

证明 设 $\xi=(C_1,C_2,\cdots,C_N)$, 对任意的 $n\in\mathbb{N}$, 作映射 $\omega=\omega^n_{T,\xi}:X\to\Omega_{N,n}$, $\omega(x)=(k_0,k_1,\cdots,k_{n-1})$, 其中 $T^i(x)\in C_{k_i}$. 记

$$\rho=d^{T,\xi}_n:X\times X\to[0,1],\rho(x,y)=\rho^{T,\xi}_n(x,y)=\rho_{N,n}(\omega(x),\omega(y)),$$

则 ρ 为 X 上的一个**伪度量**: 当 $y\in A_n(x)$ 时, $\rho(x,y)=0$. 令 $U_\gamma(\xi)=\bigcup\limits_{C\in\xi}U_\gamma(C)$, 其中 $\gamma>0$, $U_\gamma(C)=\{x\in C|\exists y\in X\setminus C,d(x,y)<\gamma\}$, 于是有 $\bigcap\limits_{\gamma>0}U_\gamma(C)=\partial C$, 从而 $\partial\xi=\bigcup\limits_{C\in\xi}\partial C=\bigcap\limits_{\gamma>0}U_\gamma(\xi)$.

由于 $0=\mu(\partial\xi)=\lim\limits_{\gamma\to 0}\mu(U_\gamma(\xi))$, 所以对 $\forall\varepsilon>0$, 存在 $\gamma\in(0,\varepsilon)$ 使得 $\mu(U_\gamma(\xi))<\dfrac{\varepsilon^2}{4}$. 记 $U_\gamma(\xi)$ 的特征函数为 χ_γ, 令 $B_{n,\varepsilon}=\left\{x\in X\,\middle|\,\sum\limits_{i=0}^{n-1}\chi_\gamma(T^ix)<\dfrac{n}{2}\varepsilon\right\}$, 即 x 点的 n 轨道落在 $U_\gamma(\xi)$ 中的频率小于 $\dfrac{\varepsilon}{2}$.

由 $\mu(U_\gamma(\xi))<\dfrac{\varepsilon^2}{4}$, 有 $\displaystyle\int_X\chi_\gamma\mathrm{d}\mu=\mu(U_\gamma(\xi))<\frac{\varepsilon^2}{4}$. 又由 T 保测, 有

$$\int_X\chi_\gamma\circ T^i\mathrm{d}\mu=\int_X\chi_\gamma\mathrm{d}\mu=\mu(U_\gamma(\xi))<\frac{\varepsilon^2}{4}.$$

这样我们得到

$$\sum_{i=0}^{n-1}\int_X\chi_\gamma\circ T^i\mathrm{d}\mu<\frac{n\varepsilon^2}{4}.$$

所以

$$n\frac{\varepsilon^2}{4} > \sum_{i=0}^{n-1}\int_X \chi_\gamma\circ T^i\mathrm{d}\mu = \int_X\sum_{i=0}^{n-1}\chi_\gamma\circ T^i\mathrm{d}\mu \geqslant \int_{X\setminus B_{n,\varepsilon}}\sum_{i=0}^{n-1}\chi_\gamma\circ T^i\mathrm{d}\mu$$
$$\geqslant \int_{X\setminus B_{n,\varepsilon}}\frac{n}{2}\varepsilon\mathrm{d}\mu \geqslant \frac{n}{2}\varepsilon\mu(X\setminus B_{n,\varepsilon}),$$

故 $\mu(X\setminus B_{n,\varepsilon}) < \dfrac{\varepsilon}{2}$.

断言 设 $D\left(x,n,\dfrac{\gamma}{2}\right)$ 是 $\left(n,\dfrac{\gamma}{2},T\right)$ 球. 若 $D\left(x,n,\dfrac{\gamma}{2}\right)\bigcap B_{n,\varepsilon}\neq\varnothing$, 则存在 Hamming 度量下以 $\dfrac{\varepsilon}{2}$ 为半径的球 $B^H_{N,n}\left(z,\dfrac{\varepsilon}{2}\right)$, 使得

$$D\left(x,n,\frac{\gamma}{2}\right)\subset B^H_{N,n}\left(z,\frac{\varepsilon}{2}\right).$$

断言的证明 设 $z\in D\left(x,n,\dfrac{\gamma}{2}\right)\bigcap B_{n,\varepsilon}$, 则对 $\forall y\in D\left(x,n,\dfrac{\gamma}{2}\right)$, 有 $y\in D(z,n,\gamma)$. 注意到若 $d(y,z)<\gamma$, 则 y,z 或者同时属于 $U_\gamma(\xi)$ 或者属于同一个剖分. 于是 $(1-\delta_{y_iz_i})\leqslant\chi_\gamma(T^iz)$, 从而有

$$\rho(y,z)=\frac{1}{n}\sum_{i=0}^{n-1}(1-\delta_{y_iz_i})\leqslant\frac{1}{n}\sum_{i=0}^{n-1}\chi_\gamma(T^iz))<\frac{\varepsilon}{2}.$$

最后一个不等号是由于 $z\in B_{n,\varepsilon}$. 故有 $D\left(x,n,\dfrac{\gamma}{2}\right)\subset D(z,n,\gamma)\subset B^H_{N,n}\left(z,\dfrac{\varepsilon}{2}\right)$. 断言得证.

继续证明引理 4.3.4 令

$$C_{n,\varepsilon}=\left\{x\in X\,\middle|\,x\in A_n(x),\ A_n(x)\in\bigvee_{i=0}^{n-1}T^{-i}\xi,\ \mu(A_n(x))<\mathrm{e}^{-n(h_\mu(T,\xi)-\varepsilon)}\right\}.$$

由 Shannon 定理知 $\mu(C_{n,\varepsilon})\to 1$, $n\to+\infty$. 于是 $\exists M>0$, 使得对 $\forall n>M$, 有 $\mu(C_{n,\varepsilon})>1-\dfrac{\varepsilon}{2}$, 这样有 $\mu(C_{n,\varepsilon}\bigcap B_{n,\varepsilon})\geqslant 1-\varepsilon$.

设

$$N_T\left(n,\frac{\gamma}{2},\delta\right)=\min\left\{\#K\,\middle|\,K\text{为 }X\text{ 的一个}\left(n,\frac{\gamma}{2},\delta\right)\text{覆盖集}\right\}.$$

于是

$$K_n=\bigcup_{i=1}^{N_T(n,\frac{\gamma}{2},\delta)}D\left(x_i,n,\frac{\gamma}{2}\right),$$

其中 $D\left(x_i, n, \dfrac{\gamma}{2}\right)$ 为 $\left(n, \dfrac{\gamma}{2}, T\right)$ 球, 满足 $\mu(K_n) > 1-\delta$.

令 $E_n = K_n \bigcap (C_{n,\varepsilon} \bigcap B_{n,\varepsilon})$, 则 $\mu(E_n) \geqslant 1-\delta-\varepsilon$. 取 $\varepsilon < \dfrac{1-\delta}{2}$, 我们有 $\mu(E_n) \geqslant \dfrac{1-\delta}{2}$.

由于 E_n 中的点 x 所在的元素 $A_n(x) \in \bigvee\limits_{i=0}^{n-1} T^{-i}\xi$ 的测度小于 $\mathrm{e}^{-n(h_\mu(T,\xi)-\varepsilon)}$, 又 E_n 的测度大于等于 $\dfrac{1-\delta}{2}$. 故 E_n 中含有的 $\bigvee\limits_{i=0}^{n-1} T^{-i}\xi$ 中的元素个数 $R \geqslant \dfrac{1-\delta}{2}\mathrm{e}^{n(h_\mu(T,\xi)-\varepsilon)}$.

又若 $D\left(x_i, n, \dfrac{\gamma}{2}\right) \bigcap B_{n,\varepsilon} \neq \varnothing$, 由断言, 则存在 $d_n^{T,\xi}$ 度量下 $\dfrac{\varepsilon}{2}$ 半径球 $B_{N,n}^H\left(z_i, \dfrac{\varepsilon}{2}\right)$, 使得 $D\left(x_i, n, \dfrac{\gamma}{2}\right) \subset B_{N,n}^H\left(z_i, \dfrac{\varepsilon}{2}\right) \subset B_{N,n}^H(z_i, \varepsilon)$. E_n 至多与 $N_T\left(n, \dfrac{\gamma}{2}\right)$ 个 $\left(n, \dfrac{\gamma}{2}, T\right)$ 球有交集. 注意到 $\forall c_n \in \bigvee\limits_{i=0}^{n-1} T^{-i}\xi$, c_n 是 $d_n^{T,\xi}$ 度量下的一个点. 由引理 4.3.2, 每个 $B_{N,n}^H(z_i,\varepsilon)$ 中含有 $\bigvee\limits_{i=0}^{n-1} T^{-i}\xi$ 的元素的个数至多是 $P(N,n,\varepsilon)$. 故 $R \leqslant N_T\left(n, \dfrac{\gamma}{2}\right) P(N,n,\varepsilon)$.

于是

$$h_\mu(T,\xi) - \varepsilon \leqslant \limsup_{n\to+\infty} \frac{\ln N_T\left(n, \dfrac{\gamma}{2}, \delta\right)}{n} + \limsup_{n\to+\infty} \frac{\ln P(N,n,\varepsilon)}{n}.$$

由引理 4.3.2 知

$$h_\mu(T,\xi) - \varepsilon \leqslant \liminf_{n\to+\infty} \frac{N_T\left(n, \dfrac{\gamma}{2}, \xi\right)}{n} + \varepsilon\ln(N-1) - \varepsilon\ln\varepsilon - (1-\varepsilon)\ln(1-\varepsilon).$$

注意到 $\gamma \in (0,\varepsilon)$, 当 $\varepsilon \to 0$ 时, 有 $\gamma \to 0$, 故

$$h_\mu(T,\xi) \leqslant \lim_{\varepsilon\to 0} \liminf_{n\to+\infty} \frac{\ln N_T(n,\varepsilon,\delta)}{n}.$$

证毕. □

注 设 $\xi = \{A_1, \cdots, A_k\}$ 是概率空间 $(X, \mathcal{B}(X))$ 的分解. 设 $\varepsilon > 0$, 因 μ 是正则测度, 存在闭集 (因而也紧致)$B_i \subset A_i$, 满足 $\mu(A_i \backslash B_i) < \dfrac{\varepsilon}{2}$,

因而 $\mu(A_i \triangle B_i) < \dfrac{\varepsilon}{2}, i = 1, \cdots, k$. 记 $B_0 = X \setminus \bigcup_{i=1}^{k} B_i$, 则得到一个分解

$$\eta = \{B_0, B_1, \cdots, B_k\}.$$

记 $\delta = \min\limits_{i,j \neq 0;\ i \neq j} \mathrm{dist}\{B_i, B_j\}$, 则 $\delta > 0$. 因 μ 正则, 可选取 $B_i \subset U_i \subset \bar{U}_i \subset B(B_i, \delta)$, 使得 $\mu(U_i \setminus B_i) = \mu(U_i \triangle B_i) < \dfrac{\varepsilon}{2}, i = 1, \cdots, k$. 对一个固定的 i 令 $\tau = \mathrm{dist}(B_i, X \setminus U_i)$, 则 $\tau > 0$. 对满足 $\dfrac{1}{n} < \tau$ 的自然数 n, 至多有 n 个球 $B(B_i, t)$ $(t < \tau)$ 满足其边界的 μ 测度大于或者等于 $\dfrac{1}{n}$. 故一定能选出 $B_i \subset V_i \subset \bar{V}_i \subset U_i$, 使得 $\mu(\partial V_i) = 0$ 且 $\mu(V_i \triangle B_i) < \dfrac{\varepsilon}{2}$, $i = 1, \cdots, k$. 取 $C_i = \bar{V}_i$, $i = 1, \cdots, k$, $C_0 = X \setminus \bigcup_{i=1}^{k} C_i$, 则得到分解

$$\zeta = \{C_0, C_1, \cdots, C_k\},$$

满足 $\mu(C_i \triangle A_i) \leqslant \mu(B_i \triangle A_i) + \mu(C_i \triangle A_i) < \varepsilon, i = 1, \cdots, k$; $\mu(\partial C_i) = 0$, $i = 0, 1, \cdots, k$. 仿照引理 4.3.1 可证

$$h_\mu(T, \xi) \leqslant h_\mu(T, \zeta) + \varepsilon k \ln k.$$

令 $\varepsilon \to 0$, 则测度熵 $h_\mu(T) = \sup\limits_{\xi} h_\mu(T, \xi)$ 可以只在边界测度为 0 的分解处取上确界. 于是由引理 4.3.4 即证明了定理 4.3.1.

定理 4.3.2　设 (X, d) 为一个紧致度量空间, $(X, \mathcal{B}(X), \mu)$ 为 Borel 概率空间, $T : X \to X$ 是同胚, 保持测度 μ 且是遍历的. 对任意 $0 < \delta < 1$, 有

$$\begin{aligned} h_\mu(T) &= \lim_{\varepsilon \to 0} \liminf_{n \to \infty} \frac{\ln N_T(n, \varepsilon, \delta)}{n} \\ &= \lim_{\varepsilon \to 0} \limsup_{n \to \infty} \frac{\ln N_T(n, \varepsilon, \delta)}{n} = \mathrm{ent}_\mu(T). \end{aligned}$$

证明　由定理 4.3.1, 我们只要再证明

$$\lim_{\varepsilon \to 0} \limsup_{n \to \infty} \frac{\ln N_T(n, \varepsilon, \delta)}{n} \leqslant h_\mu(T). \tag{3.1}$$

设 $\varepsilon>0$. 选取 X 的一个有限可测分解 ξ, 使其元素直径最大的不超过 $\frac{\varepsilon}{2}$, 则分解

$$\xi_{-n}=\xi\vee T^{-1}\xi\vee\cdots\vee T^{-n+1}\xi$$

中的每个元素都在某个 (n,ε,T) 球中. 对 $n\in\mathbb{N}$, $\gamma>0$, 令

$$Y_n=\{x\in X\mid x\in C_n(x),\ C_n(x)\in\xi_{-n},\ \mu(C_n(x))>\mathrm{e}^{-n(h_\mu(T,\xi)+\gamma)}\},$$

则 Y_n 是 ξ_{-n} 中的一些元素的并集.

因为 μ 为遍历测度, 由 Shannon-McMillan-Breiman 定理, 对每个 $\gamma>0$, 有 $\lim\limits_{n\to\infty}\mu(Y_n)=1$. 因此, 当 n 充分大的时候, 有 $\mu(Y_n)>1-\delta$. 集合 Y_n 包含至多 $\mathrm{e}^{n(h_\mu(T,\xi)+\gamma)}$ 个 ξ_{-n} 中的元素, 这里不妨把 $\mathrm{e}^{n(h_\mu(T,\xi)+\gamma)}$ 看作正整数. 注意到 ξ_{-n} 中的每个元素都能被某个 (n,ε,T) 球覆盖, 则用 $\mathrm{e}^{n(h_\mu(T,\xi)+\gamma)}$ 个 (n,ε,T) 球即可以覆盖 μ 测度大于 $1-\delta$ 的可测集 Y_n. 这样有

$$N_T(n,\varepsilon,\delta)\leqslant\mathrm{e}^{n(h_\mu(T,\xi)+\gamma)},$$

进而

$$\lim_{\varepsilon\to 0}\limsup_{n\to\infty}\frac{\ln N_T(n,\varepsilon,\delta)}{n}\leqslant h_\mu(T,\xi)+\gamma$$

对每个 $\gamma>0$ 成立. 再由 γ 可以任意小且 $h_\mu(T,\xi)\leqslant h_\mu(T)$ 可得 (3.1) 式. □

§4.4 习　　题

1. 设 $T:X\to X$ 是概率空间 $(X,\mathcal{B},\mu)$ 上的保测变换, $f:X\to\mathbb{R}$ 是可测函数, $\mathcal{L}=\{B\in\mathcal{B}\mid T^{-1}(B)=B\}$. 证明: $f\circ T=f\iff f$ 关于 $\mathcal{L}$ 可测. (提示: 对任意给定的轨道, 考虑包含这条轨道的最小不变集合.)

2. 设 $(X,\mathcal{B},\mu)$ 是概率空间, ξ, η 是有限可测分解. 证明:

$$H(\xi|\eta)=\int I(\xi|\eta)(x)\,\mathrm{d}\mu,\quad\forall x\in X.$$

第 5 章　拓　扑　熵

拓扑熵是度量一个离散拓扑动力系统的复杂程度的整体量, 也是拓扑等价 (拓扑共轭) 的离散拓扑动力系统的不变量. 拓扑熵是动力系统遍历论的最重要的课题之一.

§5.1　拓扑熵的开覆盖定义

本节介绍 Adler, Konheim 和 McAndrew 于 1965 年引进的拓扑熵.

前提条件　设 X 是紧致拓扑空间, $T: X \to X$ 是连续自映射. 有时称 (X,T) 为离散拓扑系统.

符号和术语　设 α, β 为 X 的开覆盖.

(i) 记 $\alpha \vee \beta = \{A \cap B \mid A \in \alpha, B \in \beta\}$, 并称之为 α 和 β 的交. 类似地, 对有限多个开覆盖 $\alpha_i,\ i = 0, 1, \cdots, k-1$ 可定义它们的交 $\bigvee\limits_{i=0}^{n-1} \alpha_i$. 对 $i \in \mathbb{N}$, 记 $T^{-i}\alpha = \{T^{-i}A \mid A \in \alpha\}$, 则 $\alpha \vee \beta$, $\bigvee\limits_{i=0}^{n-1} \alpha_i$ 和 $T^{-i}\alpha$ 都是 X 的开覆盖. 显然

$$T^{-1} \bigvee_{i=0}^{n-1} \alpha_i = \bigvee_{i=0}^{n-1} T^{-1}\alpha_i.$$

(ii) β 称为 α 的加细, 记成 $\alpha < \beta$, 如果对 $\forall B \in \beta$, 存在 $A \in \alpha$, 使得 $B \subset A$. 例如

$$\alpha < \bigvee_{i=0}^{n-1} T^{-i}\alpha.$$

依定义 α 的子覆盖也是 α 的一个加细.

(iii) 记

$$N(\alpha) = \min\left\{ \#\gamma \,\middle|\, \gamma \subset \alpha,\ \bigcup_{B \in \gamma} B = X \right\}.$$

由 X 紧致, 存在子覆盖 $\{A_1,\cdots,A_{N(\alpha)}\}\subset\alpha$, 使得其基数为 $N(\alpha)$. 这样的子覆盖称为最小基数的子覆盖. 记 $H(\alpha)=\ln N(\alpha)$, 并称之为开覆盖 α 的熵.

开覆盖的熵的几条简单性质

(i) $H(\alpha)\geqslant 0$; $H(\alpha)=0\iff N(\alpha)=1\iff X\in\alpha$.

(ii) $\alpha\leqslant\beta\Longrightarrow H(\alpha)\leqslant H(\beta)$.

(iii) $H(\alpha\vee\beta)\leqslant H(\alpha)+H(\beta)$.

(iv) 当 $T:X\to X$ 连续时, $H(T^{-1}\alpha)\leqslant H(\alpha)$, 其中 T 为满射时等号成立.

证明 (i), (ii) 显然.

(iii) 设 $\{A_1,\cdots,A_{N(\alpha)}\},\{B_1,\cdots,B_{N(\beta)}\}$ 分别为 α 和 β 的具有最小基数的子覆盖, 则 $\{A_i\cap B_j\mid 1\leqslant i\leqslant N(\alpha),1\leqslant j\leqslant N(\beta)\}$ 为 $\alpha\vee\beta$ 的子覆盖, 它的基数不超过 $N(\alpha)\cdot N(\beta)$. 故有 $N(\alpha\vee\beta)\leqslant N(\alpha)\cdot N(\beta)$, 亦即 $H(\alpha\vee\beta)\leqslant H(\alpha)+H(\beta)$.

(iv) 设 $\{A_1,\cdots,A_{N(\alpha)}\}$ 为 α 的一个最小基数的子覆盖, 则 $\{T^{-1}A_1,\cdots,T^{-1}A_{N(\alpha)}\}$ 为 $T^{-1}\alpha$ 的子覆盖. 故 $N(T^{-1}\alpha)\leqslant N(\alpha)$, 亦即 $H(T^{-1}\alpha)\leqslant H(\alpha)$. 如果 $T:X\to X$ 是满的且 $\{T^{-1}A_1,\cdots,T^{-1}A_{N(T^{-1}\alpha)}\}$ 为 $T^{-1}\alpha$ 的一个最小基数的子覆盖, 则 $\{A_1,\cdots,A_{N(T^{-1}\alpha)}\}$ 为 α 的子覆盖. 故 $N(T^{-1}\alpha)\geqslant N(\alpha)$, $H(T^{-1}\alpha)\geqslant H(\alpha)$. 总之, $H(T^{-1}\alpha)=H(\alpha)$. □

定义 5.1.1 设 X 为紧致拓扑空间, $T:X\to X$ 为连续映射. 如果 α 为 X 的开覆盖, 则 T 相对于 α 的**拓扑熵**定义为

$$h(T,\alpha)=\lim_{n\to\infty}\frac{1}{n}\ln N\left(\bigvee_{i=0}^{n-1}T^{-i}\alpha\right),$$

而 T 的**拓扑熵**定义为

$$h(T)=\sup\{h(T,\beta)\mid\beta\text{ 为 }X\text{ 的开覆盖}\}.$$

注 $h(T,\alpha)$ 的定义是合理的. 可以如下证明:

记 $a_n=H\left(\bigvee_{i=0}^{n-1}T^{-i}\alpha\right)$, 则因 T 连续及上面的性质 (iii), (iv), 有

$$
\begin{aligned}
a_{n+p} = H\left(\bigvee_{i=0}^{n+p-1} T^{-i}\alpha\right) &= H\left(\bigvee_{i=0}^{n-1} T^{-i}\alpha \vee T^{-n}\bigvee_{i=0}^{p-1} T^{-i}\alpha\right) \\
&\leqslant H\left(\bigvee_{i=0}^{n-1} T^{-i}\alpha\right) + H\left(T^{-n}\bigvee_{i=0}^{p-1} T^{-i}\alpha\right) \leqslant a_n + a_p.
\end{aligned}
$$

依据命题 3.1.3, 极限 $h(T,\alpha) = \lim_{n\to\infty} \dfrac{a_n}{n} = \inf_n \dfrac{a_n}{n}$ 存在.

注 依定义易知, 恒同映射的熵为 0. 一般地, $h(T)$ 是 $[0,+\infty)$ 的一个实数. $h(T)$ 也允许是 $+\infty$. 因 X 紧致, 任何开覆盖有有限子覆盖, 因此有

$$
h(T) = \sup\{h(T,\alpha) \mid \alpha \text{ 是 } X \text{ 的有限开覆盖}\}.
$$

若 $Y \subset X$ 为闭子集且 $T(Y) = Y$, 即 $(Y, T|_Y)$ 形成一个子拓扑系统, 则子拓扑系统的熵不会超过原系统的熵, 即 $h(T|_Y) \leqslant h(T)$.

定理 5.1.1 设 $T: X \to X$ 是紧致空间 X 上的同胚, 则

$$
h(T) = h(T^{-1}).
$$

证明 设 α 为 X 的一个开覆盖, 则有

$$
\begin{aligned}
h(T,\alpha) &= \lim_{n\to\infty} \frac{1}{n} \ln N\left(\bigvee_{i=0}^{n-1} T^{-i}\alpha\right) \\
&= \lim_{n\to\infty} \frac{1}{n} \ln N\left(T^{n-1}\bigvee_{i=0}^{n-1} T^{-i}\alpha\right) \\
&= \lim_{n\to\infty} \frac{1}{n} \ln N\left(\bigvee_{i=0}^{n-1} T^{i}\alpha\right) \\
&= h(T^{-1},\alpha).
\end{aligned}
$$

由 α 的任意性以及 T 是同胚有 $h(T) = h(T^{-1})$. □

定义 5.1.2 设 $T_i: X_i \to X_i$ 是紧致拓扑空间 $X_i\,(i=1,2)$ 上的连续映射. 如果存在连续满映射 $\pi: X_1 \to X_2$, 使得 $\pi \circ T_1 = T_2 \circ \pi$, 亦即有如下交换图:

$$
\begin{array}{ccc}
X_1 & \xrightarrow{T_1} & X_1 \\
\pi\downarrow & & \downarrow\pi \\
X_2 & \xrightarrow{T_2} & X_2
\end{array}
$$

则称 (X_1,T_1) 为 (X_2,T_2) 的**扩展系统**, 而称 (X_2,T_2) 为 (X_1,T_1) 的**因子系统**. 此时也称 (X_1,T_1) 和 (X_2,T_2) **拓扑半共轭**. 如果这里的 π 是同胚, 则称 (X_1,T_1) 和 (X_2,T_2) **拓扑共轭**.

拓扑共轭是个等价关系, 故也叫作拓扑等价. 当 (X_1,T_1) 和 (X_2,T_2) 拓扑共轭时, (X_1,T_1) 的轨道 $\mathrm{Orb}(x,T_1)=\{x,T_1x,T_1^2x,\cdots\}$ 被 π 映射成 (X_2,T_2) 的轨道 $\mathrm{Orb}(\pi x,T_2)=\{\pi x,T_2\pi x,T_2^2\pi x,\cdots\}$, 且后者被 π^{-1} 唯一映射成前者. 下面的定理说明, 拓扑共轭的系统具有相同的拓扑熵. 换言之, 拓扑熵是拓扑共轭不变量.

定理 5.1.2 设 X_i 是紧空间, $T_i:X_i\to X_i\,(i=1,2)$ 是连续映射, (X_1,T_1) 和 (X_2,T_2) 拓扑共轭, 即存在同胚 $\pi:X_1\to X_2$, 使得 $\pi\circ T_1=T_2\circ\pi$, 则 $h(T_1)=h(T_2)$.

证明 设 α 是 X_2 的开覆盖, 则有

$$\begin{aligned}
h(T_2,\alpha)&=\lim_{n\to\infty}\frac{1}{n}\ln N\left(\bigvee_{i=0}^{n-1}T_2^{-i}\alpha\right)\\
&=\lim_{n\to\infty}\frac{1}{n}\ln N\left(\pi^{-1}\bigvee_{i=0}^{n-1}T_2^{-i}\alpha\right)\\
&=\lim_{n\to\infty}\frac{1}{n}\ln N\left(\bigvee_{i=0}^{n-1}\pi^{-1}T_2^{-i}\alpha\right)\\
&=\lim_{n\to\infty}\frac{1}{n}\ln N\left(\bigvee_{i=0}^{n-1}T_1^{-i}\pi^{-1}\alpha\right)\\
&=h(T_1,\pi^{-1}\alpha).
\end{aligned}$$

所以 $h(T_2)\leqslant h(T_1)$. 由 T_1 和 T_2 所处的位置的对称性, 也可证 $h(T_2)\geqslant h(T_1)$. 故 $h(T_2)=h(T_1)$. □

推论 5.1.1 如果 (X_1,T_1) 为 (X_2,T_2) 的扩展系统, 亦即 (X_2,T_2) 为 (X_1,T_1) 的因子系统, 则 $h(T_2)\leqslant h(T_1)$.

证明 在定理 5.1.2 的证明过程中, 关于 $h(T_2)\leqslant h(T_1)$ 的证明对于 $\pi:X_1\to X_2$ 为连续且满的映射 (可以不必是同胚) 也成立. □

由推论, 扩展系统的熵可以比因子系统的熵大. 其原因在于, 因子系统的一个状态点 $y\in X_2$ 的纤维 $\pi^{-1}(y)$ 可以包含多于一个的状态

点, 可以很复杂. 为了描述纤维在映射迭代下的复杂性或描述“纤维的熵”, 我们对子集 (即使不是 T 不变集合) 定义熵. 设 X 是紧致空间, $T: X \to X$ 是连续自映射, $A \subset X$. 对于 X 的开覆盖 α, 记

$$N_A(\alpha) = \min\left\{\#\beta \,\middle|\, \beta \subset \alpha,\ \bigcup_{B\in\beta} B \supset A\right\}.$$

定义

$$h^-(T,A,\alpha) = \liminf_{n\to\infty} \frac{1}{n} \ln N_A\left(\bigvee_{i=0}^{n-1} T^{-i}\alpha\right),$$

$$h^+(T,A,\alpha) = \limsup_{n\to\infty} \frac{1}{n} \ln N_A\left(\bigvee_{i=0}^{n-1} T^{-i}\alpha\right)$$

(一般地, 不能确定 $N_A(\alpha)$ 和 $N_A(T^{-1}\alpha)$ 有怎样的联系, 进而不能用命题 3.1.3 相仿地判断

$$\frac{1}{n} \ln N_A\left(\bigvee_{i=0}^{n-1} T^{-i}\alpha\right)$$

的极限存在). 自然, $h^-(T,A,\alpha) \leqslant h^+(T,A,\alpha)$. 定义

$$h^-(T,A) = \sup_{\alpha} h^-(T,A,\alpha), \quad h^+(T,A) = \sup_{\alpha} h^+(T,A,\alpha).$$

显然, $h^-(T,X) = h^+(T,X) = h(T)$. 下面的定理再结合推论 5.1.1 说明, 如果每个纤维都不“贡献”熵, 则扩展系统和因子系统等熵.

定理 5.1.3　设 $f: X \to X$ 和 $g: Y \to Y$ 为紧致空间上连续且满的自映射, $\pi: X \to Y$ 为连续且满的映射, 满足 $\pi \circ f = g \circ \pi$, 即有交换图:

$$\begin{array}{ccc} X & \xrightarrow{f} & X \\ {\scriptstyle\pi}\downarrow & & \downarrow{\scriptstyle\pi} \\ Y & \xrightarrow{g} & Y \end{array}$$

则

$$h(f) \leqslant h(g) + \sup_{y\in Y} h^-(f, \pi^{-1}(y)),$$

$$h(f) \leqslant h(g) + \sup_{y\in Y} h^+(f, \pi^{-1}(y)).$$

证明 只需证明

$$h(f) \leqslant h(g) + \sup_{y\in Y} h^-(f, \pi^{-1}(y)).$$

我们证明的整体思路是, 对 X 的任意给定的开覆盖 α, 找 Y 的相应开覆盖 β, 使其满足

$$h(f,\alpha) \leqslant h(g,\beta) + \sup_{y\in Y} h^-(f, \pi^{-1}(y)).$$

证明的关键是处理纤维 $\pi^{-1}(y)$ 上的熵 $h^-(f,\pi^{-1}(y))$.

记

$$a = \sup_{y\in Y} h^-(f, \pi^{-1}(y)).$$

我们可以假定 $a<\infty$ ($a=\infty$ 时命题自然成立), 则 $h^-(f,\pi^{-1}(y)) \leqslant a$ 对每个 $y\in Y$ 成立. 设 α 为 X 的开覆盖, 则

$$\liminf_{n\to\infty} \frac{1}{n} \ln N_{\pi^{-1}(y)}\left(\bigvee_{i=0}^{n-1} T^{-i}\alpha\right) \leqslant a, \quad \forall y\in Y.$$

设 $\varepsilon>0$ 为任意给定的常数, 对每个 $y\in Y$, 存在 $m_y\in\mathbb{Z}^+$, 使得

$$\frac{1}{m_y} \ln N_{\pi^{-1}(y)}\left(\bigvee_{i=0}^{m_y-1} f^{-i}\alpha\right) \leqslant a+\varepsilon. \tag{1.1}$$

以下的讨论分两步进行.

步骤 1 为 Y 选取一个开覆盖 $\beta=\{U_1,\cdots,U_\ell\}$, 使得对任意 $y_j\in U_j$, 有

$$N_{\pi^{-1}(U_j)}\left(\bigvee_{i=0}^{m_j-1} f^{-i}\alpha\right) = N_{\pi^{-1}(y_j)}\left(\bigvee_{i=0}^{m_j-1} f^{-i}\alpha\right) \leqslant \mathrm{e}^{m_j(a+\varepsilon)},$$

其中 $m_j=m_{y_j}$. 具体选取方法如下:

对固定的 $y\in Y$, 取 α_y 为 $\bigvee\limits_{i=0}^{m_y-1} f^{-i}\alpha$ 的满足 $\bigcup\limits_{A\in\alpha_y} A \supset \pi^{-1}(y)$ 的具有最小基数的子覆盖, 即

$$\#\alpha_y = N_{\pi^{-1}(y)}\left(\bigvee_{i=0}^{m_y-1} f^{-i}\alpha\right).$$

记

$$O_y = \bigcup_{A \in \alpha_y} A,$$

取 $C(y)$ 为 $y \in Y$ 的邻域构成的集合类. 因为

$$(X \setminus O_y) \cap \bigcap_{K \in C(y)} \pi^{-1}(K) = \varnothing,$$

存在 $K(y) \in C(y)$, 满足 $\pi^{-1}K(y) \subset O_y$. 取 $U_y = \operatorname{int} K(y)$, 即 U_y 为集合 $K(y)$ 的内部, 则 $\{U_y \mid y \in Y\}$ 形成 Y 的开覆盖. 因 Y 紧致, 可取一个有限子覆盖 $\beta = \{U_{y_1}, \cdots, U_{y_\ell}\}$. 用 U_j 标记 U_{y_j}, 用 m_j 标记 m_{y_j}, $j = 1, 2, \cdots, \ell$, 则 β 即满足要求.

步骤 2　证明 $h(f, \alpha) \leqslant h(g, \beta) + a + \varepsilon$.

在开覆盖 $\bigvee_{i=0}^{n-1} g^{-i}\beta$ 中任取定一个元素

$$B = B(0) \cap g^{-1}B(1) \cap \cdots \cap g^{-(n-1)}B(n-1),$$

则

$$\begin{aligned} & N_{\pi^{-1}(B)}\left(\bigvee_{i=0}^{n-1} f^{-i}\alpha\right) \\ & = N_{\pi^{-1}B(0) \cap f^{-1}\pi^{-1}B(1) \cap \cdots \cap f^{-(n-1)}\pi^{-1}B(n-1)}\left(\bigvee_{i=0}^{n-1} f^{-i}\alpha\right). \end{aligned} \tag{1.2}$$

取

$$\begin{cases} i_0 = 0, & \\ i_1 = i_0 + m_k, & \text{当 } B(0) = U_k \text{ 时}, \\ i_2 = i_1 + m_r = m_k + m_r, & \text{当 } B(i_1) = U_r \text{ 时}, \\ i_3 = i_2 + m_t = m_k + m_r + m_t, & \text{当 } B(i_2) = U_t \text{ 时}, \\ \cdots\cdots\cdots\cdots\cdots\cdots\cdots\cdots\cdots & \end{cases}$$

可以取出 $q \geqslant 1$ 为最小正整数, 使得 $i_{q+1} \geqslant n$, 参见数轴:

0　i_1　i_2　i_q　$n-1$　i_{q+1}

令 $n_0 = m_k$, $n_1 = m_r$, $n_2 = m_t, \cdots$, 则 $n_0 + n_1 + \cdots + n_q \geqslant n$.

注意到 $N_A(\alpha\bigvee\beta)\leqslant N_A(\alpha)N_A(\beta)$, $N_{A\cap B}(\alpha)\leqslant N_A(\alpha)N_B(\alpha)$ 和

$$N_{f^{-i}\pi^{-1}U}(f^{-i}\alpha)=N_{\pi^{-1}U}(\alpha),\quad \forall i\geqslant 1.$$

再由 (1.2) 式我们有

$$\begin{aligned}
&N_{\pi^{-1}(B)}\left(\bigvee_{i=0}^{n-1}f^{-i}\alpha\right)\\
&\quad\leqslant N_{\pi^{-1}(B)}\left(\bigvee_{i=0}^{n_0-1}f^{-i}\alpha\vee f^{-n_0}\left(\bigvee_{i=0}^{n_1-1}f^{-i}\alpha\right)\vee\cdots\right.\\
&\quad\quad\left.\vee f^{-(n_0+\cdots+n_{q-1})}\left(\bigvee_{i=0}^{n_q-1}f^{-i}\alpha\right)\right)\\
&\quad\leqslant N_{\pi^{-1}B(i_0)}\left(\bigvee_{i=0}^{n_0-1}f^{-i}\alpha\right)\cdot N_{\pi^{-1}B(i_1)}\left(\bigvee_{i=0}^{n_1-1}f^{-i}\alpha\right)\cdots\\
&\quad\quad\cdot N_{\pi^{-1}B(i_q)}\left(\bigvee_{i=0}^{n_q-1}f^{-i}\alpha\right).
\end{aligned}$$

由 (1.1) 式并考虑到 q 是满足 $i_{q+1}\geqslant n$ 的最小整数, 则有

$$\begin{aligned}
\ln N_{\pi^{-1}(B)}\left(\bigvee_{i=0}^{n-1}f^{-i}\alpha\right)&\leqslant\sum_{s=0}^{q}\ln N_{\pi^{-1}B(i_s)}\left(\bigvee_{i=0}^{n_s-1}f^{-i}\alpha\right)\\
&\leqslant\sum_{s=0}^{q}n_s(a+\varepsilon)\leqslant(n+H)(a+\varepsilon),
\end{aligned}$$

其中 $H=\max\{n_0,n_1,\cdots,n_q\}$. 因此

$$N_{\pi^{-1}(B)}\left(\bigvee_{i=0}^{n-1}f^{-i}\alpha\right)\leqslant \mathrm{e}^{(n+H)(a+\varepsilon)},\quad \forall B\in\bigvee_{i=0}^{n-1}g^{-i}\beta.$$

故

$$N\left(\bigvee_{i=0}^{n-1}f^{-i}\alpha\right)\leqslant N\left(\bigvee_{i=0}^{n-1}g^{-i}\beta\right)\mathrm{e}^{(n+H)(a+\varepsilon)},$$

进而有

$$\begin{aligned}
h(f,\alpha) &= \lim_{n\to\infty}\frac{1}{n}\ln N\left(\bigvee_{i=0}^{n-1}f^{-i}\alpha\right)\\
&\leqslant \lim_{n\to\infty}\frac{1}{n}\ln N\left(\bigvee_{i=0}^{n-1}g^{-i}\beta\right)+\lim_{n\to\infty}(a+\varepsilon)\frac{n+H}{n}\\
&= h(g,\beta)+a+\varepsilon.
\end{aligned}$$

由 α,ε 的任意性得到

$$h(f)\leqslant h(g)+\sup_{y\in Y}h^-(f,\pi^{-1}(y)).$$

定理得证. □

§5.2 拓扑熵的等价定义

本节介绍拓扑熵的等价定义. 该等价定义由 Dinaburg 和 Bowen 引进. 据此等价定义可看到, 拓扑熵表示的是在充分小但有限的精度下轨道段的指数增长率.

前提条件 设 (X,d) 是紧致度量空间, $T:X\to X$ 是连续自映射. 和 §5.1 的前提有点不同, 这里要求拓扑空间 X 是可度量的.

5.2.1 用生成集和分离集定义拓扑熵

定义 5.2.1 设 $n\in\mathbb{N}$, $\varepsilon>0$. 一个子集 $F\subset X$ 被称为 (X,T) 的 (n,ε) **生成集**, 如果对 $\forall x\in X$, 存在 $y\in F$, 使得 $d(T^ix,T^iy)<\varepsilon$, $i=0,1,\cdots,n-1$. 记

$$r_n(\varepsilon)=\min\{\#F\mid F\subset X \text{ 为 } (X,T) \text{ 的 } (n,\varepsilon) \text{ 生成集}\}.$$

当需要强调 T 时, 我们将 $r_n(\varepsilon)$ 记成 $r_n(\varepsilon,T)$. 称

$$h_1(T)=\lim_{\varepsilon\to 0}\limsup_{n\to\infty}\frac{1}{n}\ln r_n(\varepsilon)$$

为 T 的**由生成集定义的拓扑熵**.

定义 5.2.2 设 $n\in\mathbb{N}$, $\varepsilon>0$. 一个集合 $E\subset X$ 被称为 (X,T) 的 (n,ε) **分离集**, 如果对 $\forall\ x,y\in E$, 存在 $i\in\{0,1,\cdots,n-1\}$, 使得 $d(T^ix,T^iy)>\varepsilon$. 记

$$s_n(\varepsilon) = \max\{\#E \mid E \text{ 为 } (X,T) \text{ 的 } (n,\varepsilon) \text{ 分离集}\}.$$

当需要强调 T 时, 我们将 $s_n(\varepsilon)$ 记成 $s_n(\varepsilon, T)$. 称

$$h_2(T) = \lim_{\varepsilon\to 0}\limsup_{n\to\infty}\frac{1}{n}\ln s_n(\varepsilon)$$

为 T 的**由分离集定义的拓扑熵**.

注 上面定义的熵 $h_1(T)$ 和 $h_2(T)$ 均是合理的. 事实上, 令 $B(x,\varepsilon)$ 表示以 x 为中心, ε 为半径的开球, 则

$$\bigcap_{i=0}^{n-1} T^{-i}B(T^i x, \varepsilon)$$

是 X 的开子集. 所有的

$$\bigcap_{i=0}^{n-1} T^{-i}B(T^i x, \varepsilon), \quad x \in X$$

形成 X 的一个开覆盖. 因 X 紧致, 这覆盖有有限的子覆盖, 故 $r_n(\varepsilon) < \infty$. 因 $r_n(\varepsilon)$ 随 $\varepsilon \to 0$ 而单调增加, 进而 $\limsup\limits_{n\to\infty}\frac{1}{n}\ln r_n(\varepsilon)$ 也单调增加, 所以当 $\varepsilon \to 0$ 时, 可以取极限以得到 $h_1(T)$, 这里允许 $h_1(T)$ 取 $+\infty$. 又因为每个形如

$$\bigcap_{i=0}^{n-1} T^{-i}B\left(T^i x, \frac{\varepsilon}{2}\right)$$

的开集合至多包含 (n,ε) 分离集中的一个点, 故 $s_n(\varepsilon) < \infty$. 因 $s_n(\varepsilon)$ 随 $\varepsilon \to 0$ 而单调增加, 进而 $\limsup\limits_{n\to\infty}\frac{1}{n}\ln s_n(\varepsilon)$ 也单调增加, 则当 $\varepsilon \to 0$ 时, 可以取极限得到 $h_2(T)$, 这里允许 $h_2(T)$ 取 $+\infty$.

5.2.2 开覆盖定义, 生成集定义, 分离集定义相互等价

命题 5.2.1 $r_n(\varepsilon) \leqslant s_n(\varepsilon) \leqslant r_n\left(\frac{\varepsilon}{2}\right)$, 进而 $h_1(T) = h_2(T)$.

证明 如果 E 是 (X,T) 的基数最大的 (n,ε) 分离集, 则 E 必是 (X,T) 的 (n,ε) 生成集. 所以 $r_n(\varepsilon) \leqslant s_n(\varepsilon)$.

设 E 为 (X,T) 的 (n,ε) 分离集, 具有基数 $s_n(\varepsilon)$; F 为 (X,T) 的

$\left(n, \frac{\varepsilon}{2}\right)$ 生成集, 具有基数 $r_n\left(\frac{\varepsilon}{2}\right)$. 现在我们建立一个映射 $\phi: E \to F$. 对于 $x \in E$, 存在 $y \in F$, 使得

$$d(T^i x, T^i y) < \frac{\varepsilon}{2}, \quad i = 0, 1, \cdots, n-1.$$

令 $\phi(x) = y$. 由反证法易验证 ϕ 为单射, 故

$$s_n(\varepsilon) = \# E \leqslant \# F = r_n\left(\frac{\varepsilon}{2}\right). \qquad \square$$

命题 5.2.2 设 α 为 X 的开覆盖, 其 Lebesgue 数为 $\delta > 0$, 则对 $\forall n \geqslant 1$, 有

$$N\left(\bigvee_{i=0}^{n-1} T^{-i}\alpha\right) \leqslant r_n\left(\frac{\delta}{2}\right) \leqslant s_n\left(\frac{\delta}{2}\right).$$

证明 设 F 为 (X, T) 的 $\left(n, \frac{\delta}{2}\right)$ 生成集, 具有基数 $r_n\left(\frac{\delta}{2}\right)$, 则

$$X = \bigcup_{x \in F} \bigcap_{i=0}^{n-1} T^{-i} B\left(T^i x, \frac{\delta}{2}\right).$$

因为对每个 i, $B\left(T^i x, \frac{\delta}{2}\right)$ 是 α 的某个元素 A_i 的子集, 则

$$\bigcap_{i=0}^{n-1} T^{-i} B\left(T^i x, \frac{\delta}{2}\right) \subset \bigcap_{i=0}^{n-1} T^{-i} A_i \in \bigvee_{i=0}^{n-1} T^{-i}\alpha,$$

所以

$$N\left(\bigvee_{i=0}^{n-1} T^{-i}\alpha\right) \leqslant r_n\left(\frac{\delta}{2}\right) \leqslant s_n\left(\frac{\delta}{2}\right).$$

命题得证. $\square$

命题 5.2.3 设 $\varepsilon > 0$, 并设 α 为 X 的开覆盖, 满足 $\operatorname{diam} \alpha < \varepsilon$, 即 α 各成员的直径都小于 ε, 则

$$r_n(\varepsilon) \leqslant s_n(\varepsilon) \leqslant N\left(\bigvee_{i=0}^{n-1} T^{-i}\alpha\right).$$

证明 设 E 为 (X,T) 的 (n,ε) 分离集, 具有基数 $s_n(\varepsilon)$. 因 $\operatorname{diam}\alpha<\varepsilon$, $\bigvee\limits_{i=0}^{n-1}T^{-i}\alpha$ 中每一个元素含有 E 中至多一个点, 故

$$s_n(\varepsilon)\leqslant N\left(\bigvee_{i=0}^{n-1}T^{-i}\alpha\right).$$

命题得证. □

下面的定理指出, 对于紧致度量空间而言, 三个熵定义等价. 注意到用开覆盖给出的熵定义并不涉及度量, 因而拓扑熵与度量选取无关.

定理 5.2.1 设 (X,d) 为紧致度量空间, $T:X\to X$ 是 X 上的连续映射, 则拓扑熵的三个定义相同:

$$\begin{aligned}h(T)&=\sup_{\alpha}\lim_{n\to\infty}\frac{1}{n}\ln N\left(\bigvee_{i=0}^{n-1}T^{-i}\alpha\right)\\&=\lim_{\varepsilon\to0}\limsup_{n\to\infty}\frac{1}{n}\ln r_n(\varepsilon)\\&=\lim_{\varepsilon\to0}\limsup_{n\to\infty}\frac{1}{n}\ln s_n(\varepsilon).\end{aligned}$$

证明 对 $\forall\,\varepsilon>0$, 令 α_ε 是 X 的半径为 ε 的开球构成的开覆盖. 用 $\eta=\eta(\varepsilon)<\varepsilon$ 表示 α_ε 的 Lebesgue 数. 任取 X 的直径小于 $\dfrac{\eta}{2}$ 的开覆盖 β, 则

$$N\left(\bigvee_{i=0}^{n-1}T^{-i}\alpha_\varepsilon\right)\leqslant r_n\left(\frac{\eta}{2}\right)\leqslant s_n\left(\frac{\eta}{2}\right)\leqslant N\left(\bigvee_{i=0}^{n-1}T^{-i}\beta\right),$$

进而有

$$\begin{aligned}h(T,\alpha_\varepsilon)&\leqslant\limsup_{n\to\infty}\frac{1}{n}\ln r_n\left(\frac{\eta}{2}\right)\leqslant\limsup_{n\to\infty}\frac{1}{n}\ln s_n\left(\frac{\eta}{2}\right)\\&\leqslant h(T,\beta)\leqslant\sup_{\alpha}h(T,\alpha).\end{aligned}$$

因为

$$\sup_{\alpha}h(T,\alpha)=\lim_{\varepsilon\to0}h(T,\alpha_\varepsilon),$$

以及 $\varepsilon\to0$ 时 $\eta\to0$, 于是令 $\varepsilon\to0$ 即得所要证明的等式. □

注　由证明过程知, 可以在定理 5.2.1 的表达式中将 $\limsup\limits_{n\to\infty}$ 替换成 $\liminf\limits_{n\to\infty}$. 由生成集和分离集定义的拓扑熵取了两次极限, 先是关于 n, 再是关于 ε, 其中重要的极限是关于 n 的极限, 这是动力系统进入的地方. 事实上, 在许多重要情形中, 关于 ε 的极限是平凡的. 例如, 下一节将看到的可扩同胚情形, 小于可扩常数的 ε 是不必考虑的.

5.2.3　迭代系统和乘积系统的拓扑熵

迭代系统和乘积系统的拓扑熵的累加遵循这样的规律：n 次迭代系统的熵是原系统的 n 倍, n 次乘积系统的熵也是原系统的 n 倍.

定理 5.2.2　对任意整数 $m \geqslant 1$, 有 $h(T^m) = mh(T)$.

证明　对 $n \geqslant 1$ 和 $\varepsilon > 0$, (X,T) 的 (nm,ε) 生成集必为 T^m 的 (n,ε) 生成集, 所以 $r_{nm}(\varepsilon,T) \geqslant r_n(\varepsilon,T^m)$. 于是有

$$\begin{aligned} h(T^m) &= \lim_{\varepsilon\to 0}\limsup_{n\to\infty}\frac{1}{n}\ln r_n(\varepsilon,T^m) \\ &\leqslant \lim_{\varepsilon\to 0}\limsup_{n\to\infty}\frac{nm}{n}\cdot\frac{1}{mn}\ln r_{nm}(\varepsilon,T) \\ &= mh(T). \end{aligned}$$

反之, 对于 $\forall\varepsilon > 0$, 因为 $T: X \to X$ 一致连续, 于是存在 $\delta > 0$, 使得

$$d(x,y) < \delta \Longrightarrow d(T^i x, T^i y) < \varepsilon, \quad \forall\, x,y \in X,\ i = 0,1,\cdots,m-1.$$

因为 T^m 的 (n,δ) 生成集必为 T 的 (nm,ε) 生成集, 所以 $r_n(\delta,T^m) \geqslant r_{nm}(\varepsilon,T)$, 进而

$$h(T^m) \geqslant mh(T).$$

定理得证. □

定理 5.2.3　设 $T_i: X_i \to X_i$ 是紧致度量空间 (X_i,d_i) $(i=1,2)$, 上的连续映射, 则 $h(T_1\times T_2) = h(T_1) + h(T_2)$.

证明　取乘积空间 $X_1\times X_2$ 的度量 d 为 (拓扑熵与度量无关, 这里的度量方便讨论生成集和分离集)

$$d((x_1,x_2),(y_1,y_2)) = \max\{d_1(x_1,y_1), d_2(x_2,y_2)\}.$$

用 F_i 表示 (X_i,T_i) $(i=1,2)$ 的 (n,ε) 生成集, 则易证 $F_1\times F_2$ 为 $(X_1\times X_2,T_1\times T_2)$ 的 (n,ε) 生成集. 这样, 有

$$r_n(\varepsilon,T_1\times T_2)\leqslant r_n(\varepsilon,T_1)r_n(\varepsilon,T_2),$$

进而

$$h(T_1\times T_2)\leqslant h(T_1)+h(T_2).$$

用 E_i 表示 T_i $(i=1,2)$ 的 (n,ε) 分离集, 则易证 $E_1\times E_2$ 为 $T_1\times T_2$ 的 (n,ε) 分离集. 这样, 有

$$s_n(\varepsilon,T_1\times T_2)\geqslant s_n(\varepsilon,T_1)s_n(\varepsilon,T_2),$$

进而

$$h(T_1\times T_2)\geqslant h(T_1)+h(T_2).$$

定理得证. □

§5.3 非游荡集 $\Omega(F)$ 和 $h(T)=h(T|_{\Omega(T)})$ 的证明

5.3.1 非游荡集的概念和简单性质

定义 5.3.1 设 X 为拓扑空间, $T:X\to X$ 为连续映射. 点 $x\in X$ 叫作 T 的**游荡点**, 如果存在 x 的开邻域 U, 使得对任意正整数 n, 有 $T^{-n}U\cap U=\varnothing$. 如果 $x\in X$ 不是 T 的游荡点, 则称 x 是 T 的**非游荡点**. 用 $\Omega(T)$ 表示 T 的所有非游荡点组成的集合, 即

$$\Omega(T)=\{x\in X\mid \text{对包含 } x \text{ 的每个开集 } U, \text{ 存在 } n=n(x,U,T)\geqslant 1, \text{ 使得 } T^{-n}U\cap U\neq\varnothing\}.$$

称 $\Omega(T)$ 为 T 的**非游荡集**.

易知, 游荡点集 $X\setminus\Omega(T)$ 是开集, 非游荡集 $\Omega(T)$ 为闭集. 非游荡集 $\Omega(T)$ 是 T 的不变集, 即 $T\Omega(T)\subset\Omega(T)$. 如果用 $P(T)$ 表示 T 的所有周期点组成的集合, 则 $P(T)\subset\Omega(T)$.

例 5.3.1 用

$$\rho:\ \mathbb{R}\times\mathbb{R}=\mathbb{R}^2\to\mathbb{T}^2=S^1\times S^1,$$

$$(x_1,x_2)\mapsto(\mathrm{e}^{2\pi\mathrm{i}x_1},\mathrm{e}^{2\pi\mathrm{i}x_2})$$

表示平面到环面的投射. 考虑线性映射

$$\boldsymbol{A}=\begin{bmatrix}2 & 1\\ 1 & 1\end{bmatrix}:\ \mathbb{R}^2\to\mathbb{R}^2.$$

取 $f:\mathbb{T}^2\to\mathbb{T}^2$, 使得 $\rho\circ\boldsymbol{A}=f\circ\rho$, 则 f 是 $\mathbb{T}^2$ 上的同胚 (思考题), 且 $\Omega(f)=\mathbb{T}^2=\overline{P(f)}$.

证明　平面 $\mathbb{R}^2$ 上两个坐标均为有理数的点叫作有理点, 其在投影 ρ 下的像点叫作 $\mathbb{T}^2$ 上的有理点. 我们将要证明, $\mathbb{T}^2$ 上的有理点均为 f 的周期点.

我们把平面 $\mathbb{R}^2$ 上的点写成列向量形式. 考虑 $\mathbb{R}^2$ 的有理点 (不失一般性, 设该点的两个坐标都是正数)

$$x=\begin{bmatrix}\dfrac{l_1}{m_1}\\ \dfrac{l_2}{m_2}\end{bmatrix},$$

其中 m_i, l_i 为正整数, 则 $\boldsymbol{A}^n x$ 仍是 $\mathbb{R}^2$ 的有理点, 其坐标分量为 $\dfrac{l_1}{m_1}$ 和 $\dfrac{l_2}{m_2}$ 的整系数线性组合:

$$\boldsymbol{A}^n x=\begin{bmatrix}\dfrac{B_n}{[m_1,m_2]}+P_n\\ \dfrac{C_n}{[m_1,m_2]}+Q_n\end{bmatrix},$$

这里 $[m_1,m_2]$ 为两整数 m_1 和 m_2 的最小公倍数, B_n 和 C_n 为小于 $[m_1,m_2]$ 的非负整数, P_n,Q_n 为整数. 由于小于 $[m_1,m_2]$ 的非负整数只有有限多个, 这样的 (B_n,C_n) 也只能有有限多对, 故必存在 $n'\neq n''$, 使得 $(B_{n'},C_{n'})=(B_{n''},C_{n''})$. 这时 $\boldsymbol{A}^{n'}x=\boldsymbol{A}^{n''}x \pmod{\mathbb{Z}\times\mathbb{Z}}$, 因而 $f^{n'}(\rho(x))=f^{n''}(\rho(x))$. 不妨设 $n'>n''$. 令 $k=n'-n''$, 则有 $f^k(\rho(x))=\rho(x)$, 即 $\rho(x)$ 为 f 的周期点. 故 $\mathbb{T}^2$ 上的有理点均为周期点.

因有理点的集合是环面 $\mathbb{T}^2$ 的稠密集, 故 $\Omega(f)=\mathbb{T}^2=\overline{P(f)}$.　□

5.3.2　证明 $h(T)=h(T|_{\Omega(T)})$

我们将介绍一个定理, 指出系统的由拓扑熵所描述的复杂性完全集中在非游荡集的限制子系统上. 这结果首先由 Bowen 证明. 本节我们采用熊金城给出的简化证明 (见参考文献 [19]).

设 X 是紧致拓扑空间, $T:X\to X$ 是连续映射, α 为 X 的开覆盖. 对 $k\in\mathbb{N}$, 记

$$k\alpha=\{A_1\cup\cdots\cup A_k \mid A_i\in\alpha, i=1,2,\cdots,k\},$$

那么 $k\alpha$ 是 X 的开覆盖, 它有以下性质:

(i) $N(\alpha)\leqslant kN(k\alpha)$;

(ii) $T^{-1}(k\alpha)=kT^{-1}(\alpha)$;

(iii) 如果 $\alpha_0,\alpha_1,\cdots,\alpha_{n-1}$ $(n>0)$ 都是 X 的开覆盖, 那么

$$\bigvee_{i=0}^{n-1}k\alpha_i>k^n\bigvee_{i=0}^{n-1}\alpha_i.$$

(i) 和 (ii) 直接由定义推出. (iii) 的证明也不难, 留给读者思考.

下面我们给出三个引理, 进而证明 $h(T)=h(T|_{\Omega(T)})$.

引理 5.3.1 $h(T,k\alpha)\geqslant h(T,\alpha)-\ln k$.

证明 由性质 (i)—(iii), 我们有

$$\begin{aligned}h(T,k\alpha)&=\lim_{n\to\infty}\frac{1}{n}\ln N\left(\bigvee_{i=0}^{n-1}T^{-i}k\alpha\right)\\&=\lim_{n\to\infty}\frac{1}{n}\ln N\left(\bigvee_{i=0}^{n-1}kT^{-i}\alpha\right)\\&\geqslant\lim_{n\to\infty}\frac{1}{n}\ln N\left(k^n\bigvee_{i=0}^{n-1}T^{-i}\alpha\right)\\&\geqslant\lim_{n\to\infty}\frac{1}{n}\ln\left(N\left(\bigvee_{i=0}^{n-1}T^{-i}\alpha\right)\frac{1}{k^n}\right)\\&=h(T,\alpha)-\ln k.\end{aligned}$$

引理得证. □

引理 5.3.2 设 α 为 X 的一个开覆盖, 且存在 $A\in\alpha$, 使得 $A\supset\Omega(T)$, 则 $h(T,\alpha)=0$.

证明 对每个 $x\in X\setminus\Omega(T)$, 存在 $A_x\in\alpha$, 使得 $x\in A_x$. 又据游荡点的定义, 存在 x 的开邻域 $B_x\subset A_x$, 使得

$$B_x \cap \left(\bigcup_{i=1}^{\infty} T^{-i}(B_x) \right) = \varnothing.$$

易见 $\alpha' = \{A\} \cup \{B_x \mid x \in X \setminus \Omega(T)\}$ 亦是 X 的开覆盖且 $\alpha' > \alpha$. 任意取 α' 的有限子覆盖 β. 由于 $\beta > \alpha$, 则只要证 $h(T, \beta) = 0$ 即可. 于是, 我们不妨设 $\alpha = \{A, B_{x_1}, \cdots, B_{x_\ell}\}$ $(\ell > 1)$, 其中 B_{x_i} 是 $x_i \in X \setminus \Omega(T)$ 的开邻域, 满足 B_{x_i} 与 $T^{-1}B_{x_i}, T^{-2}B_{x_i}, \cdots$ $(i = 1, 2, \cdots, \ell)$ 都不相交.

记

$$\alpha^n = \underbrace{\alpha \times \alpha \times \cdots \times \alpha}_{n}.$$

对于 $n > \ell$, 考虑映射

$$\xi:\ \alpha^n \to \bigvee_{i=0}^{n-1} T^{-i}\alpha,$$

$$(C_0, C_1, \cdots, C_{n-1}) \mapsto \bigcap_{i=0}^{n-1} T^{-i}(C_i).$$

显然, ξ 是满射. 设 $(C_0, C_1, \cdots, C_{n-1}) \in \alpha^n$ 中不是 A 的分量的个数大于 ℓ, 则显然存在 $j < j'$, 使得 $C_j = C_{j'} = B_{x_q}$ 对某个 q 成立. 这时

$$\xi(C_0, C_1, \cdots, C_{n-1}) = \bigcap_{i=0}^{n-1} T^{-i}(C_i) = \varnothing.$$

若不然, 则存在 $x \in \bigcap\limits_{i=0}^{n-1} T^{-i}(C_i)$, 蕴涵 $T^j(x)$, $T^{j'}(x) \in B_{x_q}$, 从而 $B_{x_q} \cap T^{j'-j}(B_{x_q}) \neq \varnothing$. 这与 B_{x_q} 的选取矛盾. 以下估计 $\bigvee\limits_{i=0}^{n-1} T^{-i}\alpha$ 的基数.

记

$$\begin{aligned}\Gamma(n, \ell) = \{(C_0, C_1, \cdots, C_{n-1}) \in \alpha^n \mid\ & C_0, C_1, \cdots, C_{n-1}\text{中不同于} \\ & A\text{ 的元素个数 } \leqslant \ell, \text{ 且 } \xi(C_0, C_1, \cdots, C_{n-1}) \neq \varnothing\},\end{aligned}$$

则 $\bigvee\limits_{i=0}^{n-1} T^{-i}\alpha$ 中非空元素的个数不大于 $\#\Gamma(n, \ell)$. 显然,

$$\#\Gamma(n, \ell) \leqslant \sum_{i=0}^{\ell} \binom{n}{i} \ell^i.$$

由 ξ 是满射, $N\left(\bigvee_{i=0}^{n-1}T^{-i}\alpha\right)\leqslant n^{\ell}\cdot\ell^{\ell+1}$, 于是

$$\begin{aligned}h(T,\alpha)&=\lim_{n\to\infty}\frac{1}{n}\ln N\left(\bigvee_{i=0}^{n-1}T^{-i}\alpha\right)\\&\leqslant\lim_{n\to\infty}\frac{1}{n}(\ell\ln n+(\ell+1)\ln\ell)=0.\end{aligned}$$

引理得证. □

对 X 的开覆盖 α, 记 $\alpha|_{\Omega(T)}=\{A\cap\Omega(T)\mid A\in\alpha\}$, 则 $\alpha|_{\Omega(T)}$ 是 $\Omega(T)$ 的开覆盖.

引理 5.3.3 设 α 为 X 的开覆盖, 则 $h(T,\alpha)\leqslant\ln N(\alpha|_{\Omega(T)})$.

证明 记 $k=N(\alpha|_{\Omega(T)})$, 即覆盖 $\Omega(T)$ 所需用的 α 中的元素的最少个数. 这时 $k\alpha$ 为满足引理 5.3.2 条件的开覆盖, 因此 $h(T,k\alpha)=0$. 再由引理 5.3.1 知

$$h(T,k\alpha)\geqslant h(T,\alpha)-\ln k=h(T,\alpha)-\ln N(\alpha|_{\Omega(T)}),$$

故

$$h(T,\alpha)\leqslant\ln N(\alpha|_{\Omega(T)}).$$

引理得证. □

定理 5.3.1 设 X 为紧致拓扑空间, $T:X\to X$ 为连续映射, 则 T 的拓扑熵等于在非游荡集上的限制映射的拓扑熵, 即

$$h(T)=h(T|_{\Omega(T)}).$$

证明 设 α 为 X 的开覆盖, 并任取正整数 $m\geqslant 1$, 我们有

$$\begin{aligned}h(T,\alpha)&=\lim_{n\to\infty}\frac{1}{n}\ln N\left(\bigvee_{i=0}^{n-1}T^{-i}\alpha\right)\\&=\lim_{n\to\infty}\frac{1}{nm}\ln N\left(\bigvee_{i=0}^{nm-1}T^{-i}\alpha\right)\\&=\lim_{n\to\infty}\frac{1}{nm}\ln N\left(\bigvee_{i=0}^{n-1}(T^m)^{-i}\bigvee_{j=0}^{m-1}T^{-j}\alpha\right)\\&=\frac{1}{m}h\left(T^m,\bigvee_{j=0}^{m-1}T^{-j}\alpha\right)\end{aligned}$$

$$\leqslant \frac{1}{m}\ln N\left(\bigvee_{j=0}^{m-1}T^{-j}\alpha|_{\Omega(T^m)}\right) \quad (\text{由引理 } 5.3.3)$$
$$\leqslant \frac{1}{m}\ln N\left(\bigvee_{j=0}^{m-1}T^{-j}\alpha|_{\Omega(T)}\right) \quad (\text{由 } \Omega(T^m)\subset\Omega(T))$$
$$= \frac{1}{m}\ln N\left(\bigvee_{j=0}^{m-1}(T|_{\Omega(T)})^{-j}(\alpha|_{\Omega(T)})\right).$$

令 $m\to+\infty$, 有 $h(T,\alpha)\leqslant h(T|_{\Omega(T)},\alpha|_{\Omega(T)})$. 当 α 取遍 X 的所有开覆盖时, 得

$$h(T)\leqslant h(T|_{\Omega(T)}).$$

而另一边的不等式 $h(T)\geqslant h(T|_{\Omega(T)})$ 显然是成立的. 故定理中的等式成立. □

§5.4 拓扑熵的计算 (I)

设 (X,d) 为紧致度量空间, $T:X\to X$ 是连续自映射. 用开覆盖来计算 T 的拓扑熵的难点之一是, 对 X 的所有开覆盖的熵取上确界. 为取得此上确界, 我们一般并不是考虑所有的开覆盖, 而只是考虑一个直径趋于 0 的开覆盖序列 $\{\alpha_n\}_1^\infty$, $\operatorname{diam}\alpha_n\to 0$. 对 X 的任给定的开覆盖 α, 由定理 1.3.2, 存在 Lebesgue 数 $\delta=\delta(\alpha)$. 取 $n=n(\alpha)$ 充分大, 使得 $\operatorname{diam}\alpha_n<\delta$, 则 $h(T,\alpha)\leqslant h(T,\alpha_n)$. 这就给出 $h(T)=\sup\limits_n h(T,\alpha_n)$.

相仿于测度熵的生成子分解, 我们在这里考虑生成子开覆盖, 进而相仿于 Kolmogorov-Sinai 定理, 把 T 的拓扑熵归结为 T 对生成子开覆盖的拓扑熵.

5.4.1 可扩同胚

定义 5.4.1 紧致度量空间 (X,d) 的同胚 $T:X\to X$ 称为**可扩**的, 如果存在常数 $e>0$, 满足: 对 $x\neq y$, 存在 $n\in\mathbb{Z}$, 使得 $d(T^nx,T^ny)>e$. 称 e 为 T 的**可扩常数**.

定理 5.4.1 (可扩映射的等价定义) 设 (X,d) 为紧致度量空间, $T:X\to X$ 为同胚, 则下列四条等价:

(i) $T: X \to X$ 为可扩同胚;

(ii) 存在 $e > 0$, 如果 $d(T^n x, T^n y) < e$, $\forall n \in \mathbb{Z}$, 则 $x = y$;

(iii) (X, T) 具有一个生成子开覆盖 α, 即 X 的一个有限的开覆盖, 满足对每个序列 $\{A_n\}_{-\infty}^{+\infty}, A_n \in \alpha$, 有

$$\# \bigcap_{n=-\infty}^{+\infty} T^{-n}\overline{A}_n \leqslant 1,$$

其中 $\overline{A}$ 表示集合 A 的闭包;

(iv) (X, T) 具有一个弱生成子开覆盖 α, 即: X 的一个有限的开覆盖, 满足对每个序列 $\{A_n\}_{-\infty}^{+\infty}, A_n \in \alpha$, 有

$$\# \bigcap_{n=-\infty}^{+\infty} T^{-n} A_n \leqslant 1.$$

证明 (i)$\Longleftrightarrow$(ii) 显然. 生成子开覆盖自然是弱生成子开覆盖, 故 (iii)$\Longrightarrow$(iv) 显然. 设 $\beta = \{B_1, \cdots, B_s\}$ 为 (X, T) 的弱生成子开覆盖, $\delta > 0$ 为 β 的 Lebesgue 数. 令 α 为由有限多个开集 A_i 组成的开覆盖, 满足 $\operatorname{diam} A_i < \delta$, 则 α 是 (X, T) 的生成子开覆盖. 故有 (iv)$\Longrightarrow$(iii).

现在证明 (i)$\Longleftrightarrow$(iii). 设 $e > 0$ 为可扩常数, 取 α 为 X 的一个开覆盖, 满足 $\operatorname{diam} \alpha < \dfrac{e}{2}$, 则 α 为生成子开覆盖. 反之, 设 α 为 X 的生成子开覆盖, 则 α 的 Lebesgue 数即为 T 的可扩常数. □

例 5.4.1 设 $k \geqslant 1$, 并设 $\{0, 1, \cdots, k-1\}$ 是一个离散拓扑空间. 令

$$\Sigma(k) = \prod_{-\infty}^{+\infty} \{0, 1, \cdots, k-1\}.$$

取乘积拓扑, 其相容的度量可取为

$$d((x_i)_{-\infty}^{+\infty}, (y_i)_{-\infty}^{+\infty}) = \sum_{i=-\infty}^{+\infty} \frac{|x_i - y_i|}{2^{|i|}},$$

这里, 当 $x_i \neq y_i$ 时, $|x_i - y_i| = 1$; 而当 $x_i = y_i$ 时, $|x_i - y_i| = 0$. 则 $\Sigma(k)$ 是一个紧致度量空间. 令

$$\sigma : \Sigma(k) = \prod_{-\infty}^{+\infty} \{0, 1, \cdots, k-1\} \to \Sigma(k),$$
$$(x_i) \mapsto (x_{i+1}).$$

$(\Sigma(k), \sigma)$ 叫作 k 个符号的 (拓扑) **双边符号系统**. 显然, $\sigma : \Sigma(k) \to \Sigma(k)$ 是一个同胚. 实际上, 它还是可扩的. 这是因为 k 个集合

$$A_0 = \{(x_i) \in \Sigma(k) \mid x_0 = 0\},$$
$$\cdots\cdots\cdots\cdots\cdots\cdots\cdots\cdots$$
$$A_{k-1} = \{(x_i) \in \Sigma(k) \mid x_0 = k-1\}$$

构成一个生成子开覆盖 (称为自然生成子).

定理 5.4.2 (i) 设 $T : X \to X$ 为紧致度量空间 (X, d) 的可扩同胚, 具有可扩常数 $e > 0$, α 为 X 的一个有限覆盖 (不一定是开覆盖), 满足 $\operatorname{diam} \alpha < e$, 则对 $\forall \varepsilon > 0$, 存在 $N > 0$, 使得

$$\operatorname{diam} \left(\bigvee_{i=-N}^{N} T^{-i} \alpha \right) < \varepsilon;$$

(ii) 设 $T : X \to X$ 为紧致度量空间的同胚. 如果 α 是开覆盖, 那么对 $\forall n \in \mathbb{N}$, 存在 $\varepsilon > 0$, 使得

$$d(x, y) < \varepsilon \Longrightarrow x, y \in \bigcap_{n=-N}^{N} T^{-n} A_n$$

对某些 $A_{-N}, \cdots, A_N \in \alpha$ 成立.

证明 (i) 假设结论不成立, 则存在 $\varepsilon > 0$, 使得对 $\forall j > 0$, 有 x_j, y_j, $d(x_j, y_j) > \varepsilon$ 及 $A_{j,i} \in \alpha\,(-j \leqslant i \leqslant j)$, 满足

$$x_j, y_j \in T^j A_{j,-j} \cap T^{j-1} A_{j,-(j-1)} \cap \cdots \cap T A_{j,-1}$$
$$\cap A_{j,0} \cap T^{-1} A_{j,1} \cap \cdots \cap T^{-j} A_{j,j}.$$

因 X 紧致, $\{x_j\}$ 和 $\{y_j\}$ 都有收敛子列, 为符号简单起见设它们都是收敛列, $x_j \to x, y_j \to y$. 这意味着, $d(x, y) \geqslant \varepsilon$, 进而 $x \neq y$. 但我们将马上看出这是矛盾的. 考虑集合序列 $A_{j,0}(j$ 变). 因 α 为有限覆盖,

必可取出无限多个脚码 j, 使 $A_{j,0}$ 取 α 中的同一个元素, 记此元素为 A_0, 则 $x,y\in\overline{A}_0$. 从这已取出的无限多个脚码 j 中再取出无限个脚码, 仍记为 j, 使 $A_{j,1}$ 取 α 中的同一个元素, 记为 A_1, 则 $Tx,Ty\in\overline{A}_1$. 从这第二次取出的无限多个脚码 j 中再取出无限个脚码, 仍记为 j, 使 $A_{j,-1}$ 取 α 中的同一个元素, 记为 A_{-1}, 则 $T^{-1}x,T^{-1}y\in\overline{A}_{-1}$. 如此继续下去, 则可以取出 A_n, $n\in\mathbb{Z}$, 使得

$$x,y\in\bigcap_{n=-\infty}^{+\infty}T^{-n}\overline{A}_n.$$

由此可得

$$\#\left(\bigcap_{n=-\infty}^{+\infty}T^{-n}\overline{A}_n\right)\geqslant 2.$$

但是另一方面, 由 $\operatorname{diam}\alpha<e$ 推出

$$\#\left(\bigcap_{n=-\infty}^{+\infty}T^{-n}\overline{A}_n\right)\leqslant 1,$$

得出矛盾.

(ii) 因 α 是开覆盖及 T 和 T^{-1} 连续, 故 $\bigvee_{n=-N}^{N}T^{-n}\alpha$ 是开覆盖. 取 ε 为 $\bigvee_{n=-N}^{N}T^{-n}\alpha$ 的 Lebesgue 数即可. □

推论 5.4.1 设 $T:X\to X$ 为紧致度量空间的可扩同胚, 具有可扩常数 $e>0$, α 为有限覆盖, 满足 $\operatorname{diam}\alpha\leqslant e$, 则当 $n\to\infty$ 时,

$$\operatorname{diam}\left(\bigvee_{j=-n}^{n}T^{-j}\alpha\right)\to 0.$$

定理 5.4.3 设 $T:X\to X$ 为紧致度量空间 (X,d) 的可扩同胚, 则存在整数 $k>0$ 和双边符号系统 (见例 5.4.1) $(\Sigma(k),\sigma)$ 的不变闭子集 Λ $(\sigma(\Lambda)=\Lambda)$, 以及连续满映射 $\phi:\Lambda\to X$, 满足 $\phi\circ\sigma=T\circ\phi$, 即有如下交换图:

$$\begin{array}{ccc}\Sigma(k)\supset\varLambda & \xrightarrow{\sigma} & \varLambda\subset\Sigma(k)\\ \phi\downarrow & & \downarrow\phi\\ X & \xrightarrow{T} & X\end{array}$$

简言之, (X,T) 是双边符号系统 $(\Sigma(k),\sigma)$ 的一个不变闭子系统 $(\varLambda,\sigma)$ 的因子系统, $(\varLambda,\sigma)$ 为 (X,T) 的扩展系统.

证明　设 $e>0$ 为 T 的可扩常数. 我们将构造 X 的一个覆盖 $\gamma=\{C_0,C_1,\cdots,C_{k-1}\}$, 使得每个 C_i 均为闭集, $C_i\cap C_j=\partial C_i\cap\partial C_j$, $i\neq j$, 且 $\bigcup\limits_{i=0}^{k-1}\partial C_i$ 无内点.

取由半径为 $\dfrac{e}{3}$ 的开球给出的 X 的一个有限开覆盖 $\{B_0,\cdots,B_{k-1}\}$, 再取 $C_0=\overline{B}_0,C_1=\overline{B}_1\setminus B_0,\cdots,C_{k-1}=\overline{B}_{k-1}\setminus B_0\cup\cdots\cup B_{k-2}$, 则如果 $i<j$, 我们有

$$\begin{aligned}C_i\cap C_j&=C_i\cap\partial C_j\quad(\text{因 int } C_j=B_j\setminus(\overline{B_0\cup\cdots B_{j-1}}))\\&=\partial C_i\cap\partial C_j\quad(\text{因 }\partial C_j\cap\text{int } C_i\subset B_i\setminus(B_0\cup\cdots B_{j-1})=\varnothing).\end{aligned}$$

显然

$$\bigcup_{i=0}^{k-1}\partial C_i\subset\bigcup_{i=0}^{k-1}\partial B_i,$$

且两个并集合都没有内点. 令 $D=\bigcup\limits_{i=0}^{k-1}\partial C_i$, $D_\infty=\bigcup\limits_{n=-\infty}^{+\infty}T^nD$, 则 D_∞ 是第一纲集, 进而 $X\setminus D_\infty$ 于 X 是稠密的.

对于 $x\in X\setminus D_\infty$, 可唯一地指定 $\{a_n\}_{n\in\mathbb{Z}}\in\Sigma(k)$, 使得 $T^nx\in C_{a_n}$. 令

$$\varLambda=\{\{a_n\}_{-\infty}^{+\infty}\mid \text{存在 } x\in X\setminus D_\infty,\ \text{使得 } T^nx\in C_{a_n}\}.$$

于是形成了映射 $\psi:X\setminus D_\infty\to\varLambda$. 因为 T 是可扩同胚及 B_i $(i=0,1,\cdots,k-1)$ 的直径的取法, 知 ψ 是单射, 进而存在逆映射 $\psi^{-1}:\varLambda\to X\setminus D_\infty$. 我们说 ψ^{-1} 是一致连续映射, 即 $\forall\varepsilon>0$, 存在 N, 使得只要 $x,y\in X\setminus D_\infty$ 且 $(\psi x)_n=(\psi y)_n,|n|\leqslant N$, 则 $d(x,y)<\varepsilon$.

事实上, 由定理 5.4.2, 对 $\forall\varepsilon>0$, 可取 N, 使得

$$\operatorname{diam}\left(\bigvee_{j=-N}^{N} T^n\gamma\right)<\varepsilon.$$

故如果 $(\psi x)_n=(\psi y)_n, |n|\leqslant N$, 则 x 和 y 属于 $\bigvee\limits_{j=-N}^{N} T^n\gamma$ 中的同一个元素, 进而 $d(x,y)<\varepsilon$.

把 $\psi^{-1}:\varLambda\to X\setminus D_\infty$ 延拓到连续映射 $\phi:\overline{\varLambda}\to X$. 因为 $X\setminus D_\infty$ 稠密, 所以 ϕ 是满的. 由 $\psi\circ T=\sigma\circ\psi$ 给出 $\phi\circ\sigma(y)=T\circ\phi(y), \forall y\in\overline{\varLambda}$. 故 $(\overline{\varLambda},\sigma)$ 为 (X,T) 的扩展系统. 记 $\varLambda=\overline{\varLambda}$, 则定理得证. □

5.4.2 可扩映射的拓扑熵

定理 5.4.4 设 $T:X\to X$ 为紧致度量空间 (X,d) 的可扩同胚, α 为 (X,T) 的生成子开覆盖, 则 $h(T)=h(T,\alpha)$.

证明 设 β 为 X 的开覆盖, $\delta>0$ 为 β 的 Lebesgue 数. 根据定理 5.4.2, 存在 N, 使得

$$\operatorname{diam}\left(\bigvee_{n=-N}^{N} T^{-n}\alpha\right)<\delta.$$

则

$$\bigvee_{n=-N}^{N} T^{-n}\alpha>\beta.$$

我们有

$$\begin{aligned}
h(T,\beta)&\leqslant h\left(T,\bigvee_{n=-N}^{N} T^{-n}\alpha\right)\\
&=\lim_{k\to\infty}\frac{1}{k}\ln N\left(\bigvee_{i=0}^{k-1}T^{-i}\bigvee_{n=-N}^{N} T^{-n}\alpha\right)\\
&=\lim_{k\to\infty}\frac{1}{k}\ln N\left(\bigvee_{i=-N}^{k+N-1} T^{-i}\alpha\right)\\
&=\lim_{k\to\infty}\frac{2N+k}{k}\cdot\frac{1}{2N+k}\ln N\left(\bigvee_{i=0}^{k+2N-1} T^{-i}\alpha\right)
\end{aligned}$$

$$= h(T, \alpha).$$

由 β 的任意性知道 $h(T) = h(T, \alpha)$. □

注　紧致度量空间 (X, d) 的自映射 $T: X \to X$ 称为**正向可扩**的, 如果存在常数 $e > 0$, 满足: 对 $x \neq y$, 存在 $n \in \mathbb{N}$, 使得 $d(T^n x, T^n y) > e$, 则称 e 为**可扩常数**. 对正向可扩自映射也有用正向生成子计算拓扑熵等类似的结论 (习题).

推论 5.4.2　紧致度量空间上的可扩同胚必有有限拓扑熵.

例 5.4.2　由 k 个符号决定的双边符号拓扑系统 $(\Sigma(k), \sigma)$, 其拓扑熵为 $\ln k$.

证明　取 $\alpha = \{A_0, A_1, \cdots, A_{k-1}\}$ 为 $(\Sigma(k), \sigma)$ 的自然生成子, 即

$$A_i = \{(x_i)_{-\infty}^{+\infty} |\ x_0 = i\}, \quad i = 0, 1, \cdots, k-1.$$

开覆盖 $\bigvee\limits_{i=0}^{n-1} \sigma^{-i}\alpha$ 中的元素是形如 $[i_0, i_1, \cdots, i_{n-1}]$ 的矩形, 总个数是 k^n. 因这些矩形互不相交, 则

$$N\left(\bigvee_{i=0}^{n-1} \sigma^{-i}\alpha\right) = k^n.$$

我们有

$$\begin{aligned} h(\sigma) &= h(\sigma, \alpha) \\ &= \lim_{n\to\infty} \frac{1}{n} \ln N\left(\bigvee_{i=0}^{n-1} \sigma^{-i}\alpha\right) \\ &= \lim_{n\to\infty} \frac{1}{n} \ln k^n \\ &= \ln k. \end{aligned}$$

命题得证. □

单边符号动力系统也有此结论.

矩阵 $\boldsymbol{A} = (a_{ij})_{kk}$ 称为 0-1 矩阵, 如果 $a_{ij} = 0, 1$ $(i,\ j = 0, 1, \cdots, k-1)$. 用 0-1 矩阵 $\boldsymbol{A} = (a_{ij})_{kk}$ 可以决定 $\Sigma(k)$ 的一个子集合 $\Sigma(\boldsymbol{A})$: $x = (x_i)_{-\infty}^{+\infty} \in \Sigma(\boldsymbol{A})$ 当且仅当 $a_{x_i x_{i+1}} = 1 (i \in \mathbb{Z})$. 称 $(\Sigma(\boldsymbol{A}), \sigma)$ 为 $\boldsymbol{A}$ 决

定的有限型子转移或拓扑 Markov 链. 下面考虑符号系统的一般子系统的熵和拓扑 Markov 链的熵.

例 5.4.3 设 $(\Sigma(k),\sigma)$ 为 k 个符号决定的双边符号系统.

(i) 设 X 为 $\Sigma(k)$ 的闭的 σ 不变子集, 则

$$h(\sigma|_X)=\lim_{n\to\infty}\frac{1}{n}\ln\theta_n(X),$$

其中

$$\begin{aligned}\theta_n(X)=&\#\{[i_0,i_1,\cdots,i_{n-1}]\mid \text{存在 } x=(x_n)_{-\infty}^{+\infty}\in X,\\ &\text{使得 } x_0=i_0,\cdots x_{n-1}=i_{n-1}\}.\end{aligned}$$

换言之, $\theta_n(X)$ 表示出现在 X 中的 n 元数组 $(i_0,i_1,\cdots,i_{n-1})$ 的个数, 亦即 $\theta_n(X)$ 表示与 X 相交的 n 矩形 $[i_0,i_1,\cdots,i_{n-1}]$ 的个数.

(ii) 对由不可约的 0-1 矩阵 $\boldsymbol{A}$ 决定的有限型子转移 $(\Sigma(\boldsymbol{A}),\sigma)$, 有 $h(\sigma|\Sigma(\boldsymbol{A}))=\ln\lambda$, 其中 λ 为 $\boldsymbol{A}$ 的最大的正特征根 (由定理 1.3.3 知这种正特征根存在).

证明 (i) 设 $\alpha=\{A_0,\cdots,A_{k-1}\}$ 为 $(\Sigma(k),\sigma)$ 的自然生成子, 则 $\alpha|_X$ 为 $(X,\sigma|_X)$ 的生成子开覆盖.

注意到与 X 相交的 n 矩形 $[i_0,i_1,\cdots,i_{n-1}]$ 的个数 $\theta_n(X)$ 恰好等于 $N\left(\bigvee_{i=0}^{n-1}(\sigma|_X)^{-i}\alpha|_X\right)$, 故

$$h(\sigma|_X)=h(\sigma|_X,\alpha|_X)=\lim_{n\to\infty}\frac{1}{n}\ln\theta_n(X).$$

(ii) 我们讨论与 $\Sigma(\boldsymbol{A})$ 相交的 n 矩形 $[i_0,i_1,\cdots,i_{n-1}]$ 的个数. 我们看到: 集合 $\{x=(x_i)_{-\infty}^{+\infty}\in\Sigma(\boldsymbol{A})|x_0=i_0,\cdots,x_{n-1}=i_{n-1}\}\neq\varnothing$ 的充分必要条件是

$$a_{i_0i_1}a_{i_1i_2}\cdots a_{i_{n-2}i_{n-1}}=1.$$

故

$$\theta_n(\Sigma(\boldsymbol{A}))=\sum_{i_0,\cdots,i_{n-1}=0}^{k-1}a_{i_0i_1}a_{i_1i_2}\cdots a_{i_{n-2}i_{n-1}}=\sum_{i_0,i_n=0}^{k-1}(\boldsymbol{A}^{n-1})_{i_0i_{n-1}},$$

这里 $(\boldsymbol{A}^{n-1})_{ij}$ 表矩阵 $\boldsymbol{A}^{n-1}$ 的 (i,j) 位置的元素. 若用

$$\|(b_{ij})\| = \sum_{i,j=0}^{k-1} |b_{ij}|$$

定义矩阵 (b_{ij}) 的模, 则

$$\theta_n(\Sigma(\boldsymbol{A})) = \|\boldsymbol{A}^{n-1}\|.$$

故由 (i) 和谱半径公式得

$$\begin{aligned} h(\sigma|_{\Sigma(\boldsymbol{A})}) &= \lim_{n\to\infty} \frac{1}{n} \ln \theta_n(\Sigma(\boldsymbol{A})) \\ &= \lim_{n\to\infty} \ln(\|\boldsymbol{A}^{n-1}\|^{\frac{1}{n}}) \\ &= \ln \lambda. \end{aligned}$$

□

§5.5　拓扑熵的计算 (II)

例 5.5.1　设 $T: S^1 \to S^1$ 为单位圆周 S^1 上的同胚, 则 $h(T) = 0$.

证明　我们知道 T 将区间映射成区间, 因为区间是 S^1 的连通子集. 不妨设 S^1 的周长为 1. 取 $\varepsilon_0 > 0$, 满足

$$d(x,y) < \varepsilon_0 \Longrightarrow d(T^{-1}x, T^{-1}y) \leqslant \frac{1}{4}, \quad \forall x, y \in S^1.$$

任取定 $0 < \varepsilon < \varepsilon_0$. 为计算拓扑熵, 我们考虑 T 的 (n, ε) 生成集. 在 S^1 上分布 $\left[\dfrac{1}{\varepsilon}\right] + 1$ 个点, 使其相邻两个点的距离 (弧长) 不大于 ε, 其中 $\left[\dfrac{1}{\varepsilon}\right]$ 表示 $\dfrac{1}{\varepsilon}$ 的整数部分, 则这些点构成 (S^1, T) 的 $(1, \varepsilon)$ 生成集. 因此 $r_1(\varepsilon) \leqslant \left[\dfrac{1}{\varepsilon}\right] + 1$. 我们有如下断言:

断言　$r_n(\varepsilon) \leqslant n\left(\left[\dfrac{1}{\varepsilon}\right] + 1\right)$.

证明　用归纳法证明此断言. $n = 1$ 时已证. 现在假定 $n - 1$ 时不等式成立, 即

$$r_{n-1}(\varepsilon) \leqslant (n-1)\left(\left[\frac{1}{\varepsilon}\right] + 1\right).$$

设 F 为 (S^1, T) 的具有最小基数的 $(n-1, \varepsilon)$ 生成集, 即满足 $\#F = r_{n-1}(\varepsilon)$. 考虑 $T^{n-1}(F)$ 中的点和这些点决定的区间. 在 $T^{n-1}(F)$ 之

外再添加一些点, 使新区间长度小于 ε. 我们需要添加至多 $\left[\dfrac{1}{\varepsilon}\right]+1$ 个点. 用 E 表示这些新点的集合. 令 $F'=F\cup T^{-(n-1)}E$. 我们将证明 F' 为 (S^1,T) 的 (n,ε) 生成集, 进而有

$$r_n(\varepsilon)\leqslant n\left(\left[\frac{1}{\varepsilon}\right]+1\right).$$

事实上, 对于 $\forall x\in S^1$, 存在 $y\in F$, 使得 $d(T^ix,T^iy)\leqslant\varepsilon$, $0\leqslant i\leqslant n-2$. 一旦 $d(T^{n-1}x,T^{n-1}y)\leqslant\varepsilon$, 则断言无须证明. 如果不存在这样的 $y\in F$, 我们可以先选取 $y\in F$, 使得 $d(T^ix,T^iy)<\varepsilon, 0\leqslant i\leqslant n-2$. 以 $T^{n-1}x,T^{n-1}y$ 为端点共有两个区间, 从中选取一个记成 I, 使得 $I'=T^{-1}I$ 以 $T^{n-2}x,T^{n-2}y$ 为端点, 且 $\operatorname{diam}(T^{-1}I)\leqslant\varepsilon$. 取 $T^{n-1}z\in I\cap E$ $(z\in T^{-(n-1)}E)$, 使 $d(T^{n-1}x,T^{n-1}z)<\varepsilon$, 则 $T^{n-2}z\in I'$, 进而 $d(T^{n-2}x,T^{n-2}z)<\varepsilon$. 区间 I' 被 T^{-1} 映成区间 I'', 其端点为 $T^{n-3}(x)$, $T^{n-3}(y)$. 由 ε 的取法有 $\operatorname{diam} I''<\dfrac{1}{4}$, 其中 I'' 是以 $T^{n-3}x,T^{n-3}y$ 为端点的两个区间中长度最小的. 再因 $d(T^{n-3}x,T^{n-3}y)<\varepsilon$ 知 $\operatorname{diam} I''<\varepsilon$. 由 $T^{n-3}z\in I''$, 得 $d(T^{n-3}x,T^{n-3}z)<\varepsilon$. 归纳地, 我们得到

$$d(T^{-i}x,T^{-i}z)<\varepsilon,\quad i=0,1,\cdots,n-1.$$

所以 F' 是 (n,ε) 生成集. 断言得证. □

根据断言和拓扑熵的生成集定义可知 $h(T)=0$.

定理 5.5.1 设 M 为 p 维紧致光滑 Riemann 流形, $f:M\to M$ 为可微映射, 则 $h(f)<\infty$.

证明 记 $a=\sup\limits_{x\in M}\|Df(x)\|$. 由流形 M 的紧致性和切映射的连续性, 可知 $0\leqslant a<\infty$. 若 $a\leqslant 1$, 则中值定理意味着 $d(f(x),f(y))\leqslant d(x,y)$, $\forall x,y\in M$, 进而 $h(f)=0$ (思考题). 以下设 $a>1$.

用 $|||\cdot|||$ 表示 $\mathbb{R}^p$ 中向量的模, 其定义为 $|||\boldsymbol{u}|||=\max|u_i|$, 其中 $\boldsymbol{u}=(u_1,\cdots,u_p)\in\mathbb{R}^p$. 用 $B(0,r)$ 表示在此模之下以 r 为半径, 中心在 0 的开球. 因为 M 是紧致流形, 我们可选出 $B(0,r)\,(r=1,2,3)$ 和有限多个到像集合的微分同胚 $\varphi_j:B(0,3)\to M$, $1\leqslant j\leqslant q$, 满足

$$\bigcup_{j=1}^{q} \varphi_j B(0,1) = M.$$

取常数 $b > 0$, 使得

$$d(\varphi_j(\boldsymbol{u}), \varphi_j(\boldsymbol{v})) \leqslant b|||\boldsymbol{u}-\boldsymbol{v}|||, \quad \forall \boldsymbol{u}, \boldsymbol{v} \in B(0,2), \quad j=1,2,\cdots,q.$$

对 $0 < \delta < 1$, 令

$$E(\delta) = \{(k_1\delta, \cdots, k_p\delta) \in \mathbb{R}^p \mid k_i \in \mathbb{Z}\} \cap B(0,2),$$

则 $B(0,2)$ 中每个点都在 $E(\delta)$ 的某个点的 δ 邻近内. $E(\delta)$ 的基数至多是 $\left(\dfrac{4}{\delta}\right)^p$, 即

$$\# E(\delta) \leqslant \left(\frac{4}{\delta}\right)^p.$$

令

$$F(\delta) = \bigcup_{j=1}^{q} \varphi_j E(\delta),$$

则

$$\# F(\delta) \leqslant q\left(\frac{4}{\delta}\right)^p.$$

下证 $F(\delta)$ 为 (M, f) 的 $(n, a^{n-1}b\delta)$ 生成集. 事实上, 对 $\forall\, x \in M$, 存在 $j \in \{1, 2, \cdots, q\}$, $\boldsymbol{u} \in B(0,1)$, 使得 $x = \varphi_j(\boldsymbol{u})$. 取 $\boldsymbol{v} \in E(\delta)$, 使得 $|||\boldsymbol{u}-\boldsymbol{v}||| < \delta$. 令 $y = \varphi_j(\boldsymbol{v})$, 则 $y \in F(\delta)$, 且

$$d(x,y) \leqslant b|||\boldsymbol{u}-\boldsymbol{v}||| < b\delta,$$

$$d(fx, fy) \leqslant a d(x,y) < ab\delta.$$

设

$$d(f^{n-2}x, f^{n-2}y) < a^{n-2}b\delta,$$

则

$$d(f^{n-1}x, f^{n-1}y) \leqslant a d(f^{n-2}x, f^{n-2}y) < a^{n-1}b\delta.$$

所以 $F(\delta)$ 是 M 关于 f 的 $(n, a^{n-1}b\delta)$ 生成集.

对 $\forall \varepsilon > 0$, 取 $\delta = \dfrac{\varepsilon}{a^{n-1}b}$, 则 $F(\delta)$ 为 M 关于 f 的 (n, ε) 生成集.

现在我们有

$$r_n(\varepsilon) \leqslant \#F(\delta) \leqslant q\left(\frac{4}{\delta}\right)^p = a^{(n-1)p}(q4^p b^p \varepsilon^{-p}),$$

进而有

$$\begin{aligned} h(f) &= \lim_{\varepsilon\to 0}\limsup_{n\to\infty}\frac{1}{n}\ln r_n(\varepsilon) \\ &\leqslant \lim_{n\to\infty}\frac{1}{n}\ln a^{(n-1)p} \\ &= p\ln a < \infty. \end{aligned}$$

定理得证. □

我们将讨论一族映射, 用以说明对于任意给定的正实数, 存在映射以它为拓扑熵. 为此需要下面的引理, 其证明参见参考文献 [3].

引理 5.5.1 设三个数列 $\{c_n\}_0^\infty, \{u_n\}_0^\infty, \{d_n\}_0^\infty$ 满足 $0 \leqslant c_n \leqslant 1$, u_n 有界, $d_n \geqslant 0$ 对所有 n 成立. 假设使得 $c_n > 0$ 的所有正整数 n 的最大公因子为 1, 又假设这三个数列还满足关系式

$$u_n = d_n + c_0 u_n + c_1 u_{n-1} + \cdots + c_n u_0.$$

如果

$$\sum_{n=0}^{\infty} c_n = 1, \quad \sum_{n=0}^{\infty} d_n < \infty, \quad \sum_{n=0}^{\infty} n c_n < \infty,$$

则

$$\lim_{n\to\infty} u_n = \left(\sum_{n=0}^{\infty} d_n\right)\left(\sum_{n=0}^{\infty} n c_n\right)^{-1}.$$

例 5.5.2 任给 $\beta \in \mathbb{R}^+$, $\beta > 1$, 存在一个拓扑系统使之以 $\ln\beta$ 为拓扑熵.

当 $\beta \in \mathbb{N}$ 时, 由 §5.4, β 个符号的符号系统即以 $\ln\beta$ 为拓扑熵, 因而只需再考虑 $1 < \beta \notin \mathbb{N}$ 的情形. 记 $k = [\beta] + 1$, 这里 $[\beta]$ 表示不超过 β 的最大整数. 我们将考虑 k 个符号的单边符号系统 $\sigma : \Sigma(k) \to \Sigma(k)$ (这里 $\Sigma(k)$ 的元素是正向无限序列), 并从中找到具有拓扑熵 $\ln\beta$ 的子系统.

我们考虑 1 用 β^{-1} 的方幂给出的表达式

$$\begin{aligned} 1 &= \beta\beta^{-1} = [\beta]\beta^{-1} + (\beta - [\beta])\beta^{-1} \\ &= a_1\beta^{-1} + (\beta^2 - a_1\beta)\beta^{-2} \end{aligned}$$

$$
\begin{aligned}
&= a_1\beta^{-1} + [\beta^2 - a_1\beta]\beta^{-2} + (\beta^2 - a_1\beta - [\beta^2 - a_1\beta])\beta^{-2} \\
&= a_1\beta^{-1} + a_2\beta^{-2} + (\beta^3 - a_1\beta^2 - a_2\beta)\beta^{-3} \\
&= a_1\beta^{-1} + a_2\beta^{-2} + a_3\beta^{-3} + (\beta^4 - a_1\beta^3 - a_2\beta^2 - a_3\beta)\beta^{-4} \\
&= \cdots \\
&= \sum_{n=1}^{\infty} a_n\beta^{-n},
\end{aligned}
$$

其中

$$
a_1 = [\beta], \quad a_n = \left[\beta^n - \sum_{i=1}^{n-1} a_i\beta^{n-i}\right].
$$

易知 $0 \leqslant a_n \leqslant k-1$, $\forall n \in \mathbb{N}$. 记 $Y = \{0, 1, \cdots, k-1\}$ 并赋以离散拓扑. 对集合

$$
\Sigma(k) = \prod_{1}^{\infty} Y = \{\{y_i\}_1^{\infty} \mid y_i \in Y\}
$$

赋予乘积拓扑, 则它是紧致可度量空间. 令

$$
\begin{gathered}
\sigma : \Sigma(k) \to \Sigma(k), \\
\{x_i\}_1^{\infty} \mapsto \{x_{i+1}\}_1^{\infty},
\end{gathered}
$$

则 σ 是连续映射. $(\Sigma(k), \sigma)$ 是 k 个符号的单边符号系统. 考虑 $\Sigma(k)$ 中的字典排序, 即

$$
x = \{x_i\}_1^{\infty} < y = \{y_i\}_1^{\infty} \Longleftrightarrow \text{满足 } x_j \neq y_j \text{ 的最小的 } j \text{ 处有 } x_j < y_j.
$$

显然 $a = (a_1, a_2, a_3, \cdots) \in \Sigma(k)$, 且 $\sigma^n a \leqslant a, \forall n \geqslant 0$ (因为 $a_n \leqslant a_1 = [\beta] = k-1$). 记

$$
X_\beta = \{x = \{x_i\}_1^{\infty} \in \Sigma(k) \mid \sigma^n x \leqslant a,\ \forall n \geqslant 0\},
$$

则 X_β 是 $\Sigma(k)$ 的闭子集, 且 $\sigma(X_\beta) = X_\beta$. 显然 $a \in X_\beta$. 下证 $h(\sigma|_{X_\beta}) = \ln\beta$. 我们将使用例 5.4.3 中的 (i) 给出的公式 $h(\sigma|_{X_\beta}) = \lim\limits_{n\to\infty} \dfrac{1}{n} \ln\theta_n(X_\beta)$ (容易验证公式对单边符号系统也成立). 这里 $\theta_n(X_\beta)$ 表示出现在 X_β 中的 n 元数组的个数. n 元数组 $(b_1, b_2, \cdots, b_n)$ 出现在 X_β 中当且仅

当对所有 $k \in \{1, 2, \cdots, n\}$ 都有 $(b_k, \cdots, b_n) \leqslant (a_1, \cdots, a_{n-k+1})$. 简记 $\theta_n = \theta_n(X_\beta)$. 由此我们有如下断言:

断言 $\theta_n = 1 + a_0\theta_n + a_1\theta_{n-1} + a_2\theta_{n-2} + \cdots + a_{n-1}\theta_1 + a_n\theta_0$, 这里规定 $a_0 = 0$, $\theta_0 = 1$.

证明 如果 n 元数组 $(b_1, b_2, \cdots, b_n)$ 出现在 X_β 中, 则有下面两种情况之一发生:

(i) $b_1 < a_1$ 且 $n-1$ 元数组 $(b_2, \cdots, b_n)$ 出现在 X_β 中, 共有 $a_1\theta_{n-1}$ 个这样的可能.

(ii) $b_1 = a_1$ 且 $(b_2, \cdots, b_n) \leqslant (a_2, \cdots, a_n)$. 此时有下面两种子情况之一发生:

① $b_2 < a_2$ 且 $n-2$ 元数组 $(b_3, \cdots, b_n)$ 出现在 X_β 中, 共有 $a_2\theta_{n-2}$ 个这样的可能.

② $b_2 = a_2$ 且 $(b_3, \cdots, b_n) \leqslant (a_3, \cdots, a_n)$. 此时有下面两种子情况之一发生:

• $b_3 < a_3$ 且 $n-3$ 元数组 $(b_4, \cdots, b_n)$ 出现在 X_β 中, 共有 $a_3\theta_{n-3}$ 个这样的可能;

• $b_3 = a_3$ 且 $(b_4, \cdots, b_n) \leqslant (a_4, \cdots, a_n)$.

重复这个过程, 最后我们得到, 要么 $b_{n-1} < a_{n-1}$ 且 b_n 出现在 X_β, 共有 $a_{n-1}\theta_1$ 个这种可能; 要么 $b_{n-1} = a_{n-1}$ 且 $b_n \leqslant a_n$, 共有 $a_n + 1$ 个这种可能. 于是得到

$$\theta_n = 1 + a_0\theta_n + a_1\theta_{n-1} + a_2\theta_{n-2} + \cdots + a_{n-1}\theta_1 + a_n\theta_0.$$

断言得证. □

由断言我们得到

$$\begin{aligned}\beta^{-n}\theta_n = \beta^{-n} + a_0\beta^{-n}\theta_n + a_1\beta^{-1} \cdot \beta^{-n+1}\theta_{n-1} \\ + a_2\beta^{-2} \cdot \beta^{-n+2}\theta_{n-2} + \cdots + a_n\beta^{-n}\theta_0.\end{aligned}$$

注意到

$$\sum_{n=0}^{\infty} \beta^{-n} = \frac{\beta}{\beta - 1}, \quad \sum_{n=0}^{\infty} a_n\beta^{-n} = 1,$$

且级数

$$\sum_{n=0}^{\infty} na_n\beta^{-n}$$

收敛 (根式判别法). 记 $c_n = a_n\beta^{-n}, d_n = \beta^{-n}, u_n = \beta^{-n}\theta_n$. 因 $1 < \beta \notin \mathbb{N}$, 故 $c_1 \neq 0$. 由引理 5.5.1 可知

$$\lim_{n\to\infty}\frac{\theta_n}{\beta^n} = \lim_{n\to\infty}\beta^{-n}\theta_n = \left(\sum_{n=0}^{\infty} d_n\right)\cdot\left(\sum_{n=0}^{\infty} nc_n\right)^{-1} > 0,$$

于是

$$\lim_{n\to\infty}\sqrt[n]{\frac{\theta_n}{\beta^n}} = 1, \quad \lim_{n\to\infty}\sqrt[n]{\theta_n} = \beta,$$

进而

$$h(\sigma|_{X_\beta}) = \lim_{n\to\infty}\frac{1}{n}\ln\theta_n = \lim_{n\to\infty}\ln\sqrt[n]{\theta_n} = \ln\beta.$$

例 5.5.3　考虑矩阵 $\boldsymbol{A} = \begin{bmatrix} 2 & 1 \\ 1 & 1 \end{bmatrix}$ 和它诱导的环面双曲自同构 $T: \mathbb{T}^2 \to \mathbb{T}^2$, $T(x_1, x_2) = (2x_1 + x_2, x_1 + x_2) \pmod 1$. 这就是例 5.3.1 所讨论的系统.

矩阵 $\boldsymbol{A}$ 有特征值 $\lambda_1 = \dfrac{3+\sqrt{5}}{2}$ 和 $\lambda_2 = \dfrac{3-\sqrt{5}}{2}$. 下面我们证明

$$h(T) = \ln\frac{3+\sqrt{5}}{2} = \ln\lambda_1.$$

固定 $\varepsilon > 0$. 我们用有限多个球

$$B((x_1^i, x_2^i), \varepsilon) = \{(z_1, z_2) \in \mathbb{T}^2 \mid \|(x_1^i, x_2^i) - (z_1, z_2)\| \leqslant \varepsilon\}, \quad i = 1, 2, \cdots, k$$

覆盖 $\mathbb{T}^2$. 这些球的中心分别在 $(x_1^1, x_2^1), \cdots, (x_1^k, x_2^k)$, 半径为 ε. 我们可设定单位圆周 S^1 的弧长是 1 且 $\mathbb{T}^2 = S^1 \times S^1$, 进而限制 $k \leqslant \dfrac{4}{\varepsilon^2}$. 在每个点 (x_1^i, x_2^i) 邻近我们可以将这些球表示为

$$\mathrm{Box}(x_1^i, x_2^i) = \{(x_1^i, x_2^i) + \alpha v_1 + \beta v_2 \mid -\varepsilon \leqslant \alpha, \beta \leqslant \varepsilon\},$$

其中 v_1, v_2 是 $\boldsymbol{A}$ 相应于 λ_1, λ_2 的单位特征向量. 对每个 $n \geqslant 1$ 和 $1 \leqslant i \leqslant k$, 我们可以考虑 $\mathrm{Box}(x_1^i, x_2^i)$ 的有限子集

$$R(x^i) = R(x_1^i, x_2^i) = \left\{(x_1^i, x_2^i) + \frac{j\varepsilon}{\lambda_1^n}v_1 \;\middle|\; j = -[\lambda_1^n], \cdots, [\lambda_1^n]\right\},$$

这里 $[a]$ 表示不超过 a 的最大整数. 此集合的基数是 $2[\lambda_1^n]+1$. 令 $R=\bigcup_{i=1}^{k} R(x^i)$, 则 R 的基数不超过 $k(2[\lambda_1^n]+1)$. 我们有以下两个断言:

断言 1 R 是一个 $(n,2\varepsilon)$ 生成集.

证明 对任意 $(z_1,z_2)\in\mathbb{R}^2/\mathbb{Z}^2$, 我们可以找到某个 $i=1,2,\cdots,k$, 使得 $\|(x_1^i,x_2^i)-(z_1,z_2)\|<\varepsilon$. 特别地, 这意味着 $(z_1,z_2)\in \mathrm{Box}(x_1^i,x_2^i)$. 于是, 我们可以把 (z_1,z_2) 写成 $(z_1,z_2)=(x_1^i,x_2^i)+\alpha v_1+\beta v_2$ 的形式, 这里对应的 α,β 取值于 $[-\varepsilon,\varepsilon]$. 若选 $-[\lambda_1^n]\leqslant j\leqslant[\lambda_1^n]$, 满足 $\left|\alpha-\dfrac{j\varepsilon}{\lambda_1^n}\right|\leqslant \dfrac{\varepsilon}{2\lambda_1^n}$, 那么可以在 $R(x_1^i,x_2^i)$ 选出点 $(\omega_1,\omega_2)=(x_1^i,x_2^i)+\dfrac{j\varepsilon}{\lambda_1^n}v_1$. 对任意 $0\leqslant r\leqslant n-1$, 我们有

$$
\begin{aligned}
T^r(z_1,z_2)&=T^r(\omega_1,\omega_2)+\left(\alpha-\frac{j\varepsilon}{\lambda_1^n}\right)A^r v_1+\beta A^r v_2\\
&=T^r(\omega_1,\omega_2)+\left(\alpha-\frac{j\varepsilon}{\lambda_1^n}\right)\lambda_1^r v_1+\beta\lambda_2^r v_2,
\end{aligned}
$$

于是有

$$
\begin{aligned}
\|T^r(z_1,z_2)-T^r(\omega_1,\omega_2)\|&\leqslant\left|\left(\alpha-\frac{j\varepsilon}{\lambda_1^n}\right)\right|\lambda_1^r\|v_1\|+|\beta|\lambda_2^r\|v_2\|\\
&\leqslant\frac{\varepsilon\lambda_1^r}{2\lambda_1^n}+\varepsilon\leqslant\frac{\varepsilon}{2}+\varepsilon<2\varepsilon.
\end{aligned}
$$

断言得证. □

由断言 1 我们得到

$$
\begin{aligned}
h(T)&=\lim_{\varepsilon\to 0}\limsup_{n\to\infty}\frac{1}{n}\ln r(n,2\varepsilon)\\
&\leqslant\lim_{\varepsilon\to 0}\limsup_{n\to\infty}\frac{1}{n}\ln k(2[\lambda_1^n]+1)\\
&=\lim_{\varepsilon\to 0}\ln\lambda_1=\ln\lambda_1.
\end{aligned}\tag{5.1}
$$

为了得到反向的不等式, 我们固定一个点 $(x_1,x_2)\in\mathbb{T}^2$. 对 $\varepsilon>0$ 及 $n\geqslant 1$, 我们考虑集合

$$
S=\left\{(x_1,x_2)+\frac{j\varepsilon}{\lambda_1^n}v_1\,\middle|\, j=-[\lambda_1^n],\cdots,[\lambda_1^n]\right\}.
$$

断言 2　S 是一个 $(n+1,\varepsilon)$ 分离集.

证明　S 中任何两个不同的点都可以写为下面的形式:

$$(u_1,u_2)=(x_1,x_2)+\frac{i\varepsilon}{\lambda_1^n}v_1,\quad (\omega_1,\omega_2)=(x_1,x_2)+\frac{j\varepsilon}{\lambda_1^n}v_1,$$

其中 $-[\lambda_1^n]\leqslant i,j\leqslant[\lambda_1^n]$. 对于 $0\leqslant r\leqslant n$, 我们有

$$\begin{aligned}\|T^r(u_1,u_2)-T^r(\omega_1,\omega_2)\|&=\left\|\frac{(j-i)\varepsilon}{\lambda_1^n}T^r(v_1)\right\|\\&=|j-i|\frac{\varepsilon}{\lambda_1^{n-r}}.\end{aligned}$$

总会存在某个 $0\leqslant r\leqslant n$, 使得 $\|T^r(u_1,u_2)-T^r(\omega_1,\omega_2)\|>\varepsilon$. 断言得证. □

$(n+1,\varepsilon)$ 分离集 S 的基数为 $2[\lambda_1^n]+1$, 故 $2[\lambda_1^n]+1\leqslant s(n+1,\varepsilon)$. 于是有

$$\begin{aligned}h(T)&=\lim_{\varepsilon\to0}\limsup_{n\to\infty}\frac{1}{n}\ln s(n+1,\varepsilon)\\&\geqslant\lim_{\varepsilon\to0}\limsup_{n\to\infty}\frac{1}{n}\ln(2[\lambda_1^n]+1)\\&=\lim_{\varepsilon\to0}\ln\lambda_1=\ln\lambda_1.\end{aligned}\tag{5.2}$$

由不等式 (5.1) 和 (5.2) 可知 $h(T)=\ln\lambda_1=\ln\dfrac{3+\sqrt{5}}{2}$.

§5.6　习　　题

1. 设 $\pi:S^2\to P$(射影平面) 是自然投射, $f:S^2\to S^2, g:P\to P$ 均为连续映射, 满足 $\pi\circ f=g\circ\pi$. 证明: $h(f)=h(g)$.

2. 考虑 $f:S^1\to S^1, z\mapsto z^m, m\geqslant1$ 为整数. 证明: $\Omega(f)=S^1$. (提示: 周期点在 S^1 中稠密.)

3. 考虑矩阵 $\boldsymbol{A}=\begin{bmatrix}2&1\\1&1\end{bmatrix}$ 和它诱导的环面双曲自同构 $T:\mathbb{T}^2\to\mathbb{T}^2$, $T(x_1,x_2)=(2x_1+x_2,x_1+x_2)(\mathrm{mod}\ 1)$. 已知 T 保持 Lebesgue 测度 μ. 证明: T 关于 μ 是遍历的.

4. 证明可扩自映射情形的定理 5.4.1, 定理 5.4.4.

5. 设 $T: X \to X$ 是紧致度量空间 X 上的同胚.

(i) 证明: T 可扩时 T^n 也可扩, 这里 $n \in \mathbb{N}$.

(ii) 当 T 可扩时, 令 $r(T)$ 表示 T 的所有可扩常数的上确界, 那么 $r(T)$ 还是 T 的可扩常数吗? 说明理由.

6. 对拓扑 Markov 链即符号动力系统 $(\Sigma(k), \sigma)$, 证明: 非游荡集是全空间, 即 $\Omega(\sigma) = \Sigma(k)$.

7. 举例说明, 非游荡点可以不是回复点.

8. 构造例子说明, 拓扑半共轭的系统中, 扩展系统的拓扑熵可以严格大于因子系统的拓扑熵.

9. 设 (X, d) 是紧致度量空间, $f: X \to X$ 是连续映射, 满足: 存在常数 $b \leqslant 1$, 使得 $d(fx, fy) \leqslant bd(x, y)$. 证明: $h(f) = 0$.

10. 设 $f: [0, 7] \to [0, 7]$ 是逐段线性连续映射, 满足 $f(0) = 3, f(1) = f(2) = 4, f(3) = 7, f(4) = 3, f(5) = 1, f(7) = 4$. 证明: $f \times f: [0, 7] \times [0, 7] \to [0, 7] \times [0, 7]$ 的拓扑熵大于 0. (提示: 存在两个不相交的闭区间 $[a, b]$ 和 $[c, d]$ 及正整数 k, 满足 $f^k([a, b]) \supset [a, b] \cup [c, d]$ 且 $f^k([c, d]) \supset [a, b] \cup [c, d]$, 再借助两个符号组成的符号系统的熵是 $\ln 2 > 0$.)

11. 证明: 连续自映射 $f: [0, 1] \to [0, 1]$ 有 3 周期点时, $h(f) > 0$. (提示: 见上题的提示.)

12. 设 $X = \mathbb{R} \setminus \mathbb{Z}$, $T: X \to X, Tx = 2x \pmod 1$. 对 $\varepsilon > 0$, 选 $k \geqslant 1$, 满足 $\dfrac{1}{2^k} \leqslant \varepsilon < \dfrac{1}{2^{k-1}}$. 令

$$F_k = \left\{ \frac{m}{2^k} \,\middle|\, m = 0, 1, \cdots, 2^k - 1 \right\}.$$

证明:

(i) 对 $n \geqslant 1$, F_{n+k-2} 是 (n, ε) 分离集;

(ii) 对 $n \geqslant 1$, F_{n+k} 是 (n, ε) 生成集;

(iii) 拓扑熵为 $h(T) = \ln 2$.

13. 证明: 对给定的正整数 $k > 1$, 单边符号系统 $(\Sigma(k), \sigma)$ 的所有闭子系统的拓扑熵构成闭区间 $[0, \ln k]$.

14. 设 $T: X \to X$ 是紧致度量空间 X 上的可扩同胚. 记

$$N_n(T) = \#\{x \in X \mid T^n(x) = x\}.$$

证明: $N_n(T) < \infty$.

第 6 章　变 分 原 理

考虑紧致度量空间 X 上的一个连续映射 $T: X \to X$. 记 X 上所有 Borel 测度的集合为 $M(X)$, 所有 T 不变的 Borel 测度的集合为 $M(X,T)$, 所有 T 遍历的 Borel 测度的集合为 $E(X,T)$. 本章为这些测度集合引进拓扑, 介绍测度熵 $h_m(T)$ 如何依赖于测度 $m \in M(X,T)$ 而变化. 我们将证明: 当 m 在 $M(X,T)$ 或 $E(X,T)$ 中变化时, 测度熵 $h_m(T)$ 的上确界等于拓扑熵 $h(T)$. 这一结果被称为**变分原理**. 根据此原理, 一旦存在 $m_0 \in M(X,T)$ 达到此最大值, 即 $h_{m_0}(T) = h(T)$, 则拓扑系统 $T: X \to X$ 的运动紊乱程度取决于概率系统 $(X, \mathcal{B}(X), m_0, T)$ 的运动紊乱程度.

§6.1　度量空间的测度

6.1.1　Borel 概率测度的相等

两个概率测度 m, μ 相等, 即 $\mu = m$, 是指对每个可测集 B, 有 $\mu(B) = m(B)$. 下面的命题表明, 一个 Borel 测度怎样由它积分连续函数来确定. 记 $C(X) = \{f | f: X \to \mathbb{R}$ 为连续函数$\}$.

命题 6.1.1　设 (X,d) 为紧致度量空间, 则两个 Borel 概率测度 μ, m 相等的充分必要条件是

$$\int_X f \mathrm{d}m = \int_X f \mathrm{d}\mu, \quad \forall f \in C(X).$$

证明　必要性是显然的, 我们只证明充分性. 设

$$\int_X f \mathrm{d}m = \int_X f \mathrm{d}\mu, \quad \forall f \in C(X).$$

由命题 1.3.1, 度量空间上 Borel 概率测度是正则的, 可测集的测度是闭子集的测度的上确界. 于是, 只需对所有闭集 $C \subset X$, 证明 $\mu(C) = m(C)$ 即可.

设 $\varepsilon>0$, C 为 X 的一个闭集. 由正则性, 存在开集 $U\supset C$, 使得 $m(U\setminus C)<\varepsilon$. 令

$$f(x)=\begin{cases}0, & x\notin U,\\ \dfrac{d(x,X\setminus U)}{d(x,X\setminus U)+d(x,C)}, & x\in U.\end{cases}$$

因分母非零, 这函数的定义是合理的. f 是连续的, 满足 $0\leqslant f(x)\leqslant 1,\forall x\in X$, 而且

$$f(x)=\begin{cases}0, & x\notin U,\\ 1, & x\in C.\end{cases}$$

于是

$$\mu(C)\leqslant\int_X f\mathrm{d}\mu=\int_X f\mathrm{d}m\leqslant\int\chi_U\mathrm{d}m=m(U)<m(C)+\varepsilon,$$

其中 χ_U 表示 U 的特征函数. 由 $\varepsilon>0$ 的任意性, 得 $\mu(C)\leqslant m(C)$. 对称的讨论可得 $\mu(C)\geqslant m(C)$. 故 $\mu(C)=m(C)$. □

6.1.2 $M(X)$ 的拓扑

集合 $C(X)$ 就函数加法和数乘构成线性空间, 就范数 $\|f\|=\sup\limits_{x\in X}|f(x)|$ 构成完备的赋范线性空间, 即 Banach 空间. $C(X)$ 是可分的, 即存在可数稠密子集. $C(X)$ 的对偶空间 $C(X)^*$ 由所有连续线性泛函 $C(X)\to\mathbb{R}$ 组成, 也是一个 Banach 空间. $C(X)^*$ 的弱 * 拓扑, 是使得所有由 $C(X)$ 中的元素诱导的线性映射 $C(X)^*\to\mathbb{R}$ 都连续的最小拓扑. 记 $M(X)=\{\text{Borel 概率测度 }\mu:\mathcal{B}(X)\to[0,1]\}$, 则 $M(X)\neq\varnothing$, 因为总有 $\delta_x\in M(X)$. $M(X)$ 是凸集, 测度 $p\mu+(1-p)m$ 由

$$(p\mu+(1-p)m)(B)=p\mu(B)+(1-p)m(B),\quad B\in\mathcal{B}(X)$$

给出, 这里 $0\leqslant p\leqslant 1$. 线性泛函 $J:C(X)\to\mathbb{R}$ 称为正的, 如果 $f\geqslant 0$ 蕴涵 $J(f)\geqslant 0$. 记

$$A(X)^*=\{\text{正的连续线性泛函 }J:C(X)\to\mathbb{R},\ \text{满足 }J(1)=1\}.$$

设 $J\in A(X)^*$, $f\in C(X)$, 满足 $\|f\|=1$, 则

$$J(f)=J(1)-J(1-f)\leqslant J(1)=1,$$

$$J(f)=J(-1)+J(1+f)\geqslant J(-1)=-1,$$

进而

$$\|J\|=\sup_{\|f\|=1}|J(f)|=1.$$

$A(X)^*$ 是 $C(X)^*$ 的单位球面的一个凸子空间, 泛函 $pJ_1+(1-p)J_2$ 由

$$pJ_1(f)+(1-p)J_2(f),\quad \forall f\in C(X)$$

给出, 其中 $0\leqslant p\leqslant 1$. 在讨论中, 我们会用到下面的定理, 其证明可从文献 [10] 中找到.

定理 6.1.1(Riesz 表示定理)　设 X 为紧致度量空间, $J:C(X)\to\mathbb{R}$ 是一个正的连续线性泛函, 满足 $J(1)=1$, 则存在测度 $\mu\in M(X)$, 满足

$$J(f)=\int_X f\mathrm{d}\mu,\quad \forall f\in C(X).$$

构造映射

$$\begin{aligned}&J:M(X)\to A(X)^*,\\&\qquad\mu\mapsto J_\mu:J_\mu(f)=\int f\mathrm{d}\mu,\quad \forall f\in C(X).\end{aligned}$$

由命题 6.1.1 知 J 是单射, 又由 Riesz 表示定理知 J 是满射. 显然, J 是仿射变换, 即

$$J_{p\mu+(1-p)m}=pJ_\mu+(1-p)J_m,\quad 0\leqslant p\leqslant 1.$$

于是 $M(X)$ 可以恒同于凸空间 $A(X)^*$, 进而可以从 $A(X)^*$ 的弱 * 拓扑给出 $M(X)$ 的一个拓扑.

定义 6.1.1　$M(X)$ 的**弱 * 拓扑**是指使所有映射

$$\begin{aligned}&M(X)\to\mathbb{R},\\&\qquad\mu\mapsto\int f\mathrm{d}\mu,\quad \forall f\in C(X)\end{aligned}$$

都连续的最小拓扑. 这个拓扑的基由如下形式的集合给出:

$$V_\mu(f_1,\cdots,f_k;\varepsilon)=\left\{m\in M(X)\,\middle|\,\left|\int f_i\mathrm{d}m-\int f_i\mathrm{d}\mu\right|<\varepsilon,\ \ i=1,\cdots,k\right\},$$

其中 $\mu\in M(X),\varepsilon>0,f_i\in C(X),k\geqslant 1$.

由 $A(X)^*$ 的弱 * 拓扑, 有

$$J_i \to J \Longleftrightarrow J_i(f) \to J(f), \quad \forall f \in C(X);$$

由 $M(X)$ 的弱 * 拓扑, 有

$$\mu_i \to \mu \Longleftrightarrow J_{\mu_i}(f) = \int f \mathrm{d}\mu_i \to J_\mu(f) = \int f \mathrm{d}\mu, \quad \forall f \in C(X).$$

显然, $M(X)$ 的弱 * 拓扑不依赖于 X 的度量的选取.

命题 6.1.2 设 X 为紧致度量空间, 则 $M(X)$ 在弱 * 拓扑下是可以度量的空间. 和弱 * 拓扑相容的一个度量 D 可如下给出: 设 $\{f_n\}_1^\infty$ 为 $C(X)$ 的一个稠密子集, 则定义

$$D(m, \mu) = \sum_{n=1}^{\infty} \frac{\left| \int f_n \mathrm{d}m - \int f_n \mathrm{d}\mu \right|}{2^n \parallel f_n \parallel}.$$

证明 直接验证可知 $D(m, \mu)$ 的确是一个度量. 下面证明它和弱 * 拓扑相容. 对于固定的 i, 映射 $\mu \mapsto \int f_i \mathrm{d}\mu$ 在空间 $(M(X), D)$ 上连续. 事实上,

$$\left| \int f_i \mathrm{d}m - \int f_i \mathrm{d}\mu \right| \leqslant 2^i \parallel f_i \parallel D(m, \mu).$$

因 $\{f_n\}_1^\infty$ 为 $C(X)$ 的一个稠密子集, 于是对每个 $f \in C(X)$, 映射

$$\mu \mapsto \int f \mathrm{d}\mu$$

也在空间 $(M(X), D)$ 上连续. 这说明, $(M(X), D)$ 上的拓扑使得所有映射

$$\mu \mapsto \int f \mathrm{d}\mu, \quad \forall f \in C(X)$$

都连续. 根据定义, $M(X)$ 的弱 * 拓扑是使得所有映射

$$\mu \mapsto \int f \mathrm{d}\mu, \quad \forall f \in C(X)$$

都连续的最小拓扑, 故弱 * 拓扑中的开集在度量空间 $(M(X), D)$ 中是开集.

下面证明$(M(X), D)$的开集为弱 * 拓扑的开集. 只证明$(M(X), D)$的一个开球 $\{m \in M(X) | D(m, \mu) < \varepsilon\}$ 包含一个集合 $V_\mu(f_1, \cdots, f_N; \delta)$ 即可, 其中 $\delta > 0, N \geqslant 1, f_i \in C(X), i = 1, 2, \cdots, N$. 给定 $\mu \in M(X)$ 和 $\varepsilon > 0$, 选取 N, 使得

$$\sum_{n=N+1}^{\infty} \frac{2}{2^n} < \frac{\varepsilon}{2}.$$

取

$$\delta = \frac{\varepsilon}{2} \left(\sum_{n=1}^{N} \frac{1}{2^n \parallel f_n \parallel} \right)^{-1},$$

则

$$V_\mu(f_1, \cdots, f_N; \delta) \subset \{m \in M(X) | D(m, \mu) < \varepsilon\}.$$

事实上, $m \in V_\mu(f_1, \cdots, f_N; \delta)$ 时, 有

$$\left| \int f_n \mathrm{d}m - \int f_n \mathrm{d}\mu \right| < \delta = \frac{\varepsilon}{2} \left(\sum_{n=1}^{N} \frac{1}{2^n \parallel f_n \parallel} \right)^{-1}, \quad 1 \leqslant n \leqslant N.$$

于是有

$$\begin{aligned} D(m, \mu) &\leqslant \sum_{n=1}^{N} \frac{\left| \int f_n \mathrm{d}m - \int f_n \mathrm{d}\mu \right|}{2^n \parallel f_n \parallel} + \sum_{n=N+1}^{\infty} \frac{2}{2^n} \\ &\leqslant \sum_{n=1}^{N} \frac{1}{2^n \parallel f_n \parallel} \cdot \left(\sum_{n=1}^{N} \frac{1}{2^n \parallel f_n \parallel} \right)^{-1} \cdot \frac{\varepsilon}{2} + \frac{\varepsilon}{2} = \varepsilon. \end{aligned}$$

命题得证. □

推论 6.1.1　映射 $\delta : X \to M(X), x \mapsto \delta_x$ 是连续的.

证明　设 $x_n \to x$, 则

$$\int f \mathrm{d}\delta_{x_n} = f(x_n) \to f(x) = \int f \mathrm{d}\delta_x, \quad \forall f \in C(X).$$

故 $\delta_{x_n} \to \delta_x$, 即 δ 是连续的. □

推论 6.1.2 设 $\mu_n \to \mu$, 则

(i) 对每个闭子集 $F \subset X$, 有 $\limsup\limits_{n\to\infty} \mu_n(F) \leqslant \mu(F)$;

(ii) 对每个开子集 $U \subset X$, 有 $\liminf\limits_{n\to\infty} \mu_n(U) \geqslant \mu(U)$;

(iii) 对每个 $A \in \mathcal{B}$, 满足 $\mu(\partial A) = 0$, 有 $\mu_n(A) \to \mu(A)$.

证明 设 F 是 X 的闭子集, $k \geqslant 1$, $U_k = \left\{x \in X \middle| d(x, F) < \dfrac{1}{k}\right\}$. 集合 U_k 是开的, 并单调递减地趋向 F, 故 $\mu(U_k) \to \mu(F)$. 由 Urysohn 引理, 取函数 $f_k \in C(X)$, 满足 $0 \leqslant f_k \leqslant 1$, 在 F 上 $f_k = 1$, 在 $X \setminus U_k$ 上 $f_k = 0$, 则

$$\limsup_{n\to\infty} \mu_n(F) \leqslant \limsup_{n\to\infty} \int f_k \mathrm{d}\mu_n = \int f_k \mathrm{d}\mu \leqslant \mu(U_k),$$

进而 $\limsup\limits_{n\to\infty} \mu_n(F) \leqslant \mu(F)$. 这就证明了 (i).

设 U 为 X 的开子集, 则

$$\limsup_{n\to\infty} \mu_n(X \setminus U) \leqslant \mu(X \setminus U),$$

进而 $\liminf\limits_{n\to\infty} \mu_n(U) \geqslant \mu(U)$. 这就证明了 (ii).

设 $\mu(\partial(A)) = 0$, 则 $\mu(\mathrm{int}(A)) = \mu(A) = \mu(\overline{A})$, 进而

$$\limsup_{n\to\infty} \mu_n(\overline{A}) \leqslant \mu(\overline{A}) = \mu(A),$$

且

$$\liminf_{n\to\infty} \mu_n(\mathrm{int}(A)) \geqslant \mu(\mathrm{int}(A)) = \mu(A).$$

所以 $\mu_n(A) \to \mu(A)$. 这就证明了 (iii). □

我们指出, 推论 6.1.2 中的每个结论其实都和 $\mu_n \to \mu$ 等价 (略去证明). 我们给出例子, 说明在推论 6.1.2 的 (i) 和 (ii) 中可以出现严格不等式.

例 6.1.1 在 $[-1, 1]$ 中取闭子集 $F = \{0\}$ 和开子集 $U = [-1, 1] \setminus \{0\}$, 并观察点测度 δ_0 和点测度序列 $\{\delta_{\frac{1}{n}}\}_1^{\infty}$. 由推论 6.1.1, 有 $\delta_{\frac{1}{n}} \to \delta_0$, 于是有

$$\limsup_{n\to\infty} \delta_{\frac{1}{n}}(F) = 0 < 1 = \delta_0(F), \quad \liminf_{n\to\infty} \delta_{\frac{1}{n}}(U) = 1 > 0 = \delta_0(U).$$

命题 6.1.3 若 X 是紧致度量空间, 则 $M(X)$ 在弱 * 拓扑下也是紧致的.

证明 记 $\mu(f)=\int f\mathrm{d}\mu$. 设 $\{\mu_n\}_1^\infty$ 为 $M(X)$ 中的一个序列. 将证明它有收敛的子列.

取 $f_1,f_2,\cdots$ 于 $C(X)$ 中稠密. 考虑数列 $\{\mu_n(f_1)\}$. 此数列有界, 即

$$\mu_n(f_1)=\int f_1\mathrm{d}\mu_n\leqslant\| f_1\|,$$

因而有一个收敛子列 $\{\mu_n^{(1)}(f_1)\}$. 考虑数列 $\{\mu_n^{(1)}(f_2)\}$. 此数列有界, 即

$$\mu_n^{(1)}(f_2)=\int f_2\mathrm{d}\mu_n^{(1)}\leqslant\| f_2\|,$$

因而有一个收敛子列 $\{\mu_n^{(2)}(f_2)\}$. 注意 $\{\mu_n^{(2)}(f_1)\}$ 也是收敛子列. 一直重复这个过程, 对每个 $i\geqslant 1$, 我们选取 $\{\mu_n\}$ 的子列 $\{\mu_n^{(i)}\}$, 使得

$$\{\mu_n^{(i)}\}\subset\{\mu_n^{(i-1)}\}\subset\cdots\subset\{\mu_n^{(1)}\}\subset\{\mu_n\},$$

且 $\{\mu_n^{(i)}(f)\}$ 对每个 $f=f_1,f_2,\cdots,f_i$ 都收敛.

考虑对角线 $\{\mu_n^{(n)}\}$. 对任意 f_i, $\{\mu_n^{(n)}(f_i)\}$ 收敛 (当 $n\to\infty$ 时). 因 $f_1,f_2,\cdots$ 于 $C(X)$ 中稠密, 故对任意 $f\in C(X)$, $\{\mu_n^{(n)}(f)\}$ 收敛.

设 $J(f)=\lim\limits_{n\to\infty}\mu_n^{(n)}(f)$, 则 J 是线性有界泛函 ($\|J(f)\|\leqslant\|f\|$), 且 $J(1)=1$; 当 $f>0$ 时, $J(f)\geqslant 0$. 由 Riesz 表示定理, 存在 Borel 测度 μ, 使得

$$J(f)=\int f\mathrm{d}\mu,\quad\forall f\in C(X),$$

即

$$\int f\mathrm{d}\mu_n^{(n)}\to\int f\mathrm{d}\mu,\quad\forall f\in C(X).$$

故 $M(X)$ 是紧致的. □

6.1.3 $M(X,T)$ 和 $E(X,T)$

设 $T:X\to X$ 为紧致度量空间 X 上的连续映射, $\mathcal{B}(X)$ 为 Borel σ 代数. 因为 $\{B\in\mathcal{B}(X)|\ T^{-1}B\in\mathcal{B}(X)\}$ 包含所有开集且是 σ 代数,

则 $T^{-1}\mathcal{B}(X)=\mathcal{B}(X)$. 特别地, T 可测. 于是可定义映射

$$\begin{aligned}\widetilde{T}:M(X)&\to M(X),\\ \mu&\mapsto\widetilde{T}(\mu)=\mu\circ T^{-1}.\end{aligned}$$

用 $M(X,T)$ 表示所有的 T 不变的 Borel 概率测度之集合. 故 $M(X,T)=F_{ix}(\widetilde{T})$, 这里 $F_{ix}(\widetilde{T})$ 为 $\widetilde{T}$ 的不动点集合. 我们观察下面的事实:

(i) $\widetilde{T}:M(X)\to M(X)$ 连续.

事实上, 对特征函数有

$$\int\chi_B\mathrm{d}(\widetilde{T}\mu)=\widetilde{T}\mu(B)=\mu(T^{-1}B)=\int\chi_{T^{-1}B}\mathrm{d}\mu=\int\chi_B\circ T\mathrm{d}\mu.$$

故对简单函数 f 有

$$\int f\mathrm{d}(\widetilde{T}\mu)=\int f\circ T\mathrm{d}\mu.$$

对可测的非负函数 f, 用简单函数逼近的方法可知等式也成立. 考虑正的部分和负的部分的方法知

$$\int f\mathrm{d}(\widetilde{T}\mu)=\int f\circ T\mathrm{d}\mu,\quad\forall f\in C(X).$$

现在, 设 $\mu_n\to\mu$, 则

$$\int f\mathrm{d}(\widetilde{T}\mu_n)=\int f\circ T\mathrm{d}\mu_n\to\int f\circ T\mathrm{d}\mu=\int f\mathrm{d}(\widetilde{T}\mu),\quad\forall f\in C(X).$$

故有 $\widetilde{T}\mu_n\to\widetilde{T}\mu$, 即 $\widetilde{T}$ 连续

(ii) $M(X,T)=F_{ix}(\widetilde{T})$ 为 $M(X)$ 的闭 (因而紧致的) 子集.

(iii) $M(X,T)$ 是 $M(X)$ 的凸子集, 即当 $\mu,\nu\in M(X,T)$ 时, $a\mu+(1-a)\nu\in M(X,T)$.

事实上,

$$\begin{aligned}&\widetilde{T}(a\mu+(1-a)\nu)(B)\\ &\quad=a\mu(T^{-1}B)+(1-a)\nu(T^{-1}B)\\ &\quad=a\mu(B)+(1-a)\nu(B)\\ &\quad=[a\mu+(1-a)\nu](B),\quad\forall B\in\mathcal{B}(X).\end{aligned}$$

这说明, $a\mu+(1-a)\nu$ 是 $\widetilde{T}$ 的不动点, 因而属于 $M(X,T)$. 于是, 我们得到下面的命题:

命题 6.1.4　若 $T:X\to X$ 是紧致度量空间 X 上的连续映射, 则 $M(X,T)$ 是 $M(X)$ 的紧致凸子空间.

我们用 $E(X,T)$ 表示 $(X,\mathcal{B}(X))$ 上 T 不变的遍历测度之集.

命题 6.1.5　μ 为 $M(X,T)$ 的端点 (extreme point) $\Longleftrightarrow$ μ 为 T 的遍历测度.

证明　先证必要性. 假设 $\mu\in M(X,T)$ 不是遍历测度, 则存在 Borel 集 E, 使得 $T^{-1}E=E$ 且 $0<\mu(E)<1$. 定义条件测度

$$\mu_1(B)=\frac{\mu(B\cap E)}{\mu(E)},\quad \mu_2(B)=\frac{\mu(B\cap X\setminus E)}{\mu(X\setminus E)},\quad \forall B\in\mathcal{B}(X).$$

注意到 μ_1,μ_2 都属于 $M(X,T)$, $\mu_1\neq\mu_2$, 且

$$\mu(B)=\mu(E)\mu_1(B)+(1-\mu(E))\mu_2(B),$$

可以推出 μ 不是 $M(X,T)$ 的端点.

再证明充分性. 设 $\mu\in M(X,T)$ 是遍历的, 并设 $\mu=p\mu_1+(1-p)\mu_2$, 这里 $\mu_1,\mu_2\in M(X,T)$, $p\in[0,1]$. 我们证明 $\mu_1=\mu_2$. 显然 μ_1 绝对连续于 μ, 即 $\mu_1<<\mu$, 进而 Radon-Nikodym 导数 $\dfrac{\mathrm{d}\mu_1}{\mathrm{d}\mu}$ 存在, 即

$$\mu_1(B)=\int_B\frac{\mathrm{d}\mu_1}{\mathrm{d}\mu}(x)\mathrm{d}\mu,\quad \forall B\in\mathcal{B}(X).$$

我们有

$$\frac{\mathrm{d}\mu_1}{\mathrm{d}\mu}\geqslant 0.$$

令

$$E=\left\{x\,\middle|\,\frac{\mathrm{d}\mu_1}{\mathrm{d}\mu}(x)<1\right\}.$$

我们有

$$\begin{aligned}&\int_{E\cap T^{-1}E}\frac{\mathrm{d}\mu_1}{\mathrm{d}\mu}\mathrm{d}\mu+\int_{E\setminus T^{-1}E}\frac{\mathrm{d}\mu_1}{\mathrm{d}\mu}\mathrm{d}\mu\\&=\mu_1(E)=\mu_1(T^{-1}E)\\&=\int_{E\cap T^{-1}E}\frac{\mathrm{d}\mu_1}{\mathrm{d}\mu}\mathrm{d}\mu+\int_{T^{-1}E\setminus E}\frac{\mathrm{d}\mu_1}{\mathrm{d}\mu}\mathrm{d}\mu,\end{aligned}$$

进而

$$\int_{E\setminus T^{-1}E}\frac{\mathrm{d}\mu_1}{\mathrm{d}\mu}\mathrm{d}\mu=\int_{T^{-1}E\setminus E}\frac{\mathrm{d}\mu_1}{\mathrm{d}\mu}\mathrm{d}\mu.$$

因为 $\frac{\mathrm{d}\mu_1}{\mathrm{d}\mu}$ 在 $E\setminus T^{-1}E$ 上小于 1 而在 $T^{-1}E\setminus E$ 上大于或等于 1, 又因为

$$\begin{aligned}\mu(T^{-1}E\setminus E)&=\mu(T^{-1}E)-\mu(T^{-1}E\cap E)\\&=\mu(E)-\mu(T^{-1}E\cap E)=\mu(E\setminus T^{-1}E),\end{aligned}$$

所以我们有

$$\mu(T^{-1}E\setminus E)=0=\mu(E\setminus T^{-1}E).$$

故

$$\mu(T^{-1}E\triangle E)=0,$$

进而

$$\mu(E)=0\quad 或\quad \mu(E)=1.$$

如果 $\mu(E)=1$, 则

$$\mu_1(X)=\int_E\frac{\mathrm{d}\mu_1}{\mathrm{d}\mu}\mathrm{d}\mu<\mu(E)=1,$$

和 $\mu_1(X)=1$ 相矛盾. 于是只能有 $\mu(E)=0$.

同样, 如果令

$$F=\left\{x\,\middle|\,\frac{\mathrm{d}\mu_1}{\mathrm{d}\mu}(x)>1\right\},$$

会推出 $\mu(F)=0$. 这样

$$\frac{\mathrm{d}\mu_1}{\mathrm{d}\mu}(x)=1,\quad \mu\text{-a.e. }x.$$

故 $\mu_1=\mu$, 推出 μ 是 $M(X,T)$ 的端点. □

6.1.4 不变测度的生成

定理 6.1.2 设 $T:X\to X$ 为紧致度量空间 X 上的连续映射, $\{\sigma_n\}_1^\infty$ 为 $M(X)$ 中的一个序列. 令 $\mu_n=\frac{1}{n}\sum_{i=0}^{n-1}\widetilde{T}^i\sigma_n$, 则序列 $\{\mu_n\}$ 的每个极限点都属于 $M(X,T)$(因 $M(X)$ 紧致, 这样的极限点存在).

证明 取 $\{\mu_n\}$ 的一个收敛子列 $\{\mu_{n_j}\}$, 并设 $\mu_{n_j} \to \mu \in M(X)$. 对任意 $f \in C(X)$, 有

$$\begin{aligned}
&\left|\int f\circ T\mathrm{d}\mu - \int f\mathrm{d}\mu\right| \\
&= \lim_{j\to\infty}\left|\int f\circ T\mathrm{d}\mu_{n_j} - \int f\mathrm{d}\mu_{n_j}\right| \\
&= \lim_{j\to\infty}\left|\frac{1}{n_j}\int\sum_{i=0}^{n_j-1}(f\circ T^{i+1} - f\circ T^i)\mathrm{d}\sigma_{n_j}\right| \\
&= \lim_{j\to\infty}\left|\frac{1}{n_j}\int(f\circ T^{n_j} - f)\mathrm{d}\sigma_{n_j}\right| \\
&\leqslant \lim_{j\to\infty}\frac{2\parallel f\parallel}{n_j} \\
&= 0,
\end{aligned}$$

所以 $\mu \in M(X,T)$. □

推论 6.1.3 设 $T: X \to X$ 为紧致度量空间 X 上的连续映射. 对 $x \in X$, 令

$$\mu_n = \frac{1}{n}\sum_{i=0}^{n-1}\widetilde{T}^i\delta_x = \frac{1}{n}\sum_{i=0}^{n-1}\delta_{T^ix},$$

则 μ_n 在弱 * 收敛意义下的极限点是 T 的不变测度.

故用空间 X 中任何一点的运动轨道, 都可以如推论 6.1.3 一样构造出不变测度.

推论 6.1.4 设 $T: X \to X$ 为紧致度量空间 X 上的连续映射, 则 x 为 (X,T) 的 n 周期点当且仅当

$$\frac{1}{n}\sum_{i=0}^{n-1}\delta_{T^ix} \in M(X,T).$$

进一步, n 周期轨道 $\mathrm{Orb}(x,T) = \{x, Tx, \cdots, T^{n-1}x\}$ 上的测度 $\frac{1}{n}\sum_{i=0}^{n-1}\delta_{T^ix}$ 是遍历的. 称此测度为周期轨道 $\mathrm{Orb}(x,T)$ 的**原子测度**.

证明 注意到

$$\mu \in M(X,T) \Longleftrightarrow \int f\circ T\mathrm{d}\mu = \int f\mathrm{d}\mu, \quad \forall f \in C(X),$$

我们有

$$\begin{aligned}\frac{1}{n}\sum_{i=0}^{n-1}\delta_{T^ix}\in M(X,T) &\Longleftrightarrow \frac{1}{n}\sum_{i=0}^{n-1}f(T^{i+1}x)=\frac{1}{n}\sum_{i=0}^{n-1}f(T^ix),\\ &\Longleftrightarrow f(T^nx)=f(x),\quad \forall f\\ &\Longleftrightarrow T^nx=x.\end{aligned}$$

用定义可直接验证, 测度 $\frac{1}{n}\sum_{i=0}^{n-1}\delta_{T^ix}$ 是遍历的. □

6.1.5 遍历测度的通有点

设 $\mu\in E(X,T)$. 由遍历定理 (定理 2.3.2), 在 $L^1(X,\mathcal{B}(X),\mu)$ 范畴, 每个 f 决定一个全测度集合 $Q_{\mu,f}$, 使得

$$\lim_{n\to\infty}\frac{1}{n}\sum_{i=0}^{n-1}f(T^ix)=\int f\mathrm{d}\mu$$

对每个点 $x\in Q_{\mu,f}$ 成立. 而在 $C(X)$ 范畴, 相应的全测度集合则可以不随 $f\in C(X)$ 变化.

定理 6.1.3 设 $T:X\to X$ 是紧致度量空间 X 上的连续映射, $\mu\in E(X,T)$, 则存在 $Q_\mu\in\mathcal{B}(X)$ 满足 $\mu(Q_\mu)=1$, 使得当 $x\in Q_\mu$ 时有

$$\lim_{n\to\infty}\frac{1}{n}\sum_{i=0}^{n-1}f(T^ix)=\int f\mathrm{d}\mu,\quad \forall f\in C(X).$$

证明 在 $C(X)$ 中取出可数稠密子集 $\{f_k\}_1^\infty$. 由遍历定理, 存在 $Q_k\in\mathcal{B}(X)$, $\mu(Q_k)=1$, 使得

$$\lim_{n\to\infty}\frac{1}{n}\sum_{i=0}^{n-1}f_k(T^ix)=\int f_k\mathrm{d}\mu,\quad \forall x\in Q_k.$$

令

$$Q_\mu=\bigcap_{k=1}^{\infty}Q_k,$$

则 $\mu(Q_\mu)=1$ 且

$$\lim_{n\to\infty}\frac{1}{n}\sum_{i=0}^{n-1}f_k(T^ix)=\int f_k\mathrm{d}\mu,\quad \forall x\in Q_\mu$$

对每个 $k \geqslant 1$ 成立. 因每个 $f \in C(X)$ 由 $\{f_k\}_1^\infty$ 逼近, 故定理成立. $\square$

注　Q_μ 中的点称为遍历测度 μ 的**通有点**.

§6.2　遍历分解定理

本节总设定 $T: X \to X$ 为紧致度量空间 X 上的连续映射. 我们介绍不变测度如何由遍历测度表示, 即遍历分解定理.

6.2.1　定义 4 个集合

第 0 个集合　第 0 个集合定义为

$$\Sigma_0(T) = \left\{ x \in X \middle| \forall f \in C(X),\ \lim_{n\to\infty} \frac{1}{n} \sum_{j=0}^{n-1} f(T^j x) \triangleq \widetilde{f}(x) \text{ 存在} \right\}.$$

则 $\Sigma_0(T) \neq \varnothing$ (思考题, 参考定理 6.1.3).

对于取定的点 $x \in \Sigma_0(T)$, 定义泛函

$$L_x : C(X) \to \mathbb{R}, \qquad f \mapsto L_x(f) = \widetilde{f}(x),$$

则 L_x 是正的线性泛函, 满足 $L_x(1) = 1$. 由 Riesz 表示定理, 存在概率测度 $\mu_x : \mathcal{B}(X) \to [0,1]$, 满足

$$\int_X f \mathrm{d}\mu_x = L_x(f), \quad \forall f \in C(X).$$

这样形成的映射

$$h : \Sigma_0(T) \to M(X), \qquad x \mapsto \mu_x$$

满足对 $\forall f \in C(X)$, 有

$$\int f \mathrm{d}\mu_x = \lim_{n\to\infty} \frac{1}{n} \sum_{j=0}^{n-1} f(T^j x).$$

第 1 个集合 第 1 个集合定义为

$$\Sigma_1(T)=\{x\in\Sigma_0(T)|\mu_x\in M(X,T)\}.$$

命题 6.2.1 设 $T:X\to X$ 为紧致度量空间 X 上的连续映射, 则 $\Sigma_0(T)=\Sigma_1(T)$.

证明 设 $x\in\Sigma_0(T)$, 我们考察 μ_x. 对任意 $f\in C(X)$, 有

$$\begin{aligned}\int f\mathrm{d}\mu_x&=\lim_{n\to\infty}\frac{1}{n}\sum_{j=0}^{n-1}f(T^jx)=\lim_{n\to\infty}\frac{1}{n}\sum_{j=0}^{n-1}f(TT^jx)\\&=\int f\circ T\mathrm{d}\mu_x=\int f\mathrm{d}\widetilde{T}(\mu_x).\end{aligned}$$

所以 $\mu_x=\widetilde{T}(\mu_x)$, 即 $\mu_x\in M(X,T)$, 亦即 $x\in\Sigma_1(T)$. □

第 2 个集合 第 2 个集合定义为

$$\Sigma_2(T)=\{x\in\Sigma_1(T)|\mu_x\in E(X,T)\}.$$

为了理解 $\Sigma_2(T)$, 我们对取定的遍历测度 $\mu\in E(X,T)$ 定义

$$Q_\mu(X,T)=\left\{x\in X\,\middle|\,\lim_{n\to\infty}\frac{1}{n}\sum_{i=0}^{n-1}f(T^ix)=\int_X f\mathrm{d}\mu,\ \forall f\in C(X)\right\},$$

并定义

$$Q(X,T)=\bigcup_{\mu\in E(X,T)}Q_\mu(X,T).$$

由定理 6.1.3 知

$$m(Q(X,T))=1,\quad \forall m\in E(X,T).$$

可以证明 $\Sigma_2(T)=Q(X,T)$(思考题). 因此, h 有限制映射

$$h:\Sigma_2(T)=\bigcup_{\mu\in E(X,T)}Q_\mu(X,T)\to E(X,T),$$

$$x\mapsto\mu_x,$$

满足对任意 $f \in C(X)$ 有

$$\int f \mathrm{d}\mu_x = \lim_{n\to\infty} \frac{1}{n} \sum_{j=0}^{n-1} f(T^j x).$$

第 3 个集合　设 $\mu \in M(X,T)$, 令

$$\mathrm{supp}\mu = \{x \in X | \text{对 } x \text{ 的每个邻域 } V \text{ 有}, \mu(V) > 0\}.$$

则它是 μ 满测度且 T 不变的紧致集合 (思考题). 称 $\mathrm{supp}\mu$ 为测度 μ 的支撑. 我们的第 3 个集合定义为

$$\Sigma(T) = \{x \in \Sigma_2(T) | x \in \mathrm{supp}\mu_x\}.$$

由于 $\Sigma_2(T) = Q(X,T)$, 则

$$\Sigma(T) = \bigcup_{\mu \in E(X,T)} (Q_\mu \cap \mathrm{supp}\mu).$$

故 $\Sigma(T)$ 为**全测集**, 即对任意 $\mu \in E(X,T)$, μ 测度均为 1. 称 $\Sigma_2(T)$ 中的点为**拟正则点**, $\Sigma(T)$ 中的点为**正则点**.

6.2.2　遍历分解定理

引理 6.2.1　$\mu(\Sigma(T)) = 1, \forall \mu \in M(X,T)$.

证明过程请参见参考文献 [8].

定理 6.2.1　设 $T: X \to X$ 为紧致度量空间 X 上的连续映射, $\mu \in M(X,T)$, 则对每个 $f \in C(X)$, 有

$$\int_{\Sigma(T)} \left(\int_X f \mathrm{d}\mu_x \right) \mathrm{d}\mu = \int_X f \mathrm{d}\mu.$$

证明　由引理 6.2.1 知 $\mu(\Sigma(T)) = 1$. 设 $f \in C(X)$, 则 f 是 μ_x-可积的, μ-a.e.$x \in X$. 由集合 $\Sigma(T)$ 和测度 μ_x 的构造, 有

$$\int_X f \mathrm{d}\mu_x = \widetilde{f}(x), \quad \mu\text{-a.e. } x \in X.$$

再依据 Birkhoff 遍历定理, 有

$$\int_{\Sigma(T)} \left(\int_X f \mathrm{d}\mu_x \right) \mathrm{d}\mu = \int \widetilde{f} \mathrm{d}\mu = \int f \mathrm{d}\mu. \qquad \square$$

6.2.3 遍历分解定理的另外形式

再考虑映射

$$h : \Sigma_2(T) = \bigcup_{\mu \in E(X,T)} Q_\mu(X,T) \to E(X,T),$$
$$x \mapsto \mu_x.$$

我们想通过 $\tilde{h}$ 将测度 $\mu \in M(X,T)$ 映射为 $E(X,T)$ 的测度. 为此, 需要 h 保持 Borel σ 代数.

引理 6.2.2 映射

$$h : \Sigma_2(T) = \bigcup_{\mu \in E(X,T)} Q_\mu(X,T) \to E(X,T)$$

是 Borel 可测的, 即

$$h^{-1}\mathcal{B}(E(X,T)) \subset \mathcal{B}(\Sigma_2(T)).$$

证明 任意给定闭集 $K \subset E(X,T)$, 取可数个开集合 $U_\ell \subset E(X,T)$, 使得 $K \subset U_\ell$, $U_1 \supset U_2 \supset \cdots$, 且 $K = \bigcap_{\ell \geqslant 1} U_\ell$, 则

$$\begin{aligned} h^{-1}(K) &= \bigcap_{\ell \geqslant 1} \left\{ x \in \Sigma_2(T) \,\middle|\, \lim_{n \to \infty} \frac{1}{n} \sum_{i=0}^{n-1} \delta_{T^i x} \in U_\ell \right\} \\ &= \bigcap_{\ell \geqslant 1} \bigcup_{m \geqslant 1} \bigcap_{n \geqslant m} \left\{ x \in \Sigma_2(T) \,\middle|\, \frac{1}{n} \sum_{i=0}^{n-1} \delta_{T^i x} \in U_\ell \right\}. \end{aligned}$$

这说明, 闭集在 h 下的逆像是 Borel 集, h 是 Borel 可测的. □

现在令 $\tau = \tilde{h}(\mu) = \mu \circ h^{-1}$, 这里 μ 是遍历分解定理题设的 T 不变测度, 亦即

$$\tau : \mathcal{B}(E(X,T)) \to [0,1], \quad \tau(A) = \mu\left(\bigcup_{m \in A} Q_m \right).$$

对 $x \in Q_m$, 有 $\mu_x = m$, 进而有

$$\int f \mathrm{d}\mu_x = \int f \mathrm{d}m, \quad \forall x \in Q_m.$$

故

$$\int_X f\mathrm{d}\mu = \int_{\Sigma(T)} \left(\int f\mathrm{d}\mu_x\right)\mathrm{d}\mu = \int_{E(X,T)} \left(\int f\mathrm{d}m\right)\mathrm{d}\tau(m).$$

于是我们有下面的定理:

定理 6.2.2 设 $T: X \to X$ 为紧致度量空间 X 上的连续映射, $\mu \in M(X,T)$, 则存在 $E(X,T)$ 上的 Borel 概率测度 τ, 使得对 $f \in C(X)$, 有

$$\int_X f\mathrm{d}\mu = \int_{E(X,T)} \left(\int_X f\mathrm{d}m\right)\mathrm{d}\tau.$$

简记 $\mu = \int_{E(X,T)} m\mathrm{d}\tau(m)$, 并称之为测度 μ 的**遍历分解**.

注 当 $\#E(X,T) = 2$ 时, 记

$$E(X,T) = \{\mu_1, \mu_2\},$$

$$B_i = \{\mu_x = \mu_i\}, \quad x \in \Sigma(T), \quad i = 1, 2,$$

则 $\mu(B_1) + \mu(B_2) = \mu(\Sigma(T)) = 1$. 对 $f \in C(X)$, 则有

$$\int f\mathrm{d}\mu = \int_{\Sigma(T)} \left(\int f\mathrm{d}\mu_1 + \int f\mathrm{d}\mu_2\right)\mathrm{d}\mu = \mu(B_1)\int f\mathrm{d}\mu_1 + \mu(B_2)\int f\mathrm{d}\mu_2.$$

§6.3 熵 映 射

定义 6.3.1 设 X 为紧致度量空间, $T: X \to X$ 为连续映射. T 的**熵映射**是指

$$h: M(X,T) \to [0, +\infty) \cup \{+\infty\},$$

$$\mu \mapsto h_\mu(T),$$

这里 $h_\mu(T)$ 为 T 关于 μ 的测度熵.

下面的定理讨论熵映射如何联系于 $M(X,T)$ 的凸结构.

定理 6.3.1 设 X 为紧致度量空间, $T: X \to X$ 为连续映射, 则 T 的熵映射

$$h: M(X,T) \to [0, +\infty],$$

$$\mu \mapsto h_\mu(T)$$

是仿射的, 即对 $\mu, m \in M(X,T), p \in [0,1]$, 有

$$h_{p\mu+(1-p)m}(T) = ph_\mu(T) + (1-p)h_m(T).$$

证明 用 $H_\mu(\xi)$ 和 $h_\mu(T,\xi)$ 分别表示 $H(\xi)$ 和 $h(T,\xi)$ 以凸显这些量对于 μ 有依赖关系. 注意到 $\phi(x) = x\ln x (x > 0)$ 是凸函数 (命题 2.1.4), 则对于每个 $B \in \mathcal{B}(X)$, 我们有

$$\begin{aligned}
0 &\geqslant \phi(p\mu(B) + (1-p)m(B)) - p\phi(\mu(B)) - (1-p)\phi(m(B)) \\
&= (p\mu(B) + (1-p)m(B))\ln(p\mu(B) + (1-p)m(B)) \\
&\quad - p\mu(B)\ln\mu(B) - (1-p)m(B)\ln m(B) \\
&= p\mu(B)[\ln(p\mu(B) + (1-p)m(B)) - \ln p\mu(B)] \\
&\quad + (1-p)m(B)[\ln(p\mu(B) + (1-p)m(B)) - \ln(1-p)m(B)] \\
&\quad + p\mu(B)[\ln p\mu(B) - \ln\mu(B)] \\
&\quad + (1-p)m(B)[\ln(1-p)m(B) - \ln m(B)] \\
&\geqslant 0 + 0 + p\mu(B)\ln p + (1-p)m(B)\ln(1-p). \ (\text{因} \ln x \text{单调递增})
\end{aligned}$$

于是, 对 $(X, \mathcal{B}(X))$ 的有限可测分解 ξ, 有

$$\begin{aligned}
0 &\leqslant H_{p\mu+(1-p)m}(\xi) - pH_\mu(\xi) - (1-p)H_m(\xi) \\
&= -\sum_{A\in\xi}[\phi(p\mu(A) + (1-p)m(A)) - p\phi(\mu(A)) - (1-p)\phi(m(A))] \\
&\leqslant -(p\ln p + (1-p)\ln(1-p)) \\
&= -2\left(\frac{1}{2}\phi(p) + \frac{1}{2}\phi(1-p)\right) \\
&\leqslant -2\phi\left(\frac{1}{2}p + \frac{1}{2}(1-p)\right) = \ln 2.
\end{aligned}$$

如果 η 为 $(X, \mathcal{B}(X))$ 的有限可测分解, 将 $\xi = \bigvee_{i=0}^{n-1} T^{-i}\eta$ 代入上面不等式之后除以 n, 再令 $n \to \infty$, 可得

$$h_{p\mu+(1-p)m}(T,\eta) = ph_\mu(T,\eta) + (1-p)h_m(T,\eta). \tag{3.1}$$

于是

$$h_{p\mu+(1-p)m}(T) \leqslant ph_\mu(T) + (1-p)h_m(T).$$

下面证明反方向的不等式. 设 $\varepsilon > 0$, 选取有限可测分解 η_1, 使得

$$h_\mu(T,\eta_1) > \begin{cases} h_\mu(T) - \varepsilon, & \text{当 } h_\mu(T) < \infty \text{ 时}, \\ \dfrac{1}{\varepsilon}, & \text{当 } h_\mu(T) = \infty \text{ 时}; \end{cases}$$

选取有限可测分解 η_2, 使得

$$h_m(T,\eta_2) > \begin{cases} h_m(T) - \varepsilon, & \text{当 } h_m(T) < \infty \text{ 时}, \\ \dfrac{1}{\varepsilon}, & \text{当 } h_m(T) = \infty \text{ 时}. \end{cases}$$

令 $\eta = \eta_1 \vee \eta_2$, 由 (3.1) 式我们有

$$\begin{aligned} & h_{p\mu+(1-p)m}(T,\eta) \\ & \quad = ph_\mu(T,\eta) + (1-p)h_m(T,\eta) \\ & \quad > \begin{cases} ph_\mu(T)+(1-p)h_m(T)-\varepsilon, & \text{当 } h_m(T), h_\mu(T) < \infty \text{ 时}, \\ \dfrac{1}{\varepsilon}, & \text{当 } h_m(T) = \infty \text{ 或 } h_\mu(T) = \infty \text{ 时}. \end{cases} \end{aligned}$$

由 ε 的任意性, 有

$$h_{p\mu+(1-p)m}(T) \geqslant ph_\mu(T) + (1-p)h_m(T). \qquad \square$$

引理 6.3.1　设 $\sum\limits_{i=1}^m a_i = 1 = \sum\limits_{i=1}^m b_i$, 其中 $a_i - b_i < c, i = 1,2,\cdots,m$, 则 $|a_i - b_i| < mc$, $i = 1,2,\cdots,m$.

证明　$b_i - a_i = 1 - \sum\limits_{j\neq i} b_j - \left(1 - \sum\limits_{j\neq i} a_j\right) = \sum\limits_{j\neq i}(a_j - b_j) < mc.$ □

引理 6.3.2　设 $T: X \to X$ 为紧致度量空间 X 上的可扩同胚, 具有可扩常数 $e > 0$, 又设 γ 为 $(X, \mathcal{B}(X))$ 的有限分解, 满足 $\mathrm{diam}\gamma < e$, 则 γ 是一个生成元, 进而有 $h_\mu(T) = h_\mu(T,\gamma), \forall \mu \in M(X,T)$.

证明　只需证明包含

$$\cdots, T^{-1}\gamma, \gamma, T\gamma, \cdots \tag{3.2}$$

的最小 σ 代数恰好为 $\mathcal{B}(X)$, 即

$$\bigvee_{i=-\infty}^{+\infty} T^i\gamma = \mathcal{B}(X).$$

考虑中心为 x, 半径是 $\varepsilon > 0$ 的开球 $B(x,\varepsilon)$. 因每个开集是这种开球的可数并, 则只需证明

$$B(x,\varepsilon) \in \bigvee_{i=-\infty}^{+\infty} T^i\gamma$$

即可.

对任意取定的正整数 n, 满足 $\dfrac{1}{n} < \varepsilon$, 由可扩性存在 N_n, 使得

$$\operatorname{diam}\left(\bigvee_{i=-N_n}^{N_n} T^{-i}\gamma\right) < \frac{1}{n}.$$

用 E_n 表示 $\displaystyle\bigvee_{i=-N_n}^{N_n} T^{-i}\gamma$ 中与 $B\left(x, \varepsilon - \dfrac{1}{n}\right)$ 相交的元素之并集, 则

$$B\left(x, \varepsilon - \frac{1}{n}\right) \subset E_n \subset B(x,\varepsilon).$$

故

$$B(x,\varepsilon) = \bigcup_{n=1}^{\infty} E_n.$$ □

定理 6.3.2 设 $T: X \to X$ 是紧致度量空间 (X,d) 上的可扩同胚, 则熵映射

$$M(X,T) \to [0,+\infty) \cup \{+\infty\}$$

是上半连续的, 即对 $\forall \mu \in M(X,T), \forall \varepsilon > 0$, 存在 μ 的开邻域 $U \subset M(X,T)$, 使得

$$h_\nu(T) \leqslant h_\mu(T) + \varepsilon, \quad \forall \nu \in U.$$

证明 取定 $\mu \in M(X,T)$ 和 $\varepsilon > 0$. 任取定一个可测分解 $\gamma = \{C_1, \cdots, C_k\}$, 使其直径小于 T 的可扩常数 e, 则根据引理 6.3.2 有

$h_\mu(T)=h_\mu(T,\gamma)$. 选取 N, 使得

$$\frac{1}{N}H_\mu\left(\bigvee_{i=0}^{N-1}T^{-i}\gamma\right)<h_\mu(T)+\frac{\varepsilon}{2}.$$

设 $\varepsilon_1>0$ 待定. 因 μ 是正则测度, 可选取紧集

$$K(i_0,\cdots,i_{N-1})\subset\bigcap_{j=0}^{N-1}T^{-j}C_{i_j},$$

满足

$$\mu\left(\bigcap_{j=0}^{N-1}T^{-j}C_{i_j}\setminus K(i_0,\cdots,i_{N-1})\right)<\varepsilon_1.$$

令

$$L_i=\bigcup_{j=0}^{N-1}\{T^jK(i_0,\cdots,i_{N-1})|i_j=i\},$$

则 $C_i\supset L_i$. 集合 $L_1,\cdots,L_k$ 是紧致的且两两不交, 所以存在分解 $\gamma'=\{C_1',\cdots,C_k'\}$, $\mathrm{diam}\gamma'<e$, 使 $L_j\subset\mathrm{int}\ C_j'$. 我们有

$$K(i_0,\cdots,i_{N-1})\subset\mathrm{int}\bigcap_{j=0}^{N-1}T^{-j}C_{i_j}'.$$

由 Urysohn 引理, 选取 $f_{i_0i_1\cdots i_{N-1}}\in C(X)$, 满足 $0\leqslant f_{i_0i_1\cdots i_{-N}}\leqslant 1$, 且

$$f_{i_0i_1\cdots i_{-N}}(x)=\begin{cases}0, & x\in X\setminus\mathrm{int}\bigcap_{j=0}^{N-1}T^{-j}C_{i_j}',\\ 1, & x\in K(i_0,\cdots,i_{N-1}).\end{cases}$$

取

$$U(i_0i_1\cdots i_{N-1})=\left\{m\in M(X,T)\middle\|\int f_{i_0i_1\cdots i_{N-1}}\mathrm{d}m-\int f_{i_0i_1\cdots i_{N-1}}\mathrm{d}\mu\right|<\varepsilon_1\right\}.$$

若 $m\in U(i_0i_1\cdots i_{N-1})$, 则

$$
\begin{aligned}
m\left(\bigcap_{j=0}^{N-1}T^{-j}C'_{i_j}\right)&=\int_X \chi_{\bigcap\limits_{j=0}^{N-1}T^{-j}C'_{i_j}}\mathrm{d}m\\
&\geqslant\int f_{i_0i_1\cdots i_{N-1}}\mathrm{d}m\geqslant\int f_{i_0i_1\cdots i_{N-1}}\mathrm{d}\mu-\varepsilon_1\\
&\geqslant\int \chi_{K(i_0,\cdots,i_{N-1})}\mathrm{d}\mu-\varepsilon_1\\
&=\mu(K(i_0,\cdots,i_{N-1}))-\varepsilon_1.
\end{aligned}
$$

于是 $m\in U(i_0i_1\cdots i_{N-1})$ 意味着

$$
\begin{aligned}
&\mu\left(\bigcap_{j=0}^{N-1}T^{-j}C_{i_j}\right)-m\left(\bigcap_{j=0}^{N-1}T^{-j}C'_{i_j}\right)\\
&<\mu(K(i_0,\cdots,i_{N-1}))+\varepsilon_1-m\left(\bigcap_{j=0}^{N-1}T^{-j}C'_{i_j}\right)\\
&<\mu(K(i_0,\cdots,i_{N-1}))+\varepsilon_1-[\mu(K(i_0,\cdots,i_{N-1}))-\varepsilon_1]\\
&=2\varepsilon_1.
\end{aligned}
$$

设

$$
U=\bigcap_{i_0i_1\cdots i_{N-1}=1}^{k}U(i_0i_1\cdots i_{N-1}),
$$

则 U 为 $M(X,T)$ 中的开集且 $\mu\in U$. 当 $m\in U$ 时, 由引理 6.3.1, 对任意选定的 $i_0i_1\cdots i_{N-1}$ 都有

$$
\left|\mu\left(\bigcap_{j=0}^{N-1}T^{-j}C_{i_j}\right)-m\left(\bigcap_{j=0}^{N-1}T^{-j}C'_{i_j}\right)\right|<2\varepsilon_1\cdot k^N.
$$

由测度熵的定义及函数 $x\ln x$ 的连续性, 可取 $\varepsilon_1>0$ 足够小 (至此定出了 ε_1), 使得

$$
\frac{1}{N}H_m\left(\bigvee_{j=0}^{N-1}T^{-j}\gamma'\right)<\frac{1}{N}H_\mu\left(\bigvee_{j=0}^{N-1}T^{-j}\gamma\right)+\frac{\varepsilon}{2},\quad \forall m\in U.
$$

于是我们得到

$$\begin{aligned}h_m(T) &= h_m(T,\gamma') \quad (\text{由引理 } 6.3.2\,) \\ &= \inf \frac{1}{N} H_m\left(\bigvee_{j=0}^{N-1} T^{-j}\gamma'\right) \leqslant \frac{1}{N} H_m\left(\bigvee_{j=0}^{N-1} T^{-j}\gamma'\right) \\ &\leqslant \frac{1}{N} H_\mu\left(\bigvee_{j=0}^{N-1} T^{-j}\gamma\right) + \frac{\varepsilon}{2} < h_\mu(T) + \frac{\varepsilon}{2} + \frac{\varepsilon}{2} \\ &= h_\mu(T) + \varepsilon.\end{aligned}$$

所以熵映射是上半连续的. □

§6.4 变 分 原 理

本节介绍测度熵和拓扑熵的关系. 用 X 表示紧致度量空间, $\mathcal{B}(X)$ 表示 Borel σ 代数, $T: X \to X$ 表示连续映射.

引理 6.4.1 设 $\mu \in M(X)$.

(i) 对 $x \in X$ 和 $\delta > 0$, 存在 $\delta' < \delta$, 使得 $\mu(\partial B(x,\delta')) = 0$, 这里 $B(x,\delta')$ 指中心在 x, 半径为 δ' 的开球, 而 $\partial B(x,\delta')$ 指此开球的边界;

(ii) 设 $\delta > 0$, 则存在 $(X,\mathcal{B}(X))$ 的一个有限分解 $\xi = \{A_1,\cdots,A_k\}$, 使得 $\mathrm{diam} A_j < \delta$ 且 $\mu(\partial A_j) = 0$, $j = 1,2,\cdots,k$.

证明 (i) 对每个自然数 n, 以 x 为中心最多有 n 个开球 $B(x,\delta')$ 其边界 $\partial B(x,\delta')$ 的测度大于或等于 $\dfrac{1}{n}$ (否则与 $\mu(X) = 1$ 相矛盾). 因此, 测度大于 0 的互不相交的边界 $\partial B(x,\delta')$ 只有可数个. 于是, 必存在 $\delta' < \delta$, 使得 $\mu(\partial B(x,\delta')) = 0$.

(ii) 由 (i), 存在用直径小于 $\dfrac{\delta}{2}$ 且边界测度为 0 的开球做成的开覆盖 $\beta = \{B_1,\cdots,B_r\}$. 取

$$\begin{aligned}&A_1 = \overline{B}_1, \\ &A_2 = \overline{B}_2 \setminus \overline{B}_1, \\ &\cdots\cdots\cdots\cdots\cdots \\ &A_r = \overline{B}_r \setminus \overline{B}_1 \cup \cdots \cup \overline{B}_{r-1},\end{aligned}$$

则 $\xi=\{A_1,\cdots,A_r\}$ 是一个分解, 满足 $\operatorname{diam}A_j<\delta, j=1,2,\cdots,r$. 由于

$$\partial(A_j)\subset\bigcup_{i=1}^{j}\partial(B_i),$$

则 $\mu(\partial(A_j))=0, j=1,2.\cdots,r$. □

引理 6.4.2 设 $\mu\in M(X,T)$, $A_i\in\mathcal{B}(X)$, 满足 $\mu(\partial A_i)=0$, $i=0,1,\cdots,n-1$, 则

$$\mu\left(\partial\bigcap_{i=0}^{n-1}T^{-i}A_i\right)=0.$$

证明 由于

$$\partial\left(\bigcap_{i=0}^{n-1}T^{-i}A_i\right)\subset\bigcup_{i=0}^{n-1}T^{-i}\partial A_i,$$

且 $\mu(\partial A_i)=0$, 可知

$$\mu\left(\partial\bigcup_{i=0}^{n-1}T^{-i}A_i\right)=0.$$ □

引理 6.4.3 设 q,n 均为自然数, 满足 $1<q<n$. 对 $0\leqslant j\leqslant q-1$, 记 $a(j)=\left[\dfrac{n-j}{q}\right]$, 这里 $[b]$ 表示 $b>0$ 的整数部分, 如下数轴所示:

$0\quad j\quad q\quad\quad j+a(j)q\quad n-1$

则我们有下列事实:

(i) $a(0)\geqslant a(1)\geqslant\cdots\geqslant a(q-1)$.

(ii) 固定 $0\leqslant j\leqslant q-1$, 有

$$\{0,1,\cdots,n-1\}=\{j+rq+i|0\leqslant r\leqslant a(j)-1,0\leqslant i\leqslant q-1\}\cup S,$$

其中

$$S=\{0,1,\cdots,j-1\}\cup\{j+a(j)q,j+a(j)q+1,\cdots,n-1\}.$$

因

$$j+a(j)q \geqslant j+\left(\frac{n-j}{q}-1\right)q=n-q,$$

故 card $S \leqslant 2q$.

解释　S 由 "置前段" $0,\cdots,j-1$ 和 "置后段" $j+a(j)q, j+a(j)q+1,\cdots,n-1$ 组成, 而

$$\{0,1,\cdots,n-1\}= \text{置前段} + \text{中间段} + \text{置后段},$$

其 "中间段" 为

$$\begin{array}{lllll} j, & j+1, & \cdots & j+q-1, & (r=0) \\ j+q, & j+q+1, & \cdots & j+2q-1, & (r=1) \\ \cdots & \cdots & \cdots & \cdots & \cdots \\ j+(a(j)-1)q, & j+(a(j)-1)q+1, & \cdots & j+a(j)q-1. & (r=a(j)-1)) \end{array}$$

引理 6.4.4　设 ξ,η 为 $(X,\mathcal{B}(X))$ 的两个可测分解, $\mu\in M(X,T)$, 则

$$h_\mu(T,\xi)\leqslant h_\mu(T,\eta)+H_\mu(\xi|\eta).$$

证明

$$\begin{aligned} H_\mu\left(\bigvee_{i=0}^{n-1}T^{-i}\xi\right) &\leqslant H_\mu\left(\left(\bigvee_{i=0}^{n-1}T^{-i}\xi\right)\vee\left(\bigvee_{i=0}^{n-1}T^{-i}\eta\right)\right) \\ &= H_\mu\left(\bigvee_{i=0}^{n-1}T^{-i}\eta\right)+H_\mu\left(\left(\bigvee_{i=0}^{n-1}T^{-i}\xi\right)\Bigg|\left(\bigvee_{i=0}^{n-1}T^{-i}\eta\right)\right) \\ &\leqslant H_\mu\left(\bigvee_{i=0}^{n-1}T^{-i}\eta\right)+\sum_{i=0}^{n-1}H_\mu(T^{-i}\xi|T^{-i}\eta) \\ &= H_\mu\left(\bigvee_{i=0}^{n-1}T^{-i}\eta\right)+nH_\mu(\xi|\eta). \end{aligned}$$

引理得证. □

定理 6.4.1 (变分原理)　设 $T: X\to X$ 为紧致度量空间 X 上的连续映射, 则

$$h(T)=\sup\{h_\mu(T)\mid \mu\in M(X,T)\}.$$

证明 步骤 1 设 $\mu \in M(X,T)$, 我们证明 $h_\mu(T) \leqslant h(T)$.

设 $\xi = \{A_1, \cdots, A_k\}$ 是 $(X, \mathcal{B}(X))$ 的一个有限分解. 取 $\varepsilon > 0$, 使得 $\varepsilon < \dfrac{1}{k\ln k}$. 由测度 μ 的正则性, 存在闭集 $B_j \subset A_j$, 使得 $\mu(A_j \setminus B_j) < \varepsilon, 1 \leqslant j \leqslant k$. 构造新的分解 $\eta = \{B_0, B_1, \cdots, B_k\}$, 其中 $B_0 = X \setminus \bigcup\limits_{i=1}^{k} B_i$. 显然, $\mu(B_0) < k\varepsilon$. 注意到 $\phi(x) = x\ln x (x > 0)$ 是凸函数, 我们有

$$\begin{aligned}
H_\mu(\xi|\eta) &= -\sum_{i=0}^{k}\sum_{j=1}^{k}\mu(B_i \cap A_j)\ln\frac{\mu(B_i \cap A_j)}{\mu(B_i)} \\
&= -\sum_{i=0}^{k}\mu(B_i)\sum_{j=1}^{k}\phi\left(\frac{\mu(B_i \cap A_j)}{\mu(B_i)}\right) \\
&= -\mu(B_0)\sum_{j=1}^{k}\phi\left(\frac{\mu(B_0 \cap A_j)}{\mu(B_0)}\right) \quad \left(\text{当 } i \neq 0 \text{ 时}, \frac{\mu(B_i \cap A_j)}{\mu(B_i)} = 0, 1\right) \\
&\leqslant \mu(B_0)\ln k \quad (\text{由推论 } 3.1.1) \\
&< k\varepsilon\ln k < 1.
\end{aligned} \tag{4.1}$$

由分解 $\eta = \{B_0, B_1, \cdots, B_k\}$ 可以构造开覆盖 $\beta = \{B_0 \cup B_1, \cdots, B_0 \cup B_k\}$, 进而由测度熵可以推导出拓扑熵. 注意到 β 中的每个元素为 η 中两个元素的并, 则 $\bigvee\limits_{i=0}^{n-1} T^{-i}\beta$ 中每个元素是 $\bigvee\limits_{i=0}^{n-1} T^{-i}\eta$ 中至多 2^n 个元素之并. 于是

$$\begin{aligned}
H_\mu\left(\bigvee_{i=0}^{n-1} T^{-i}\eta\right) &\leqslant \ln\#\left(\bigvee_{i=0}^{n-1} T^{-i}\eta\right) \quad (\text{由推论 } 3.1.1) \\
&\leqslant \ln\left(N\left(\bigvee_{i=0}^{n-1} T^{-i}\beta\right)\cdot 2^n\right),
\end{aligned}$$

进而 $h_\mu(T,\eta) \leqslant h(T,\beta) + \ln 2 \leqslant h(T) + \ln 2$.

由引理 6.4.4 及 (4.1) 式可知

$$h_\mu(T,\xi) \leqslant h_\mu(T,\eta) + H_\mu(\xi|\eta) \leqslant h(T) + \ln 2 + 1,$$

故 $h_\mu(T) \leqslant h(T) + \ln 2 + 1$. 此式对任何映射 T 都成立. 对 T^n 应用此式得 $nh_\mu(T) \leqslant nh(T) + \ln 2 + 1$, 再两端除以 n, 并令 $n \to \infty$, 得到 $h_\mu(T) \leqslant h(T)$.

步骤 2　任给定 $\varepsilon > 0$. 我们将寻找 $\mu \in M(X,T)$, 使得

$$h_\mu(T) \geqslant s(\varepsilon, X) = \limsup_{n\to\infty} \frac{1}{n} \ln s_n(\varepsilon, X).$$

此式显然意味着 $\sup\{h_\mu(T) | \mu \in M(X,T)\} \geqslant h(T)$.

设 E_n 为 (X,T) 的 (n,ε) 分离集, 满足 $\operatorname{card} E_n = s_n(\varepsilon, X)$. 记

$$\sigma_n = \frac{1}{s_n(\varepsilon, X)} \sum_{x\in E_n} \delta_x, \quad \mu_n = \frac{1}{n}\sum_{i=0}^{n-1} \sigma_n \circ T^{-i} = \frac{1}{n}\sum_{i=0}^{n-1} \widetilde{T}^i \sigma_n.$$

因 $M(X)$ 紧致, 故存在子列 $\{n_j\}$, 使得

$$\lim_{j\to\infty} \frac{1}{n_j} \ln s_{n_j}(\varepsilon, X) = s(\varepsilon, X),$$

且 μ_{n_j} 收敛于某个测度 $\mu \in M(X)$. 由定理 6.1.2, $\mu \in M(X,T)$. 对如此选取的测度 μ, 下面将证明 $h_\mu(T) \geqslant s(\varepsilon, X)$.

由引理6.4.1, 取 $(X, \mathcal{B}(X))$ 的一个有限可测分解 $\xi = \{A_1, \cdots, A_k\}$, 满足 $\operatorname{diam} A_i < \varepsilon$, $\mu(\partial A_i) = 0$, $i = 1, 2, \cdots, k$. 因 $\bigvee\limits_{i=0}^{n-1} T^{-i}\xi$ 中的每一个元素至多含有 E_n 中的一个点, 则 $\bigvee\limits_{i=0}^{n-1} T^{-i}\xi$ 中有 $s_n(\varepsilon, X)$ 多个元素其每个的 σ_n 测度为 $\dfrac{1}{s_n(\varepsilon, X)}$, 而其他元素的 σ_n 测度为 0. 于是

$$H_{\sigma_n}\left(\bigvee_{i=0}^{n-1} T^{-i}\xi\right) = -\sum_{1}^{s_n(\varepsilon,X)} \frac{1}{s_n(\varepsilon, X)} \ln \frac{1}{s_n(\varepsilon, X)} = \ln s_n(\varepsilon, X).$$

固定自然数 q, n, 满足 $1 < q < n$. 对 $0 \leqslant j \leqslant q-1$, 定义 $a(j) = \left[\dfrac{n-j}{q}\right]$, $0 \leqslant j \leqslant q-1$. 根据引理 6.4.3, 有

$$\bigvee_{i=0}^{n-1} T^{-i}\xi = \bigvee_{r=0}^{a(j)-1} T^{-(j+rq)} \left(\bigvee_{i=0}^{q-1} T^{-i}\xi\right) \vee \bigvee_{i\in S} T^{-i}\xi,$$

这里 S 如引理 6.4.3 所给出, 满足 $\operatorname{card} S \leqslant 2q$. 我们有

$$\begin{aligned}
\ln s_n(\varepsilon, X) &= H_{\sigma_n}\left(\bigvee_{i=0}^{n-1} T^{-i}\xi\right) \\
&\leqslant \sum_{r=0}^{a(j)-1} H_{\sigma_n}\left(T^{-(rq+j)}\bigvee_{i=0}^{q-1} T^{-i}\xi\right) + \sum_{i\in S} H_{\sigma_n}(T^{-i}\xi) \\
&\leqslant \sum_{r=0}^{a(j)-1} H_{\widetilde{T}^{rq+j}\sigma_n}\left(\bigvee_{i=0}^{q-1} T^{-i}\xi\right) + 2q\ln k.
\end{aligned}$$

令 $j=0,1,\cdots,q-1$, 分别有

$$\begin{aligned}
\ln s_n(\varepsilon, X) \leqslant{}& H_{\sigma_n}\left(\bigvee_{i=0}^{q-1} T^{-i}\xi\right) + H_{\widetilde{T}^{q}\sigma_n}\left(\bigvee_{i=0}^{q-1} T^{-i}\xi\right) + \cdots \\
&+ H_{\widetilde{T}^{(a(0)-1)q}\sigma_n}\left(\bigvee_{i=0}^{q-1} T^{-i}\xi\right) + 2q\ln k, \\
\ln s_n(\varepsilon, X) \leqslant{}& H_{\widetilde{T}\sigma_n}\left(\bigvee_{i=0}^{q-1} T^{-i}\xi\right) + H_{\widetilde{T}^{q+1}\sigma_n}\left(\bigvee_{i=0}^{q-1} T^{-i}\xi\right) + \cdots \\
&+ H_{\widetilde{T}^{(a(1)-1)q+1}\sigma_n}\left(\bigvee_{i=0}^{q-1} T^{-i}\xi\right) + 2q\ln k, \\
&\cdots\cdots\cdots\cdots\cdots\cdots\cdots\cdots\cdots\cdots \\
\ln s_n(\varepsilon, X) \leqslant{}& H_{\widetilde{T}^{q-1}\sigma_n}\left(\bigvee_{i=0}^{q-1} T^{-i}\xi\right) + H_{\widetilde{T}^{2q-1}\sigma_n}\left(\bigvee_{i=0}^{q-1} T^{-i}\xi\right) + \cdots \\
&+ H_{\widetilde{T}^{a(q-1)q-1}\sigma_n}\left(\bigvee_{i=0}^{q-1} T^{-i}\xi\right) + 2q\ln k.
\end{aligned}$$

将上面的不等式组的两端分别相加 (其右侧逐列相加, 并注意到 $a(0) \geqslant a(1) \geqslant \cdots \geqslant a(q-1)$ 及 $(a(j)-1)q+j \leqslant n-q < n-1$), 得到

$$q\ln s_n(\varepsilon, X) \leqslant \sum_{\tau=0}^{n-1} H_{\widetilde{T}^{\tau}\sigma_n}\left(\bigvee_{i=0}^{q-1} T^{-i}\xi\right) + 2q^2\ln k.$$

从定理 6.3.1 的证明中已看到 $H_{p\mu+(1-p)m}(\xi) \geqslant pH_{\mu}(\xi) + (1-p)H_m(\xi)$.

不难将这个性质推广到有限项的凸组合情形. 依据这个性质, 我们有

$$
\begin{aligned}
q\ln s_n(\varepsilon, X) &\leqslant n\sum_{\tau=0}^{n-1}\frac{1}{n}H_{\widetilde{T}^{\tau}\sigma_n}\left(\bigvee_{i=0}^{q-1}T^{-i}\xi\right)+2q^2\ln k\\
&\leqslant n\cdot H_{\frac{1}{n}\sum\limits_{\tau=0}^{n-1}\widetilde{T}^{\tau}\sigma_n}\left(\bigvee_{i=0}^{q-1}T^{-i}\xi\right)+2q^2\ln k\\
&= n\cdot H_{\mu_n}\left(\bigvee_{i=0}^{q-1}T^{-i}\xi\right)+2q^2\ln k.
\end{aligned}
$$

不等式两端同除以 n, 得到

$$
\frac{q}{n}\ln s_n(\varepsilon, X)\leqslant H_{\mu_n}\left(\bigvee_{i=0}^{q-1}T^{-i}\xi\right)+\frac{2q^2}{n}\ln k. \tag{4.2}
$$

因为 ξ 的每个元素的边界的 μ 测度为 0, 由引理 6.4.2, 每个

$$
B\in\bigvee_{i=0}^{q-1}T^{-i}\xi
$$

的边界的 μ 测度为 0. 由推论 6.1.2 中的 (iii) 有

$$
\lim_{j\to\infty}\mu_{n_j}(B)=\mu(B),\quad \forall B\in\bigvee_{i=0}^{q-1}T^{-i}\xi.
$$

故

$$
\lim_{j\to\infty}H_{\mu_{n_j}}\left(\bigvee_{i=0}^{q-1}T^{-i}\xi\right)=H_{\mu}\left(\bigvee_{i=0}^{q-1}T^{-i}\xi\right).
$$

在 (4.2) 式中, 用 n_j 替代 n, 并令 $j\to\infty$, 得到

$$
qs(\varepsilon, X)\leqslant H_{\mu}\left(\bigvee_{i=0}^{q-1}T^{-i}\xi\right).
$$

不等式两端同除以 q, 并令 $q\to\infty$, 得到

$$
s(\varepsilon, X)\leqslant h_{\mu}(T,\xi)\leqslant h_{\mu}(T). \qquad \square
$$

推论 6.4.1 $h(T)=\sup\limits_{\mu\in E(X,T)}h_{\mu}(T)$.

证明过程参见文献 [18].

§6.5 拓扑 Markov 链与最大熵测度

定义 6.5.1 设 X 为紧致度量空间, 而 $T: X \to X$ 为连续映射. 测度 $\mu \in M(X,T)$ 称为**最大熵测度**, 如果 $h_\mu(T) = h(T)$.

考虑 k 个符号给出的拓扑 Markov 链 $T: \Sigma(\boldsymbol{A}) \to \Sigma(\boldsymbol{A})$, $(x_i) \mapsto (x_{i+1})$, 其中 $\boldsymbol{A} = (a_{ij})$ 为 k 阶 0-1 矩阵 (参见例 5.4.3). 我们还设 $\boldsymbol{A}$ 是不可约的, 即对任何 $(i,j), 0 \leqslant i,j \leqslant k-1$, 存在 $n > 0$, 使得 $a_{ij}^{(n)} > 0$, 其中 $a_{ij}^{(n)}$ 为 $\boldsymbol{A}^n$ 的 (i,j) 位置的元素.

据 Perron-Frobenius 定理 (参见第 1 章), 取 $\boldsymbol{A}$ 的最大特征值 $\lambda > 0$ 和严格正的行特征向量 $\boldsymbol{u} = (u_0, \cdots, u_{k-1})(u_i > 0)$ 和列特征向量 $\boldsymbol{v} = (v_0, \cdots, v_{k-1})^{\mathrm{T}}(v_i > 0)$. 不妨设 $\sum\limits_{i=0}^{k-1} u_i v_i = 1$. 构造概率向量 $(p_0, p_1, \cdots, p_{k-1}) = (u_0 v_0, u_1 v_1, \cdots, u_{k-1} v_{k-1})$. 构造随机矩阵

$$\begin{bmatrix} p_{00} & p_{01} & \cdots & p_{0,k-1} \\ p_{10} & p_{11} & \cdots & p_{1,k-1} \\ \vdots & \vdots & & \vdots \\ p_{k-1,0} & p_{k-1,1} & \cdots & p_{k-1,k-1} \end{bmatrix},$$

其中

$$p_{ij} = \frac{a_{ij} v_j}{\lambda v_i}.$$

显然, $p_{ij} \geqslant 0$, 且

$$\begin{aligned} \sum_{j=0}^{k-1} p_{ij} &= p_{i0} + p_{i1} + \cdots + p_{i,k-1} \\ &= \frac{a_{i0} v_0 + a_{i1} v_1 + \cdots + a_{i,k-1} v_{k-1}}{\lambda v_i} \\ &= \frac{\lambda v_i}{\lambda v_i} = 1 \end{aligned}$$

及

$$\begin{aligned}\sum_{i=0}^{k-1} p_i p_{ij} &= p_0 p_{0j} + p_1 p_{1j} + \cdots + p_{k-1} p_{k-1,j} \\ &= u_0 v_0 \frac{a_{0j} v_j}{\lambda v_0} + u_1 v_1 \frac{a_{1j} v_j}{\lambda v_1} + \cdots + u_{k-1} v_{k-1} \frac{a_{k-1,j} v_j}{\lambda v_{k-1}} \\ &= \frac{1}{\lambda}(u_0 a_{0j} + u_1 a_{1j} + \cdots + u_{k-1} a_{k-1,j}) v_j \\ &= \frac{1}{\lambda} \lambda u_j v_j = u_j v_j = p_j.\end{aligned}$$

依据例 2.1.7, 由向量 $\boldsymbol{p} = (p_0, \cdots, p_{k-1})$ 和矩阵 (p_{ij}) 可以形成 $\Sigma(\boldsymbol{A})$ 的一个测度, 记为 μ, 且这样的测度 μ 是被 T 保持的.

定理 6.5.1　设 $\boldsymbol{A} = (a_{ij})_{k\times k}$ 为不可约 0-1 矩阵, 又设

$$\begin{aligned} T : \Sigma(\boldsymbol{A}) &\to \Sigma(\boldsymbol{A}), \\ (x_i) &\mapsto (x_{i+1}) \end{aligned}$$

为双边拓扑 Markov 链, 则上面确定的测度 μ 为 $(\Sigma(\boldsymbol{A}), T)$ 的具有最大熵的测度.

证明　由例 5.4.3, 不可约 0-1 矩阵 $\boldsymbol{A}$ 确定的有限型子符号系统的拓扑熵为 $h(T, \Sigma(\boldsymbol{A})) = \ln \lambda$, 其中 λ 为 $\boldsymbol{A}$ 的最大特征根. 下面证明 $h_\mu(T) = \ln \lambda$. 由 §3.4 中的例子, 我们有

$$\begin{aligned} h_\mu(T) &= -\sum_{i,j=0}^{k-1} p_i p_{ij} \ln p_{ij} \\ &= -\sum_{i,j=0}^{k-1} u_i v_i \frac{a_{ij} v_j}{\lambda v_i} \ln \frac{a_{ij} v_j}{\lambda v_i} \\ &= -\sum_{i,j=0}^{k-1} \frac{u_i a_{ij} v_j}{\lambda} (\ln a_{ij} + \ln v_j - \ln \lambda - \ln v_i) \\ &= -\sum_{i,j=0}^{k-1} \frac{u_i a_{ij} v_j}{\lambda} (\ln v_j - \ln \lambda - \ln v_i), \end{aligned}$$

因为

$$\sum_{i,j=0}^{k-1} \frac{u_i a_{ij} v_j}{\lambda} = \sum_{j=0}^{k-1} \left(\sum_{i=0}^{k-1} u_i a_{ij} \right) \frac{v_j}{\lambda} = \sum_{j=0}^{k-1} u_j v_j = 1,$$

$$\sum_{i,j=0}^{k-1} \frac{u_i a_{ij} v_j}{\lambda} = \sum_{i=0}^{k-1} \left(\sum_{j=0}^{k-1} a_{ij} v_j \right) \frac{u_i}{\lambda} = \sum_{i=0}^{k-1} u_i v_i = 1,$$

所以

$$h_\mu(T) = 0 - \sum_{j=0}^{k-1} u_j v_j \ln v_j + \ln \lambda + \sum_{i=0}^{k-1} u_i v_i \ln v_i = \ln \lambda = h(T).$$

定理得证. □

§6.6 拓扑混合但统计平凡的一个例子

一个拓扑系统允许有多个不变测度, 进而有多个概率系统. 如果把拓扑系统视为全系统而把每个概率系统视为其子系统的话, 变分原理表明: 全 (拓扑) 系统的熵可以由子 (概率) 系统的熵逼近. 因此, 就正熵所表述的复杂程度而言, 拓扑学和统计学是"协调"的: 全 (拓扑) 系统的复杂程度由子 (概率) 系统的复杂程度逼近. 而对于具有 0 拓扑熵的拓扑系统, 熵不能表述其复杂程度的全貌 (有的 0 拓扑熵系统在拓扑学上可以很复杂, 比如具有稠密的轨道甚至拓扑混合), 拓扑学性态与统计学性态也不协调, 拓扑性态复杂和统计性态平凡可以在一个拓扑系统中同时发生. 本节我们介绍何伟弘和周作领 (参见文献 [5]) 构造的这个方面的一个例子. 这个例子是单边符号系统的一个子系统.

记 $S = \{0, 1\}$, 并记

$$\Sigma(2) = \prod_0^\infty S = \{(x_0, x_1, x_2, \cdots) |\ x_i \in S, \forall i \geqslant 0\}.$$

$\Sigma(2)$ 的拓扑由度量 ρ 给出:

$$\rho(x, y) = \sum_{n=0}^{+\infty} \frac{d(x_n, y_n)}{2^n}, \quad \forall x, y \in \Sigma(2),$$

其中

$$d(i, j) = \begin{cases} 0, & i = j, \\ 1, & i \neq j, \end{cases}$$

则 $(\Sigma(2),\rho)$ 是紧致度量空间. 定义转移自映射

$$\begin{aligned}\sigma:\ &\Sigma(2)\to\Sigma(2),\\ &(x_0,x_1,x_2,\cdots)\mapsto(x_1,x_2,x_3,\cdots),\end{aligned}$$

则 $\sigma:\Sigma(2)\to\Sigma(2)$ 是连续满映射.

6.6.1　例子的构造

先约定一些记号. 设 A,B 分别是由 m 个和 n 个 0 或者 1 所组成的有限序列. 记 $|A|=m,|B|=n$, 分别称作 A,B 的长度. 若把 A,B 依次合并, 所得的有限序列则记为 AB. 显然 $|AB|=|A|+|B|=m+n$.

对每一个正整数 n, 设 $P(n)$ 为待定的, 长度为 n 且由 0,1 组成的有限序列, 而 $O(n)$ 是长度为 n 的, 全部由 0 组成的有限序列. 考虑下面由有限序列构成的无穷矩阵:

$$\begin{bmatrix} P(1)O(1)P(1) & P(1)O(2)P(1) & P(1)O(3)P(1) & \cdots \\ P(2)O(4)P(2) & P(2)O(5)P(2) & P(2)O(6)P(2) & \cdots \\ \vdots & \vdots & \vdots & \\ P(n)O(n^2)P(n) & P(n)O(n^2+1)P(n) & P(n)O(n^2+2)P(n) & \cdots \\ \vdots & \vdots & \vdots & \end{bmatrix}.$$

按下面所示的顺序把无穷矩阵中各项 (有限序列) 分别记为 $Q_i,i>0$:

$$\begin{bmatrix} Q_1 & Q_2 & Q_4 & Q_7 & \cdots \\ Q_3 & Q_5 & Q_8 & \cdots & \cdots \\ Q_6 & Q_9 & \cdots & \cdots & \cdots \\ Q_{10} & \cdots & \cdots & \cdots & \cdots \\ \cdots & \cdots & \cdots & \cdots & \cdots \end{bmatrix}.$$

显然, 当我们对每个 $P(n)$ 陆续给出定义时, Q_n 也就完全确定了.

取 $A_1=(1)$, 并取 $P(1)=A_1$, 则 $Q_1=P(1)O(1)P(1)$ 就确定了, 上面矩阵第一行所有的 Q_i 也都确定了. 令 $A_2=A_1O(|A_1|^2)Q_1$, 并取 $P(2)$ 为 A_2 的前两项 (显然 $|A_2|\geqslant 2$), 则矩阵中第二行所有的 Q_i 就确定了. 由于 Q_2 已经确定, 令 $A_3=A_2O(|A_2|^2)Q_2$, 并取 $P(3)$ 为 A_3

的前三项, 则矩阵中第三行所有的 Q_i 就确定了. 对 $n \geqslant 3$ 进行归纳, 假设 $A_{n-1}, P(n-1), Q_{n-1}$ 均已确定, 令 $A_n = A_{n-1}O(|A_{n-1}|^2)Q_{n-1}$. 取 $P(n)$ 为 A_n 的前 n 项 (易知 $|A_n| \geqslant n, \forall n \geqslant 1$), 而 Q_n 由某个 $P(j)(1 \leqslant j \leqslant n)$ 所确定.

从以上构造易知, A_{n-1} 是 A_n 的前 $|A_{n-1}|$ 项, 故下面极限存在:

$$x = \lim_{n\to\infty}(A_n000\cdots) \in \Sigma(2).$$

同时易见, x 是 σ 的非周期的回复点, 即对 $\forall\ \varepsilon > 0$, 存在 $n > 0$, 使得 $d(x, \sigma^n(x)) < \varepsilon$. 令 $\Lambda = \omega(x, \sigma)$ 是 x 关于 σ 的 ω-极限集, 则 $\sigma = \sigma|_\Lambda : \Lambda \to \Lambda$ 为子转移.

设 B 是由 0,1 组成的有限序列, 记 $r(B)$ 为 B 中坐标 1 的个数. 容易验证下面的结论成立:

(i) $A_n = (10Q_1O(|A_2|^2)Q_2O(|A_3|^2)Q_3\cdots O(|A_{n-1}|^2)Q_{n-1})$;

(ii) $|A_n| \geqslant n^2,\ \forall n \geqslant 1$; (归纳法)

(iii) $|A_n| > |A_{n-1}|^2, \forall n \geqslant 2$;

(iv) $r(Q_n) \leqslant r(Q_{n-1}) + 2, \forall n \geqslant 2$; (因 $r(P(n)) \leqslant r(P(n-1)) + 1$)

(v) $x \in \omega(x)$;

(vi) $(0,0,0,\cdots)$ 是 $\sigma|_\Lambda$ 的唯一不动点.

6.6.2 (Λ, σ) 的拓扑混合性

定义 6.6.1 设 X 是紧致度量空间, $f: X \to X$ 连续映射. 称 f 是**拓扑混合**的, 如果对任意非空开集 $U, V \subset X$, 存在正整数 n_0, 使得当 $n \geqslant n_0$ 时, 恒有 $f^{-n}(U) \cap V \neq \varnothing$.

引理 6.6.1 设 $f: X \to X$ 是紧致度量空间 X 上的连续映射, 系统 (X, f) 是拓扑传递的, 即存在 $x \in X$, 使得 $X = \omega(x, f)$, 则 f 是拓扑混合的当且仅当对任意 $\varepsilon > 0$, 存在 $N > 0$, 使得当 $n \geqslant N$ 时, 有

$$f^n(V(x,\varepsilon)) \cap V(x,\varepsilon) \neq \varnothing,$$

这里 $V(x,\varepsilon)$ 指以 x 为心, ε 为半径的开球.

证明 必要性是显然的, 下面证明充分性.

设 $U, V \subset X$ 是任意两个非空开集, 由 f 的连续性及 $X = \omega(x, f)$, 存在正整数 k 和 l, 以及实数 $\varepsilon > 0$, 使得 $f^k(V(x,\varepsilon)) \subset U, f^l(V(x,\varepsilon)) \subset V$. 取充分大的 N, 使得 $N \geqslant k, N \geqslant l$, 并且满足: 当 $n \geqslant N$ 时, 恒有

$$f^n(V(x,\varepsilon)) \cap V(x,\varepsilon) \neq \varnothing.$$

因此

$$\begin{aligned}\varnothing \neq f^l[f^n(V(x,\varepsilon)) \cap V(x,\varepsilon)] &\subset f^{n+l}(V(x,\varepsilon)) \cap f^l(V(x,\varepsilon)) \\ &= f^{n+l-k} f^k(V(x,\varepsilon)) \cap f^l(V(x,\varepsilon)) \subset f^{n+l-k}(U) \cap V.\end{aligned}$$

注意到上面的式子对所有 $n \geqslant N$ 都成立, 即对所有的 $m \geqslant N + l - k$ 都有 $f^m(U) \cap V \neq \varnothing$, 从而可知 $U \cap f^{-m}(V) \neq \varnothing$, 所以 f 是拓扑混合的. □

定理 6.6.1　上面构造的子转移系统 $\sigma : \Lambda \to \Lambda$ 是拓扑混合的.

证明　对任给的 $\varepsilon > 0$, 存在正整数 N 满足: 对 $\Sigma(2)$ 中任意两点, 如果它们的前 N 项坐标均对应相同, 则它们之间的距离就小于 ε.

从 x 的构造容易看出, x 的轨道上包含下列形状的点:

$$(P(N)O(N^2+i)P(N)\cdots) \in \mathrm{Orb}(x), \quad \forall i \geqslant 0,$$

并且

$$(P(N)O(N^2+i)P(N)\cdots) \in V(x,\varepsilon), \quad \forall i \geqslant 0.$$

这是因为 $P(N)$ 正好是 x 的前 N 项坐标构成的有限子序列.

另一方面, 对 $\forall i \geqslant 0$, 有

$$\sigma^{N+N^2+i}(P(N)O(N^2+i)P(N)\cdots) = (P(N)\cdots) \in V(x,\varepsilon),$$

即当 $n \geqslant N + N^2$ 时, 恒有

$$\sigma^n(V(x,\varepsilon)) \cap V(x,\varepsilon) \neq \varnothing.$$

根据引理 6.6.1, σ 是拓扑混合的. □

6.6.3　唯一的遍历测度支撑在唯一的不动点上

引理 6.6.2　$\lim\limits_{n\to\infty} \dfrac{1}{n} r(P(n)) = 0.$

证明 由 6.6.1 小节中的结论 (iv), 有

$$r(Q_n) \leqslant r(Q_{n-1}) + 2 \leqslant r(Q_{n-2}) + 4 \leqslant \cdots \leqslant r(Q_1) + 2(n-1) = 2n.$$

对 n 存在 $i \geqslant 2$, 使得 $|A_i| \leqslant n < |A_{i+1}|$. 由于 $A_{i+1} = A_i O(|A_i|^2) Q_i$, $P(n)$ 为 A_{i+1} 的前 n 项, 故有

$$r(P(n)) \leqslant r(A_{i+1}) = r(A_i) + r(Q_i).$$

又因为

$$A_i = A_{i-1} O(|A_{i-1}|^2) Q_{i-1}, \quad r(A_i) = r(A_{i-1}) + r(Q_{i-1}),$$

于是有

$$\begin{aligned}\frac{1}{n} r(P(n)) &\leqslant \frac{1}{n}[r(A_{i-1}) + r(Q_{i-1}) + r(Q_i)] \leqslant \frac{1}{n}[r(A_{i-1}) + 4i - 2] \\ &\leqslant \frac{1}{|A_i|}(|A_{i-1}| + 4i - 2).\end{aligned}$$

当 $n \to \infty$ 时, 也有 $i \to \infty$, 进而由结论 (ii) 和 (iii) 可知上式右边趋于 0, 即

$$\lim_{n\to\infty} \frac{1}{n} r(P(n)) = 0.$$

引理得证. □

引理 6.6.3 设 B 是长度为 n, 首项与末项均为 1 的有限序列. 若 B 在 x 中出现, 则 $\frac{1}{n} r(B) \leqslant \frac{2}{n} r(P(n))$.

证明 首先, 若 B 就是 x 的前 n 项, 则 $\frac{1}{n} r(B) = \frac{1}{n} r(P(n))$. 若这种情况不出现, 注意到

$$x = (10 Q_1 O(|A_2|^2) Q_2 O(|A_3|^2) Q_3 \cdots O(|A_{n-1}|^2) Q_{n-1} \cdots),$$

则必定有 $1 \leqslant i \leqslant j$, 使得 B 是首项落在 Q_i 而末项落在 Q_j 上的一段有限序列. 这里不妨设 i 是满足上述条件的最小指标.

(i) 若 $i < j$, 即 B 在 $Q_i \cdots O(|A_j|^2) Q_j$ 中出现, 则 $n = |B| > |O(|A_j|^2)| = |A_j|^2$. 因此 $A_j = (10 Q_1 O(|A_2|^2) Q_2 O(|A_3|^2) Q_3 \cdots O(|A_{j-1}|^2) Q_{j-1})$ 就是 $P(n)$ 的前 $|A_j|$ 项. 故

$$r(P(n)) \geqslant 1 + r(Q_1) + r(Q_2) + \cdots + r(Q_{j-1}).$$

另一方面, 由于 B 在 $Q_i \cdots O(|A_j|^2)Q_j$ 中出现, 故

$$\begin{aligned}\frac{1}{n}r(B) &\leqslant \frac{1}{n}[r(Q_i)+\cdots+r(Q_{j-1})+r(Q_j)]\\ &\leqslant \frac{1}{n}[r(Q_i)+\cdots+r(Q_{j-1})+r(Q_{j-1})+2]\\ &\leqslant \frac{2}{n}[1+r(Q_1)+r(Q_2)+\cdots+r(Q_{j-1})]\\ &\leqslant \frac{2}{n}r(P(n)).\end{aligned}$$

(ii) 若 $i=j$, 即 B 在 $Q_i=P(m)O(l)P(m)$ 中出现, 由 Q_i 的定义知, $m\leqslant i$ 且 $m^2\leqslant l$ (不妨设 $m<i$, 若不然, 则 $i=1$, 结论显然成立). 这时又分以下两种情况:

① B 的首项落在前一个 $P(m)$, 末项落在后一个 $P(m)$ 上. 这时 $m\leqslant m^2\leqslant l\leqslant n$. 所以 $\frac{1}{n}r(B)\leqslant\frac{2}{n}r(P(m))\leqslant\frac{2}{n}r(P(n))$.

② B 在 $P(m)$ 中出现. 由于 $P(m)$ 即是 x 的前 m 项, 且 $m\leqslant i$, 这与 i 是最小的指标的设定相矛盾. 这种情况不发生. □

定理 6.6.2　(Λ,σ) 只有一个遍历测度, 它支撑在不动点 $(000\cdots)$ 上.

证明　用反证法. 假设 μ 是另外一个遍历测度. 取直径为 $\varepsilon_0=1$ 的开集 V, 使得 $V\cap\mathrm{supp}\mu\neq\varnothing$, 这里 $\mathrm{supp}\mu$ 是 μ 的支撑. 取 $y=(y_0y_1\cdots)\in V\cap\mathrm{supp}\mu$, 使得 y 是回复点, 且

$$\lim_{n\to\infty}\frac{1}{n}\sum_{i=0}^{n-1}\chi_V(\sigma^i(y))=\mu(V)>0.$$

不失一般性, 可假设 $y_0=1$. 由 Birkhoff 遍历定理知, 这样的 y 存在. 由回复性知道 y 的坐标中有无限多个 1. 存在严格递增正整数列 $\{n_i\}$, 使得 $y_{n_i}=1, \forall i\geqslant 1$ 且 $y_j=0, \forall j\notin\{n_i\}$. 因 $y\in\omega(x,\sigma)$, 故对 $\forall i\geqslant 1$, 存在 $T>0$, 使得 $\sigma^T(x)$ 的前 n_i+1 项有限序列恰为 $B=(y_0y_1\cdots y_{n_i})$, 即 B 在 x 中出现, 且它的首项和末项都是 1. 于是

$$\frac{1}{n_i+1}r(B)\leqslant\frac{2}{n_i+1}r(P(n_i+1)).$$

这样就推出

$$
\begin{aligned}
0<\mu(V) &= \lim_{n\to\infty}\frac{1}{n}\sum_{i=0}^{n-1}\chi_V(\sigma^i(y))\\
&= \lim_{n\to\infty}\frac{1}{n}\#\{j\in[0,n-1]|\sigma^j(y)\in V\}\\
&= \lim_{i\to\infty}\frac{1}{n_i+1}\#\{j\in[0,n_i]|\sigma^j(y)\in V\}\\
&\leqslant \lim_{i\to\infty}\frac{1}{n_i+1}r(B)\quad (\text{用}\Sigma(2)\text{的度量定义并注意}y\in V)\\
&\leqslant \lim_{i\to\infty}\frac{2}{n_i+1}r(P(n_i+1))\\
&= 0
\end{aligned}
$$

这一个矛盾, 因此定理得证. □

§6.7 习 题

1. 在双边符号系统 $(\Sigma(2),\sigma)$ 的闭不变集 Y 上有一列开集 $G_0,G_1,\cdots$, 满足如下性质:

如果一个点 $y\in Y$ 访问过 G_k, 那么它在 G_0 中的逗留频率就不能超过 $\varepsilon_k,\varepsilon_k\to 0$. 设 μ 是 Y 上的一个不变测度, 且对任何开集 $E\subset Y$, 有 $\mu(E)>0$. 试证明: μ 不能被任何遍历测度逼近. (提示: 应用测度收敛的一个等价条件, 即 μ_n 弱 * 收敛于 $\mu\iff$ 对每个开子集 $U\subset Y$, $\liminf\limits_{n\to\infty}\mu_n(U)\geqslant\mu(U)$.)

2. 设 X 是紧致度量空间. 证明: $\delta: X\to M(X)$, $x\mapsto\delta_x$ 是到像集的同胚映射.

3. 设 X 是紧致度量空间, $\mu,m_i,\mu_i\in M(X), i=1,2$. 证明:

(i) 对 $0\leqslant a\leqslant 1$, $D(\mu,am_1+(1-a)m_2)\leqslant aD(\mu,m_1)+(1-a)m_2$;

(ii) 对 $a_i\geqslant 0, i=1,2$, $D(a_1\mu_1+a_2\mu_2,a_1m_1+a_2m_2)\leqslant a_1D(\mu_1,m_1)+a_2D(\mu_2,m_2)$.

4. 设 X 是紧致度量空间, $T:X\to X$ 是连续映射, 又设 $x\in X$. 证明: $\dfrac{1}{n}\sum\limits_{i=0}^{n-1}\delta_{T^ix}$ 在 $M(X,T)$ 中的所有极限点形成一个紧致连通子集.

5. 设 M 是紧致流形, $f,g:M\to M$ 是两个连续映射, 满足 $f\circ g=g\circ f$. 证明: 存在一个测度对于 f 和 g 都是不变的. (提示: 对 f 取定一个不变测度

μ, 利用 μ 构造对 f 和 g 都不变的测度.)

6. 设 X 是紧致度量空间, $T : X \to X$ 是连续映射, 又设 $\delta > 0$, $\mu \in M(X,T)$. 证明: 存在有限多个测度 $\mu_1, \mu_2, \cdots, \mu_k \in E(X,T)$ 和非负常数 α_1, $\alpha_2, \cdots, \alpha_k, \alpha_1 + \alpha_2 + \alpha_k = 1$, 使得

$$D\left(\mu, \sum_{i=1}^{k} \alpha_i \mu_i\right) < \delta.$$

7. 给出紧致度量空间 X 和连续映射 $T : X \to X$ 的例子, 使得对每个连续函数 f, $\dfrac{1}{n}\sum_{i=0}^{n-1} f(T^i x)$ 是收敛的且关于 x 是一致的, 但 T 不是唯一遍历的, 即 $M(X,T)$ 不是单点集合. (提示: $X = \{z \in \mathbb{C} | |z| \in \{1,2\}\}$, $T(z) = z\mathrm{e}^{2\pi\alpha\mathrm{i}}$, 这里 α 是个无理数.)

8. 考虑环面上的微分方程

$$\frac{\mathrm{d}\theta}{\mathrm{d}\phi} = A(\phi, \theta),$$

满足:

(i) $A(\phi + 1, \theta) = A(\phi, \theta) = A(\phi, \theta + 1)$;

(ii) $A(\phi, \theta)$ 连续;

(iii) 经过每一点 (ϕ_0, θ_0) 有唯一的解.

用 Γ 表示环面的经圆 $\phi = 0$. 设 $\theta = u(\phi, \theta_0)$ 为满足初值条件 $\theta_0 = u(0, \theta_0)$ 的解. 由 $\psi : \Gamma \to \Gamma, \psi(\theta_0) = u(1, \theta_0)$ 确定 Γ 上的同胚. 证明:

$$\left\{\tau \in \mathbb{R} \,\middle|\, \text{存在 } \theta \in \Gamma, \text{ 使得 } \lim_{n\to\infty} \frac{\psi^n(\theta) - \theta}{n} = \tau\right\} \neq \varnothing.$$

(提示: 利用不变测度存在性和 Birkhoff 遍历定理.)

9. 证明: 逐点周期系统 (每个状态点都是周期的) 的拓扑熵为 0.

10. 讨论符号动力系统 $T : \Sigma(k) \to \Sigma(k)$. 令

$$\mathcal{L}(\Sigma(k)) = \{\Lambda \subset \Sigma(k) | \Lambda \text{ 是紧致的 } T \text{ 不变集}\}.$$

依 Housdorff 度量这是一个紧致度量空间. 证明: 拓扑熵映射

$$\mathcal{L}(\Sigma(k)) \to \mathbb{R}, \quad \Lambda \mapsto h(T|_\Lambda)$$

是上半连续的. (提示: 符号动力系统的子系统是可扩的, 进而该子系统的最大熵测度存在, 再使用测度熵的上半连续性质.)

11. 构造一个紧致度量空间上的具有有限拓扑熵的同胚, 但这个同胚没有最大熵测度. (提示: 有不同的构造方式, 我们提示一种: 取数列 $\{\beta_n\}$, 满足单调递增趋于 2, 但不等于 2, 再取一列拓扑系统, 即紧致度量空间的连续自映射序列 (X_n, f_n), 使 $h(f_n, X_n) = \beta_n$. 然后造紧致度量空间 $X = \bigcup_n X_n \cup \{\infty\}$(不交并和单点紧化) 和映射 $f : X \to X$.)

12. 构造一个紧致度量空间上的拓扑传递的可扩同胚, 使得具有不止一个最大熵测度. (提示: 有不同的构造方式, 我们提示一种如下: 构造一条轨道 (比如在两个符号的符号系统中取过 $(\cdots 0000, 1111 \cdots)$ 的轨道), 使得 (i) 其闭包中的遍历测度不唯一; (ii) 拓扑熵为 0.)

13. 设 $T : X \to X$ 和 $S : Y \to Y$ 都是紧致度量空间上的连续满映射, 且拓扑半共轭, 即存在连续满映射 $\pi : X \to Y$, 使得 $\pi \circ T = S \circ \pi$. 定义

$$\tilde{\pi} : M(X, T) \to M(Y, S),$$
$$\mu \mapsto \mu \circ \pi^{-1}.$$

(i) 证明: $\tilde{\pi}$ 的定义是合理的;

(ii) 证明: $\tilde{\pi}$ 将 $M(X, T)$ 的闭子集映成 $M(Y, S)$ 的闭子集.

第 7 章　流 的 熵

在离散系统中熵 (测度熵, 拓扑熵) 是描述系统的混乱程度的量, 并且是等价系统 (概率系统同构, 拓扑系统共轭) 的不变量. 连续流的熵 (测度熵, 拓扑熵) 是指这个流的时间 1 映射的熵 (测度熵, 拓扑熵). 这个熵能够在一定范围内 (比如没有不动点的流) 描述出流的混乱程度, 但不是等价流的不变量. 流的熵理论和离散系统的熵理论有些显著不同的讨论课题.

§7.1　时间 1 映射的熵

为了叙述上的方便, 我们总约定 (X,d) 为紧致度量空间, $\mathcal{B}(X)$ 为 Borel σ 代数, 而测度均为 Borel 概率测度.

一个**拓扑流** (或叫作连续流, 亦可简称为流) 是指一个连续映射

$$\phi : X\times\mathbb{R}\to X,$$

满足:

(i) $\phi(x,0)=x, \forall x\in X$;

(ii) $\phi(\phi(x,s),t)=\phi(x,s+t), \forall x\in X, \forall s,t\in\mathbb{R}$.

如果将 (ii) 记成 $\phi_t\circ\phi_s=\phi_{t+s}$, 则在集合 $\{\phi_t|t\in\mathbb{R}\}$ 上定义了群运算. 因此也把流 ϕ 叫作**单参数变换群**. 对任意 $t\in\mathbb{R}$, 则 $\phi_t=\phi(\cdot,t): X\to X$ 连续且有连续的逆映射 ϕ_{-t}, 进而是同胚.

Borel 概率测度 μ 称为 ϕ 不变的, 如果对任意 $t\in\mathbb{R}$, 任意 $B\in\mathcal{B}(X)$, 有 $\mu(\phi_t B)=\mu(B)$. Borel 概率测度 μ 叫作遍历的, 如果满足 $\phi_t(B)=B(\forall t\in\mathbb{R})$ 的 $B\in\mathcal{B}(X)$ 必满足 $\mu(B)=0,1$. 用 $M(X,\phi)$ 表示所有 ϕ 不变的测度形成的集合, 用 $E(X,\phi)$ 表示所有 ϕ 遍历的测度形成的集合. 注意和离散系统情形不同, 这里的遍历测度并不只是对不变测度定义的, 不要求有 $E(X,\phi)\subset M(X,\phi)$. 我们令 $\mathcal{M}_{erg,\phi}(X)=E(X,\phi)\cap M(X,\phi)$. 遍历理论的一些基本定理对离散系统和连续流是

平行的, 例如下面的 Birkhoff 遍历定理 (我们仅在紧致度量空间给出, 并略去定理的证明).

定理 7.1.1 (Birkhoff 遍历定理) 设 $\phi : X \times \mathbb{R} \to X$ 是紧致度量空间 X 上的流, 保持 Borel 概率测度 μ, $f \in L^1(X, \mathcal{B}(X), \mu)$, 则对 μ-a.e.$x \in X$, 下列两极限存在且相等:

$$\lim_{t\to+\infty} \frac{1}{t}\int_0^t f(\phi_\tau x)\mathrm{d}\tau = \lim_{t\to-\infty} \frac{1}{t}\int_0^t f(\phi_\tau x)\mathrm{d}\tau.$$

用 $\tilde{f}(x)$ 记上面的极限, 则对 μ-a.e.$x \in X$, 有 $\tilde{f}(x) = \tilde{f}(\phi_t(x))$, $t \in \mathbb{R}$, 且 $\tilde{f} \in L^1(X, \mathcal{B}(X), \mu)$,

$$\int \tilde{f}\mathrm{d}\mu = \int f\mathrm{d}\mu.$$

进一步, 如果 μ 是遍历测度, 即 $\mu \in \mathcal{M}_{erg,\phi}(X)$, 则

$$\tilde{f}(x) = \int f\mathrm{d}\mu, \quad \mu\text{-a.e.}x \in X.$$

设 $\mu \in M(X, \phi)$. 两个可测函数 f 和 g 视为相同的或称为等价的, 如果 $\mu\{x | f(x) = g(x)\} = 1$. 记 $L^2(X, \mathcal{B}(X), \mu)$为所有满足 $\int |f|^2\mathrm{d}\mu < \infty$ 的函数 $f : X \to \mathbb{R}$ 的等价类. 当我们写 $f \in L^2(X, \mathcal{B}(X), \mu)$ 时, 则表示函数 f 满足 $\int |f|^2\mathrm{d}\mu < \infty$. 利用函数的加法, 数乘, 内积 $(f, g) = \int fg\mathrm{d}\mu$ 进而取模 $\|f\| = (f, f)^{\frac{1}{2}}$, 则 $L^2(X, \mathcal{B}(X), \mu)$ 成为 Hilbert 空间. $L^2(X, \mathcal{B}(X), \mu)$ 是可分的. 设 $T : (X, \mathcal{B}(X)) \to (X, \mathcal{B}(X))$ 为保持测度 μ 的可逆映射. 考虑线性算子

$$U_T : L^2(X, \mathcal{B}(X), \mu) \to L^2(X, \mathcal{B}(X), \mu),$$
$$f \mapsto U_T f = f \circ T.$$

U_T 是保持内积的, 即

$$(U_T f, U_T g) = \int (f \circ T) \cdot (g \circ T)\mathrm{d}\mu = \int f \cdot g\mathrm{d}\widetilde{T}\mu = \int fg\mathrm{d}\mu = (f, g).$$

这又蕴涵着算子 U_T 保持范数距离, 因而是单的 (参见文献 [7]). 在这些准备之后, 我们叙述并证明本节的主要定理.

定理 7.1.2 设 X 为紧致度量空间, $(X,\mathcal{B}(X),\mu)$ 为 Borel 概率空间, $\phi: X\times\mathbb{R}\to X$ 为连续流, 且保持 μ, 则对任意给定的 $t_1,t_2\in\mathbb{R}\backslash\{0\}$, 有 $\dfrac{1}{|t_1|}h_\mu(\phi_{t_1})=\dfrac{1}{|t_2|}h_\mu(\phi_{t_2})$.

证明 不失一般性, 设 $t_1,t_2>0$. 因为 $h_\mu(\phi_m)=h_\mu(\phi_1^m)=mh(\phi_1), \forall m\in\mathbb{N}$, 我们只需考虑 $t_1,t_2\in\mathbb{R}\backslash\mathbb{N}$ 的情形. 设 ξ 为 $(X,\mathcal{B}(X))$ 的可测分解. 对任意自然数 r, 记

$$\xi_r=\xi\vee\phi_{-\frac{t_1}{r}}\xi\vee\cdots\vee\phi_{-\frac{(r-1)t_1}{r}}\xi.$$

我们有

$$\begin{aligned}\frac{1}{t_1}h_\mu(\phi_{t_1})\geqslant&\lim_{m\to\infty}\frac{1}{(m+1)t_1}H\left(\bigvee_{i=0}^{m}\phi_{-t_1i}\xi_r\right)\\=&\lim_{m\to\infty}\frac{1}{(m+1)t_1}H(\xi\vee\phi_{-\frac{t_1}{r}}\xi\vee\cdots\vee\phi_{-\frac{(r-1)t_1}{r}}\xi\vee\phi_{-t_1}\xi\\&\vee\phi_{-t_1-\frac{t_1}{r}}\xi\vee\cdots\vee\phi_{-t_1-\frac{(r-1)t_1}{r}}\xi\vee\cdots\vee\phi_{-mt_1}\xi\\&\vee\cdots\vee\phi_{-mt_1-\frac{(r-1)t_1}{r}}\xi).\end{aligned}\tag{1.1}$$

另一方面,

$$\begin{aligned}\frac{1}{t_2}h_\mu(\phi_{t_2},\xi)=&\lim_{n\to\infty}\frac{1}{(n+1)t_2}H\left(\bigvee_{i=0}^{n}\phi_{-t_2i}\xi\right)\\\leqslant&\lim_{n\to\infty}\frac{1}{(n+1)t_2}H\left(\bigvee_{i=0}^{n}\phi_{-t_2i}\xi\vee\xi\vee\phi_{-\frac{t_1}{r}}\xi\right.\\&\vee\cdots\vee\phi_{-\frac{(r-1)t_1}{r}}\xi\vee\phi_{-t_1}\xi\vee\phi_{-t_1-\frac{t_1}{r}}\xi\vee\cdots\vee\phi_{-t_1-\frac{(r-1)t_1}{r}}\xi\\&\left.\vee\cdots\vee\phi_{-mt_1}\xi\vee\cdots\vee\phi_{-mt_1-\frac{(r-1)t_1}{r}}\xi\right).\end{aligned}\tag{1.2}$$

在 (1.2) 式中, $m=m(n)$ 的选择需满足条件 $mt_1>nt_2$, 且 $\dfrac{mt_1}{nt_2}\to1$. 注意到有理数在实数中的稠密性, 总能选出 $\dfrac{m}{n}$ 大于 $\dfrac{t_2}{t_1}$ 并接近 $\dfrac{t_2}{t_1}$, 进而 $\dfrac{mt_1}{nt_2}$ 接近于 1, 故这种 m 是能够选出来的. 我们有

$$\begin{aligned}&\frac{1}{(n+1)t_2}H\left(\bigvee_{i=0}^{n}\phi_{-t_2 i}\xi\right)\\&\quad\leqslant\frac{(m+1)t_1}{(n+1)t_2}\cdot\frac{1}{(m+1)t_1}H(\xi\vee\phi_{-t_2}\xi\vee\cdots\vee\phi_{-nt_2}\xi\vee\xi\vee\phi_{-\frac{t_1}{r}}\xi\\&\quad\vee\cdots\vee\phi_{-mt_1-\frac{(r-1)t_1}{r}}\xi)\\&\quad=\frac{(m+1)t_1}{(n+1)t_2}\cdot\frac{1}{(m+1)t_1}H(\xi\vee\phi_{-\frac{t_1}{r}}\xi\vee\cdots\vee\phi_{-mt_1-\frac{(r-1)t_1}{r}}\xi)\\&\quad+\frac{1}{(n+1)t_2}H(\xi\vee\phi_{-t_2}\xi\vee\cdots\vee\phi_{-nt_2}|_{\xi\vee\phi_{-\frac{t_1}{r}}\xi\vee\cdots\vee\phi_{-mt_1-\frac{(r-1)t_1}{r}}\xi}).\end{aligned}\tag{1.3}$$

此式右端第一项当 $m\to\infty$ 时趋于 $\frac{1}{t_1}h_\mu(\phi_{t_1},\xi_r)$. 由于 $H((\xi\vee\eta)|_\zeta)\leqslant H(\xi|_\zeta)+H(\eta|_\zeta)$, 在 (1.3) 式右端第二项中有

$$\begin{aligned}&H(\xi\vee\phi_{-t_2}\xi\vee\cdots\vee\phi_{-nt_2}|_{\xi\vee\phi_{-\frac{t_1}{r}}\xi\vee\cdots\vee\phi_{-mt_1-\frac{(r-1)t_1}{r}}\xi})\\&\quad\leqslant\sum_{k=0}^{n}H(\phi_{-kt_2}\xi|_{\xi\vee\phi_{-\frac{t_1}{r}}\xi\vee\cdots\vee\phi_{-mt_1-\frac{(r-1)t_1}{r}}\xi}).\end{aligned}\tag{1.4}$$

对每个 k, 可以找到整数 p_k, 使得 $\left|kt_2-\frac{p_k}{r}t_1\right|<\frac{t_1}{r}$, 即 $|rkt_2-p_kt_1|<t_1$.

$(m-1)t_1$ nt_2 mt_1

回顾 $m=m(n)$ 的取法, 满足条件 $mt_1>nt_2$, 且当 n,m 很大时 mt_1 和 nt_2 很接近 (如上数轴所示). 对应于 $k\leqslant n$ 及 ϕ_{-kt_2}, 则 $\phi_{-\frac{p_k}{r}t_1}\xi$ 会包含在下面的集合中:

$$\{\xi,\phi_{-\frac{t_1}{r}}\xi,\cdots,\phi_{-\frac{(r-1)t_1}{r}}\xi,\cdots,\phi_{-mt_1}\xi,\cdots,\phi_{-mt_1-\frac{(r-1)t_1}{r}}\xi\},$$

其中 $k=1,2,\cdots,n$. 再注意到当 $\eta>\zeta$ 时, $H(\xi|\eta)\leqslant H(\xi|\zeta)$, 则 (1.4) 式的右端不超过

$$\sum_{k=0}^{n}H(\phi_{-kt_2}\xi|_{\phi_{-\frac{p_kt_1}{r}}\xi})=\sum_{k=0}^{n}H(\phi_{-kt_2+\frac{p_kt_1}{r}}\xi|_\xi).\tag{1.5}$$

由 p_k 的取法, 我们知道 $\left|kt_2 - \dfrac{p_k}{r}t_1\right| < \dfrac{t_1}{r}$.

记 $U_t(f) = f \circ \phi_t$, 则

$$U : L^2(X, \mathcal{B}(X), \mu) \times \mathbb{R} \to L^2(X, \mathcal{B}(X), \mu)$$

是对 t 而言的连续算子群. 于是, 当 $\tau \to 0$ 时, $U_\tau \to U_0$. 现在, 对可测集 A 上的特征函数 χ_A, 有

$$\begin{aligned}\|U_{-\tau}\chi_A - U_0\chi_A\|^2 &= \int (U_{-\tau}\chi_A - \chi_A)^2 \mathrm{d}\mu \\ &= \int_{\phi_\tau A \setminus A} \mathrm{d}\mu + \int_{A \setminus \phi_\tau A} \mathrm{d}\mu = \mu(\phi_\tau A \bigtriangleup A).\end{aligned}$$

所以, 当 $\tau \to 0$ 时, $\mu(\phi_\tau A \bigtriangleup A) \to 0$. 据此, 对 $\varepsilon > 0$, 取 $r > 0$ 足够大, 使当 $|\tau| \leqslant \dfrac{t_1}{r}$ 时, $H(\phi_\tau \xi|_\xi) < \varepsilon$. 故 (1.5) 式右端小于 $n\varepsilon$.

综合 (1.1)—(1.5) 式, 我们有

$$\begin{aligned}\frac{1}{t_2} h_\mu(\phi_{t_2}) &= \sup_\xi \frac{1}{t_2} h_\mu(\phi_{t_2}, \xi) \\ &\leqslant \sup_\xi \frac{1}{t_1} h_\mu(\phi_{t_1}, \xi_r) + \frac{\varepsilon}{t_2} \\ &\leqslant \frac{1}{t_1} h_\mu(\phi_{t_1}) + \frac{\varepsilon}{t_2}.\end{aligned}$$

由 ε 的任意性得到

$$\frac{1}{t_2} h_\mu(\phi_{t_2}) \leqslant \frac{1}{t_1} h_\mu(\phi_{t_1}).$$

变换 t_1, t_2 的位置, 得

$$\frac{1}{t_2} h_\mu(\phi_{t_2}) = \frac{1}{t_1} h_\mu(\phi_{t_1}).$$

□

对于拓扑熵, 有一个类似的定理, 这里我们略去定理的证明.

定理 7.1.3　设 (X, d) 为紧致度量空间, $\phi : X \times \mathbb{R} \to X$ 为连续流, 则对任意给定的 $t_1, t_2 \in \mathbb{R} \setminus \{0\}$, 有

$$\frac{1}{|t_1|} h(\phi_{t_1}) = \frac{1}{|t_2|} h(\phi_{t_2}).$$

基于上面两个定理, 则流的测度熵 (注意: 对流 ϕ 不变的测度对时间 1 映射 ϕ_1 也不变) 和拓扑熵通常如下给出:

定义 7.1.1 设 $\phi: X\times\mathbb{R}\to X$ 为紧致度量空间 X 上的连续流, ϕ 保持 Borel 概率测度 μ, 则规定 ϕ 对 μ 的测度熵为 $h_\mu(\phi)=h_\mu(\phi_1)$, ϕ 的拓扑熵为 $h(\phi)=h(\phi_1)$.

§7.2 等价流和 Ohno 的例子

7.2.1 拓扑等价与拓扑共轭

定义 7.2.1 设 X,Y 为紧致度量空间, $\phi: X\times\mathbb{R}\to X$, $\psi: Y\times\mathbb{R}\to Y$ 为两个流. 如果存在保向的同胚 $\pi: X\to Y$, 满足

$$\{\phi_t(x)|t\in\mathbb{R}\}=\{\pi^{-1}\psi_t\pi(x)|t\in\mathbb{R}\},\quad \forall x\in X,$$

亦即 π 将 ϕ 的过 $x\in X$ 点的轨道 $\mathrm{Orb}(x,\phi)=\{\phi_t(x)|t\in\mathbb{R}\}$ 映成 ψ 的过 $\pi(x)\in Y$ 点的轨道 $\mathrm{Orb}(\pi(x),\psi)=\{\psi_t(\pi(x))|t\in\mathbb{R}\}$, 并保持轨线方向, 则称这两个流**拓扑等价**. 特别地, 如果满足 $\pi\circ\phi_t(x)=\psi_t\circ\pi(x)$, $\forall x\in X,\forall t\in\mathbb{R}$, 即有如下交换图:

$$\begin{array}{ccc} X & \xrightarrow{\phi_t} & X \\ {\scriptstyle\pi}\downarrow & & {\scriptstyle\pi}\downarrow \\ Y & \xrightarrow{\psi_t} & Y \end{array}$$

则称这两个流**拓扑共轭**.

当两个流 ϕ 和 ψ 拓扑共轭时, 它们的时间 1 同胚 ϕ_1 和 ψ_1 也是拓扑共轭的, 即 $\pi\circ\phi_1=\psi_1\circ\pi$. 对同胚来说, 拓扑共轭和拓扑等价是同义词. 当两个流 ϕ 和 ψ 拓扑等价而不是拓扑共轭时, 没有交换等式 $\pi\circ\phi_t(x)=\psi_t\circ\pi(x),\forall x\in X,\forall t\in\mathbb{R}$. 需要对时间重新参数化才能使得交换等式成立, 见下面的命题 (参见文献 [13]).

命题 7.2.1 设紧致度量空间 X 上的两个流 $\phi,\psi: X\times\mathbb{R}\to X$ 等价, $\pi: X\to X$ 是保向同胚, 满足 $\pi(\mathrm{Orb}(x,\phi))=\mathrm{Orb}(\pi x,\psi)$, $\forall x\in X$, X_0 为 ϕ 的不动点之集, 则存在一个连续函数 $\theta: (X\setminus X_0\times\mathbb{R}\to\mathbb{R})$, 满足:

(i) $\theta(x,0)=0, \theta(x,\cdot):\mathbb{R}\to\mathbb{R}$ 严格递增, $x\in X\setminus X_0$;

(ii) 对任意 $x\in X\setminus X_0, s,t\in\mathbb{R}$, 有 $\theta(x,s+t)=\theta(x,s)+\theta(\phi_s(x),t)$;

(iii) 对任意 $x\in X\setminus X_0, t\in\mathbb{R}$, 有 $\pi\circ\phi_t(x)=\psi_{\theta(x,t)}\circ\pi(x)$.

我们指出, 连续函数 $\theta:(X\setminus X_0)\times\mathbb{R}\to\mathbb{R}$ 一般不能连续地扩充到 X 上, 即 $\theta(x,t)$ 在点 $x\in X_0$ 处可以不连续. 有时记 $\theta_x=\theta(x,\cdot)$.

拓扑等价的两个流具有相同的轨道拓扑结构, 因而具有相同的动力学性态. 考虑到离散系统情形拓扑熵是拓扑等价系统的不变量, 人们也希望拓扑熵能是等价流的某种程度上的不变量. 诚然, 拓扑熵随时间变换而变化, 它在允许时间变换的流等价之下应该以相当复杂的方式变化, 但至少希望等价的流能保持 0 熵和 ∞ 熵这样极端的熵值. 实际情况是等价流的熵变化可以相当奇异. 1980 年 Ohno 构造了例子 (参见文献 [9]) 指出, 等价的连续流可以不保持 0 熵. 2009 年 Sun-Young-Zhou 构造例子 (参见文献 [15]) 指出, 即使在微分流 (即流作为映射是 C^∞ 的) 范畴这种现象也存在, 即等价的微分流可以不保持 0 熵. 这个例子说明, 熵的奇异变化不是由空间拓扑和流的微分正则性引起的, 而是由流的时间重新参数化引起的. Sun-Zhang 构造的例子则展示了极端奇异情形: 等价的两个连续流, 一个有 0 熵, 而另一个有 ∞ 熵 (参见文献 [17]). 这些奇异现象只在带不动点的等价流中发生, 即没有不动点的等价流保持 0 熵和 ∞ 熵, 见本章习题. 下面我们介绍 Ohno 的例子.

7.2.2　Ohno 的例子的构造

对集合 $\{0,1\}$ 赋予离散拓扑. 和以前一样, 记

$$\Sigma(2)=\prod_{-\infty}^{+\infty}\{0,1\}=\{0,1\}^{\mathbb{Z}},$$

并赋予乘积拓扑. 考虑转移同胚 $T:\Sigma(2)\to\Sigma(2), (x_i)\to(x_{i+1})$.

步骤 1　选取一个双向无限序列 $x^*=(x^*(i))\in\Sigma(2)$, 使之同时满足下列两条:

(i) 对任意 $k\in\mathbb{Z}$ 和任意 $n\geqslant 1$, 有

$$x^*(k)x^*(k+1)\cdots x^*(k+4\cdot 3^n)>I_n=\underbrace{11\cdots 1}_{2n-1},$$

即 $x^*(k)x^*(k+1)\cdots x^*(k+4\cdot 3^n)$ 中含有连续排列的 $2n-1$ 个 1;

(ii) 对任意 $n\geqslant 2$, 在 x^* 中包含有 2^{p_n} 个长度为 $2\cdot 3^{n-1}$ 的有限子列, 这里 $p_n=\dfrac{3^{n-1}+1}{2}$.

用 α 表示一个待定的符号, 它将取 0 或 1. 设 $x_1=1\alpha$. 记 $\widetilde{x}_1=11$, 即将 x_1 中的 α 换成 1. 记 $x_2=x_1\widetilde{x}_1x_1=1\alpha111\alpha$. 在 x_2 中将一个 α 换成 1 得到的 $\widetilde{x}_2$ 满足 $\widetilde{x}_2>I_2$, 即 $\widetilde{x}_2$ 中含有连续排列的 $2\cdot 2-1=3$ 个 1 (比如可取 $\widetilde{x}_2=11111\alpha$). 令 $x_3=x_2\widetilde{x}_2x_2$. 在 x_3 中选取某个 α 并把它换成 1, 使得到的 $\widetilde{x}_3$ 满足 $\widetilde{x}_3>I_3$, 即 $\widetilde{x}_3$ 中含有连续 $2\cdot 3-1=5$ 个 1. 一般地, 设 $x_n=x_{n-1}\widetilde{x}_{n-1}x_{n-1}$. 因为 $\widetilde{x}_{n-1}>I_{n-1}$ 以及 x_n 的每个不在尾项的 α 其相邻两侧都是 1, 可将 x_n 中的某个 α 换成 1, 使得到的 $\widetilde{x}_n$ 满足 $\widetilde{x}_n>I_n$, 即 $\widetilde{x}_n$ 中含有连续 $2n-1$ 个 1. 我们构造 x_{n+1} 为 $x_{n+1}=x_n\widetilde{x}_nx_n$. 用归纳法, 我们得到 $\{x_n\}_1^\infty$. 对 $n\geqslant 1$, x_n 和 $\widetilde{x}_n$ 的长度都是 $2\cdot 3^{n-1}$. 因 x_{n+1} 的前 $2\cdot 3^{n-1}$ 个位置上是 x_n, 下面极限存在: $x^+=\lim\limits_{n\to\infty}x_n$. 则 $x^+\in\{1,\alpha\}^{\mathbb{N}}$.

由构造程序知道, x^+ 的每个长度为 $4\cdot 3^n=2\cdot 2\cdot 3^{n-1}\cdot 3$ 的子列中要么包含一个 $\widetilde{x}_n$, 进而包含 I_n; 要么包含一个修改了的 $\widetilde{x}_n$ (这个修改是将 $\widetilde{x}_n$ 中的若干个 α 修改为 1, 而含有更多的 1), 进而包含 I_n. 于是, 对任意 $k>1, n\geqslant 2$, 总有 $x^+(k)x^+(k+1)\cdots x^+(k+4\cdot 3^n)>I_n$.

另一方面, 在 $x_1=1\alpha$ 中 α 的个数可写为 $1=\dfrac{3^{1-1}+1}{2}=p_1$; 在 $x_2=1\alpha111\alpha$ 中 α 的个数为 $2=\dfrac{3^{2-1}+1}{2}=p_2$. 设 x_{n-1} 中 α 的个数为 $p_{n-1}=\dfrac{3^{n-2}+1}{2}$. 注意到 $x_n=x_{n-1}\widetilde{x}_{n-1}x_{n-1}$, 则 x_n 中 α 的个数为

$$\frac{3^{n-2}+1}{2}+\left(\frac{3^{n-2}+1}{2}-1\right)+\frac{3^{n-2}+1}{2}=\frac{3^{n-1}+1}{2}=p_n.$$

将 x_n 中这 p_n 个 α 用 0,1 来替换, 则可以得到 2^{p_n} 个长度为 $2\cdot 3^{n-1}$ 的不同的 x_n. 据此, 我们对 x^+ 作如下修正:

从 x^+ 的左端开始选取两个 x_1 (注意在 x^+ 中含有无限多个 x_1), 将其中一个 x_1 的 α 换成 0, 而将另一个 x_1 的 α 换成 1, 则得到 $2^{p_1}=2$

个不同的长度为 2 的 x_1. 以这两个 x_1 中最右侧的 x_1 的尾端为分界, 将其左侧余留的 α 都换成 1. 对这样修改了的 x^+ 从左端开始取出 $2^{p_2}=4$ 个长度为 $2\cdot 3^{2-1}=6$ 的 x_2 (注意此 x^+ 中含有无限多个 x_2). 将这些 x_2 中的 α 用 0,1 替换得到 4 个长度为 6 的不同子列. 以这 4 个 x_2 的最右侧的尾端为分界, 将其左侧余留的 α 都换成 1. 对这样修改了的 x^+ 从左端开始取出 $2^{p_3}=2^5$ 个长度为 $2\cdot 3^{3-1}$ 的 x_3 (注意 x^+ 中含有无限多个 x_3). 将其中的 α 用 0,1 替换则得到 2^{p_3} 个长度为 $2\cdot 3^{3-1}$ 的不同子列, 则 x^+ 中包含有 2^{p_3} 个不同的长度为 $2\cdot 3^{3-1}$ 的子列. 无限重复这种手续, 可得到修正后的单边无限序列, 仍以 x^+ 记之. 我们指出, 修正后的 x^+ 属于 $\{0,1\}^{\mathbb{N}}$, 其中 $\{0,1\}^{\mathbb{N}}=\prod\limits_0^\infty\{0,1\}$, 且 x^+ 满足上面提出的条件 (i) 和 (ii).

定义

$$x^*(k)=\begin{cases}x^+(k), & k\geqslant 1,\\ 0, & k=0,\\ x^+(-k), & k\leqslant -1,\end{cases}$$

则 $x^*(k)$ 属于 $\Sigma(2)$ 且满足条件 (i) 和 (ii).

步骤 2　构造符号系统 $(\Sigma(2),T)$ 的一个子系统并讨论它的拓扑熵.

取 $X=\overline{\mathrm{Orb}(x^*,T)}$, 即 x^* 在 T 迭代下的轨道的闭包, 则 X 是紧致的 T 不变的子集, $T:X\to X$ 形成子系统. 由推论 6.1.3 及命题 6.1.5, 有 $E(X,T)\neq\varnothing$. 任取定 $\mu\in E(X,T)$. 对 $n\geqslant 1$, 记 $\widehat{I}_n=\{x\in X|x(k)=1,-n+1\leqslant k\leqslant n-1\}$, 而用 $\chi_{\widehat{I}_n}$ 表示 $\widehat{I}_n$ 的特征函数. 由 Birkhoff 遍历定理, 对 μ-a.e.$x\in X$, 有

$$\mu(\widehat{I}_n)=\int_X\chi_{\widehat{I}_n}\mathrm{d}\mu=\lim_{m\to\infty}\frac{1}{m}\sum_{i=0}^{m-1}\chi_{\widehat{I}_n}(T^ix).$$

因为 x 是 $\{T^nx^*|n\in\mathbb{Z}\}$ 的聚点, 依 $\Sigma(2)$ 的拓扑知道 x 也满足步骤 1 的第 (i) 个条件. 这给出

$$\mu(\widehat{I}_n)\geqslant\frac{1}{4\cdot 3^n}.$$

另一方面, 由步骤 1 的第 (ii) 个条件及例 5.4.3 有

$$h(T)=\lim_{n\to\infty}\frac{1}{n}\ln\theta_n(X)\geqslant\lim_{n\to\infty}\frac{1}{2\cdot 3^{n-1}}\ln 2^{p_n}=\frac{1}{4}\ln 2>0,$$

其中

$$\theta_n(X)=\#\{[i_0\cdots i_{n-1}]|\ \text{存在}\ x\in X,\ \text{使得}\ x_0=i_0,\cdots,x_{n-1}=i_{n-1}\}.$$

步骤 3 将 (X,T) 扭扩成连续流.

离散系统 (X,T) 具有唯一的不动点 (记成)$1\in X$, 它是每个位置都为 1 的双向无限序列. 令 $X_*=X\setminus\{1\}$, 则 X_* 是局部紧致空间. 设 $\gamma:X_*\to(0,+\infty)$ 为一个正的连续函数, 则 (X_*,T) 用 γ 经过扭扩可得到所谓的扭扩流. 具体做法如下：在 $\{(x,u)|0\leqslant u\leqslant\gamma(x),x\in X_*\}$ 上建立等价关系 $(x,\gamma(x))\sim(Tx,0)$, 得到的商空间记成 X_*^γ, 则扭扩流 $\varphi^\gamma:X_*^\gamma\times\mathbb{R}\to X_*^\gamma$ 定义为

$$\varphi_t^\gamma(x,u)=(x,u+t),\quad -u\leqslant t<\gamma(x)-u.$$

这样 X_*^γ 是局部紧致的度量空间, 而 φ_t^γ 为连续流.

令 $X^\gamma=X_*^\gamma\cup\{\triangle\}$ 为 X_*^γ 的单点紧致化, 则 X^γ 为紧致度量空间. 在空间 X^γ 上 $(x_n,u_n)\to\triangle$ 当且仅当在空间 X 上 $x_n\to 1$. 规定 $\varphi_t^\gamma(\triangle)=\triangle$, $\forall t\in\mathbb{R}$, 则我们将 X_*^γ 上的流 φ_t^γ 扩充成了 X^γ 上的流, 记为 Φ^γ.

引理 7.2.1 任意给定两个正的连续函数 γ 和 γ', 则 Φ^γ 和 $\Phi^{\gamma'}$ 等价.

证明 映射

$$\begin{aligned}&\pi:X^\gamma\to X^{\gamma'},\\&(x,u)\mapsto\left(x,u\frac{\gamma'(x)}{\gamma(x)}\right),\quad 0\leqslant u<\gamma(x)\end{aligned}$$

给出流 Φ^γ 和 $\Phi^{\gamma'}$ 的等价同胚. □

我们将选两个正的连续函数, 进而依上面程序给出拓扑等价的两个流, 使它们的拓扑熵分别为 0 和正数.

7.2.3 对例子的进一步讨论

对于离散动力系统, 依据变分原理我们可将拓扑熵问题转化到测度熵范畴. 对于流的情形, 也有一个变分原理叙述如下, 其证明参见文献 [9] 或 [14].

引理 7.2.2　设 Y 是一个紧致度量空间, φ 是 Y 上的流, 则有

$$h(\varphi)=\sup_{m\in\mathcal{M}_{erg,\varphi}} h_m(\varphi),$$

亦即 (由流的熵的定义)

$$h(\varphi_1)=\sup_{m\in\mathcal{M}_{erg,\varphi}} h_m(\varphi_1).$$

由不变测度的定义, φ_1 的不变测度不一定是 φ 的不变测度, φ 的遍历测度也不一定是 φ_1 的遍历测度. 因此, 引理给出的流的变分原理, 和离散系统的变分原理是有区别的. 现在我们继续讨论 Ohno 的例子.

对紧致度量空间 X 上的流 ϕ 及 $\mu\in\mathcal{M}_{erg,\phi}(X)$, 记

$$Q_\mu(\phi)=\left\{x\in X\,\middle|\,\lim_{t\to\infty}\frac{1}{t}\int_0^t g(\phi_s x)\mathrm{d}s=\int g\mathrm{d}\mu(x),\quad \forall g\in C(X)\right\}.$$

由定理 6.1.3 (流有相应的定理) 知, $Q_\mu(\phi)$ 是 ϕ 不变且 μ 全测集. 称 $Q_\mu(\phi)$ 中的点为 μ 的通有点.

引理 7.2.3　设 $\gamma_0=\inf\limits_{x\in X_*}\gamma(x)>0$, 则对任意非平凡的 (即不是 $\triangle$ 的原子测度)$\bar{\mu}\in\mathcal{M}_{erg,\Phi^\gamma}$, 存在非平凡的 (即不是 $\{1\}$ 的原子测度)$\mu\in E(X,T)$, 使得对 X^γ 上任意的连续函数 f, 有

$$E_{\bar{\mu}}(f)=\frac{1}{E_\mu(\gamma)}E_\mu\left(\int_0^{\gamma(x)}f(x,t)\mathrm{d}t\right),$$

其中

$$E_{\bar{\mu}}(f)=\int f\mathrm{d}\bar{\mu},\quad E_\mu(\gamma)=\int\gamma\mathrm{d}\mu,$$

$$E_\mu\left(\int_0^{\gamma(x)}f(x,t)\mathrm{d}t\right)=\int\left(\int_0^{\gamma(x)}f(x,t)\mathrm{d}t\right)\mathrm{d}\mu.$$

证明　我们分四步来证明.

步骤 1　证明预备式子. 对 $\bar{\mu}$ 取一个通有点 $z=(a,0)\in Q_{\bar{\mu}}$ (通有点集是不变集, 当 (a,u) 是通有点时 $(a,0)$ 也是), 即满足

$$\lim_{n,m\to\infty}\frac{1}{n+m}\int_{-m}^n f(\varphi_t^\gamma z)\mathrm{d}t=E_{\bar{\mu}}(f).$$

其中 f 是 X^γ 上的连续函数. 特别地, 我们有

$$E_{\bar{\mu}}(f)=\lim_{n\to\infty}\frac{1}{\sum\limits_{k=-n}^{n}\gamma(T^ka)}\int_{-\sum\limits_{k=-1}^{-n}\gamma(T^ka)}^{\sum\limits_{k=0}^{n}\gamma(T^ka)}f(\varphi_t^\gamma(a,0))\mathrm{d}t$$

$$=\lim_{n\to\infty}\frac{1}{\sum\limits_{k=-n}^{n}\gamma(T^ka)}\sum_{k=-n}^{n}\int_0^{\gamma(T^ka)}f(T^ka,t)\mathrm{d}t. \tag{2.1}$$

步骤 2 构造测度 μ, 并讨论单调函数列关于 μ 的积分和关于 $\bar{\mu}$ 的积分的关系.

记 μ 为概率测度序列 $\left\{\frac{1}{2n}\sum\limits_{k=-n}^{n}\delta_{T^ka}\middle|n>1\right\}$ 的一个极限点, 则存在自然数的无穷子列 $\{n'\}\subset\mathbb{N}$, 使得

$$\frac{1}{2n'}\sum_{-n'}^{n'}\delta_{T^ka}\to\mu.$$

所以 μ 为 T 不变的概率测度.

取连续函数 $g_i:X_*^\gamma\to[0,1]$ 使之支撑在某个紧致子集 A_i 上 (即 $g_i(X_*^\gamma\setminus A_i)=0$), $A_i\subset A_{i+1}$, 并使得函数列 $\{g_i\}_1^\infty$ 是单调增的, 且 $\lim\limits_{i\to\infty}g_i\to\chi_{X_*^\gamma}$, 这里 $\chi_{X_*^\gamma}$ 表示 X_*^γ 的特征函数. 令

$$G_i(x)=\begin{cases}\displaystyle\int_0^{\gamma(x)}g_i(x,t)\mathrm{d}t, & x\in X_*,\\ 0, & x=\{1\}.\end{cases}$$

由 $G_i(x)$ 连续和 μ 的定义, 我们有

$$\lim_{n'\to\infty}\frac{1}{2n'}\sum_{k=-n'}^{n'}\int_0^{\gamma(T^ka)}g_i(T^ka,t)\mathrm{d}t=\lim_{n'\to\infty}\frac{1}{2n'}\sum_{k=-n'}^{n'}G_i(T^ka)=E_\mu(G_i).$$

由 g_i 连续支撑在紧致集上及 (2.1) 式, 我们有

$$E_{\bar{\mu}}(g_i) = \lim_{n'\to\infty} \frac{1}{\dfrac{1}{2n'}\displaystyle\sum_{k=-n'}^{n'}\gamma(T^k a)} \lim_{n'\to\infty}\frac{1}{2n'}\sum_{k=-n'}^{n'}\int_0^{\gamma(T^k a)} g_i(T^k a, t)\mathrm{d}t$$

$$= \frac{1}{c}E_\mu(G_i), \tag{2.2}$$

其中 $c = \lim\limits_{n'\to\infty}\dfrac{1}{2n'}\sum\limits_{k=-n'}^{n'}\gamma(T^k a)$. 对 (2.2) 式两边令 $i\to\infty$, 使用单调收敛定理得到 $1 = \dfrac{1}{c}E_\mu(\gamma\cdot\chi_{X_*})$.

步骤 3　证明 μ 不是平凡的. 对闭集 $I_m^\gamma = \{(x,t)|x\in\widehat{I}_m\cap X_*, 0\leqslant t\leqslant\gamma(x)\}\cup\{\triangle\}$, 我们有

$$\bar{\mu}(I_m^\gamma) \geqslant \lim_{n'\to\infty}\frac{1}{\displaystyle\sum_{k=-n'}^{n'}\gamma(T^k a)}\sum_{k=-n'}^{n'}\int_0^{\gamma(T^k a)}\chi_{I_m^\gamma}(T^k a, t)\mathrm{d}t$$

$$\geqslant \frac{\gamma_0}{c}\lim_{n'\to\infty}\frac{1}{2n'}\sum_{k=-n'}^{n'}\chi_{\widehat{I}_m}(T^k a) = \frac{\gamma_0}{c}\mu(\widehat{I}_m).$$

注意到 $\bar{\mu}$ 不是平凡测度, 我们有

$$\mu(\{1\}) = \lim_{m\to\infty}\mu(\widehat{I}_m) \leqslant \frac{c}{\gamma_0}\lim_{m\to\infty}\bar{\mu}(I_m^\gamma) = \frac{c}{\gamma_0}\bar{\mu}(\{\triangle\}) = 0.$$

此式说明 μ 也不是平凡测度. 这也给出

$$E_\mu(\gamma) = E_\mu(\gamma\cdot\chi_{X_*}) = c. \tag{2.3}$$

于是由 (2.2) 和 (2.3) 式, 我们就单调函数列验证了引理的公式.

步骤 4　对任意连续函数验证公式. 由 (2.2) 和 (2.3) 式及单调收敛定理, 得

$$E_{\bar{\mu}}(f) = \lim_{i\to\infty}E_{\bar{\mu}}(f\cdot g_i) = \lim_{i\to\infty}\frac{1}{E_\mu(\gamma)}E_\mu\left(\int_0^{\gamma(x)} f\cdot g_i(x,t)\mathrm{d}t\right)$$

$$= \frac{1}{E_\mu(\gamma)}E_\mu\left(\int_0^{\gamma(x)} f(x,t)\mathrm{d}t\right). \qquad \square$$

推论 7.2.1 若对任意非原子的测度 $\mu \in E(X,T)$ 都有 $E_\mu(\gamma) = \infty$, 则 $\delta_\triangle$ 是 Φ^γ 的唯一不变且遍历的测度, 亦即 $\mathcal{M}_{erg,\Phi^\gamma} = \{\delta_\triangle\}$.

现在我们确定两个流. 取 $\gamma'(x) = 1$, 并取

$$\gamma(x) = \begin{cases} n \cdot 4 \cdot 3^n, & x \in \widehat{I}_n \setminus \widehat{I}_{n+1},\ n \geqslant 1, \\ 1, & x \in X_* \setminus \widehat{I}_1. \end{cases}$$

易证 $\gamma(x)$ 连续. 由引理 7.2.1 知道 (X^γ, Φ^γ) 和 $(X^{\gamma'}, \Phi^{\gamma'})$ 拓扑等价. 一方面 $T = \Phi_1^{\gamma'}$, 则 $h(\Phi^{\gamma'}) = h(T) > 0$ (见习题). 另一方面, 对任意非原子的测度 $\mu \in E(X,T)$, 有

$$E_\mu(\gamma) > \int_{\widehat{I}_n} n4 \cdot 3^n \mathrm{d}\mu > n4 \cdot 3^n \mu(\widehat{I}_n) > n, \quad \forall n \in \mathbb{N}.$$

故 $E_\mu(\gamma) = \infty$. 根据推论 7.2.1 知 $\delta_\triangle$ 是 Φ^γ 的唯一遍历测度. 由引理 7.2.2 知 $h(\Phi^\gamma) = 0$.

当一个流具有稠密的轨道时称之为拓扑意义下紊乱的流 (关于紊乱的概念还有若干个不完全等价的定义, 不再叙述). 因 $T: X \to X$ 拥有稠密轨道易知上面定义的 Φ^γ 拥有稠密的轨道, 因而 Φ^γ 是一个拓扑意义下紊乱的流. 由于 Φ^γ 的遍历测度仅包含不动点支撑的原子测度, 统计学上它是平凡的. 从 §6.6 中我们已经看到拓扑紊乱且统计平凡的离散动力系统的例子. 本节的 Φ^γ 则是拓扑紊乱且统计平凡的连续流的例子.

§7.3 流的熵的另一种定义

本节我们介绍 Sun-Vargas 给出的流的熵定义 (参见文献 [16]). 它用连续流本身, 而不是它的时间 1 同胚, 来定义流的熵, 并在定义中考虑了时间的参数化. 设 (X,d) 表示紧致度量空间, $\phi: X \times \mathbb{R} \to X$ 是连续流. 用 I 表示包含原点 0 的闭区间. 称连续函数 $\alpha: I \to \mathbb{R}$ 为一个重新参数化, 如果 α 是单调增的, 并满足 $\alpha(0) = 0$. 用 $\mathrm{Rep}I$ 表示 I 上定义的所有重新参数化组成的集合. 对 $x \in X, t \in \mathbb{R}^+, \varepsilon > 0$, 令

$$B(x,t,\varepsilon,\phi) = \{y \in X \mid \text{存在}\ \alpha \in \mathrm{Rep}[0,t],\ \text{使得} d(\phi_{\alpha(s)}x, \phi_s y) < \varepsilon, 0 \leqslant s \leqslant t\}.$$

称 $B(x,t,\varepsilon,\phi)$ 是以 x 为心的 (t,ε,ϕ) 球.

定义 7.3.1　设 (X,d) 为紧致度量空间, $\phi: X\times\mathbb{R}\to X$ 是连续流. 给定 $\mu\in\mathcal{M}_{erg,\phi}$, $0<\delta<1$, 用 $N(\delta,t,\varepsilon,\phi)$ 表示覆盖 μ 测度大于 $1-\delta$ 的一个 Borel 可测集所需的 (t,ε,ϕ) 球的最小个数, 即

$$N(\delta,t,\varepsilon,\phi)=\min\left\{\#\xi\middle|\xi\text{是由有限多个}(t,\varepsilon,\phi)\text{ 球所形成的集合类},\right.$$

$$\left.\text{满足 }\mu\left(\bigcup_{B(x,t,\varepsilon,\phi)\in\xi}B(x,t,\varepsilon,\phi)\right)>1-\delta\right\}.$$

定义 ϕ 关于 μ 的测度熵为

$$e_\mu(\phi)=\lim_{\delta\to0}\lim_{\varepsilon\to0}\limsup_{t\to\infty}\frac{1}{t}\ln N(\delta,t,\varepsilon,\phi),$$

ϕ 的拓扑熵为

$$e(\phi)=\sup_{\mu\in\mathcal{M}_{erg,\phi}}e_\mu(\phi).$$

注　定义中我们用 $e_\mu(\phi),e(\phi)$ 表示流的测度熵和拓扑熵, 以跟用时间 1 同胚所给出的类似概念 $h_\mu(\phi),h(\phi)$ 相区别. 我们将证明, 当流不具有不动点时, 这两种定义是等价的.

定理 7.3.1　设紧致度量空间 (X,d) 上的连续流 ϕ 保持一个遍历测度 μ, 即 $\mu\in\mathcal{M}_{erg,\phi}$, 则

$$e_\mu(\phi)\leqslant\frac{1}{|\tau|}h_\mu(\phi_\tau),\quad \forall\tau\in\mathbb{R}\setminus\{0\}.$$

特别地,

$$e_\mu(\phi)\leqslant h_\mu(\phi_1).$$

证明　我们考虑三种情形.

情形 1　考虑 $\tau>0$ 并令 $t=n\tau$, 这里 $n>0$ 是整数.

对于 $\forall\varepsilon>0$, 取 $\eta>0$, 使得 $d(x,y)<\eta$ 意味着 $d(\phi_s x,\phi_s y)<\varepsilon, 0\leqslant s\leqslant\tau$. 对于 $x\in X$, 令

$$D(x,t,\varepsilon,\phi)=\{y\in X|d(\phi_s x,\phi_s y)<\varepsilon,\ 0\leqslant s\leqslant t\},$$

$$\widetilde{D}(x,n,\eta,\phi_\tau)=\{y\in X|d(\phi_{i\tau}x,\phi_{i\tau}y)<\eta,\ i=0,1,\cdots,n-1\},$$

则
$$\widetilde{D}(x,n,\eta,\phi_\tau)\subset D(x,n\tau,\varepsilon,\phi)\subset B(x,n\tau,\varepsilon,\phi).$$
记
$$\widetilde{N}(\delta,n,\eta,\phi_\tau)=\min\left\{\#\xi\middle|\xi\ \text{由有限多个}\widetilde{D}(x,n,\eta,\phi_\tau)\text{组成},\right.$$
$$\left.\text{满足}\mu\left(\bigcup_{\widetilde{D}(x,n,\eta,\phi_\tau)}\widetilde{D}(x,n,\eta,\phi_\tau)\right)>1-\delta\right\},$$
则 $N(\delta,n\tau,\varepsilon,\phi)\leqslant\widetilde{N}(\delta,n,\eta,\phi_\tau)$.

选取 X 的一个有限可测分解 ξ, 使其元素直径最大的不超过 $\dfrac{\eta}{2}$, 则分解
$$\xi_{-n}=\xi\vee\phi_\tau^{-1}\xi\vee\cdots\vee\phi_\tau^{-n+1}\xi$$
中的每个元素都在某个 $\widetilde{D}(x,n,\eta,\phi_\tau)$ 中. 对 $n\in\mathbb{N},\gamma>0$, 令
$$A_{n,\gamma}=\{x\in X|x\in C_n(x),C_n(x)\in\xi_{-n},\mu(C_n(x))>\mathrm{e}^{-n(h_\mu(\phi_\tau,\xi)+\gamma)}\},$$
这里用 $C_n(x)$ 记分解 $\bigvee\limits_{i=0}^{n-1}\phi_\tau^{-i}\xi$ 中包含 x 的那个元素. 由第 4 章的 Shannon-McMillan-Breiman 定理可以得知, 对 μ-a.e.$x\in X$, 极限 $\lim\limits_{n\to\infty}\dfrac{1}{n}\ln\mu(C_n(x))$ 存在. 因 μ 是 ϕ 的不变测度, 则此极限沿 ϕ 的轨道不变. 再由 μ 是 ϕ 的遍历测度, 则 $\lim\limits_{n\to\infty}\dfrac{1}{n}\ln\mu(C_n(x))$ 是常数, μ-a.e.x. 仿照 Shannon-McMillan-Breiman 定理中推论的证明知, 这个常数就是分解的测度熵 $h_\mu(\phi_\tau,\xi)$. 于是, 对每个 $\gamma>0$, 有 $\lim\limits_{n\to\infty}\mu(A_{n,\gamma})=1$. 因此, 当 n 充分大的时候, 有 $\mu(A_{n,\gamma})>1-\delta$. 集合 $A_{n,\gamma}$ 包含至多 $\mathrm{e}^{n(h_\mu(\phi_\tau,\xi)+\gamma)}$ 个 ξ_{-n} 中的元素. 注意到 ξ_{-n} 中的每个元素都能被某个 (n,η,ϕ_τ) 球覆盖, 则用 $\mathrm{e}^{n(h_\mu(\phi_\tau,\xi)+\gamma)}$ 多个 (n,η,ϕ_τ) 球即可以覆盖 μ 测度大于 $1-\delta$ 的可测集 $A_{n,\gamma}$, 这里我们不妨把 $\mathrm{e}^{n(h_\mu(\phi_\tau,\xi)+\gamma)}$ 看作整数处理. 这样有
$$\widetilde{N}(\delta,n,\eta,\phi_\tau)\leqslant\mathrm{e}^{n(h_\mu(\phi_\tau,\xi)+\gamma)}.$$

现在我们已经得到
$$N(\delta,n\tau,\varepsilon,\phi)\leqslant\widetilde{N}(\delta,n,\eta,\phi_\tau)\leqslant\mathrm{e}^{n(h_\mu(\phi_\tau,\xi)+\gamma)},\quad\gamma>0.$$

注意到这不等式对任何 $0<\delta<1$ 都成立, 于是

$$e_\mu(\phi)=\lim_{\delta\to 0}\lim_{\varepsilon\to 0}\limsup_{n\to\infty}\frac{1}{n\tau}\ln N(\delta,n\tau,\eta,\phi)\leqslant\frac{1}{\tau}h_\mu(\phi_\tau,\xi)+\frac{\gamma}{\tau}.$$

由 γ 的任意性及 ξ 的取法, 有 $e_\mu(\phi)\leqslant h_\mu(\phi_\tau)$.

情形 2 考虑 $\tau>0,t>0$.

取自然数 $n_t>0$, 使得 $n_t\tau<t<(n_t+1)\tau$. 由定义知 $N(\delta,t,\varepsilon,\phi)\leqslant N(\delta,(n_t+1)\tau,\varepsilon,\phi)$, 因而

$$\begin{aligned}&\lim_{\varepsilon\to 0}\limsup_{t\to\infty}\frac{1}{t}\ln N(\delta,t,\varepsilon,\phi)\\&\quad\leqslant\lim_{\varepsilon\to 0}\limsup_{t\to\infty}\frac{1}{n_t\tau}\ln N(\delta,(n_t+1)\tau,\varepsilon,\phi)\\&\quad=\lim_{\varepsilon\to 0}\limsup_{t\to\infty}\frac{1}{(n_t+1)\tau}\ln N(\delta,(n_t+1)\tau,\varepsilon,\phi)\\&\quad\leqslant\frac{1}{\tau}h_\mu(\phi_\tau),\end{aligned}$$

故

$$e_\mu(\phi)\leqslant\frac{1}{\tau}h_\mu(\phi_\tau).$$

情形 3 考虑 $\tau<0,t>0$.

此时 $-\tau>0$, 因而依情形 2 得到

$$e_\mu(\phi)\leqslant-\frac{1}{\tau}h_\mu(\phi_{-\tau})=-\frac{1}{\tau}h_\mu(\phi_\tau)=\frac{1}{|\tau|}h_\mu(\phi_\tau).\qquad\square$$

下面的引理说明, 如果一个流 ϕ 没有不动点, 则在 (t,ε,ϕ) 球所能允许的对时间的重新参数化函数 $\alpha(s)$ 是有限制的, 即 $\alpha(s)$ 被一次幂函数从上方控制: $|\alpha(s)|\leqslant Cs$, 这里 $C\geqslant 0$ 是一个常数.

引理 7.3.1 设 ϕ 为紧致度量空间 (X,d) 上的连续流, 没有不动点, I 是一个包含 0 的区间, 则对任意给定的 $\varepsilon_1>0$, 存在 $\varepsilon>0$, 使得对于 $x,y\in X$ 和 $\alpha\in\mathrm{Rep}I$, 如果有 $d(\phi_{\alpha(s)}(x),\phi_s(y))<\varepsilon, s\in I$, 那么此重新参数化函数 α 满足

$$|\alpha(s)-s|<\begin{cases}\varepsilon_1, & |s|\leqslant 1,\\ \varepsilon_1|s|, & |s|>1.\end{cases}$$

证明 不失一般性, 只对 $s \geqslant 0$ 证明. 取 $T_0 > 0$, 满足下列条件: 对任给的 $0 < \lambda < T_0$, 存在 $\gamma > 0$, 使得当 $x, y \in X$ 满足 $d(x, y) < \gamma$ 时, $d(\phi_\lambda x, y) > \gamma$. 这样的 T_0 一定存在 (习题 1). 不妨设 $\varepsilon_1 < T_0$, 并把它看作 λ, 把相应的常数 γ 计成 δ'. 再取 $0 < \varepsilon < \delta'$, 满足

$$d(x, y) < \varepsilon \Longrightarrow d(\phi_s x, \phi_s y) < \delta', \quad 0 \leqslant s \leqslant 2.$$

以下验证这样取的 ε 即为所求.

设

$$d(\phi_{\alpha(s)} x, \phi_s y) < \varepsilon, \quad 0 \leqslant s \leqslant 2,$$

则

$$d(\phi_{\alpha(s)-s} \phi_s x, \phi_s y) < \varepsilon, \quad 0 \leqslant s \leqslant 2.$$

由习题 1, 有

$$|\alpha(s) - s| < \varepsilon_1, \quad 0 \leqslant s \leqslant 2.$$

再设

$$d(\phi_{\alpha(s)} x, \phi_s y) < \varepsilon, \quad 2 \leqslant s \leqslant 4.$$

记 $u = s - 2$, 有

$$d(\phi_{\alpha(u+2)} x, \phi_u \phi_2 y) < \varepsilon, \quad 0 \leqslant u \leqslant 2.$$

记

$$\gamma(u) = \alpha(u+2) - \alpha(2),$$

有

$$d(\phi_{\gamma(u)-u} \phi_u \phi_{\alpha(2)} x, \phi_u \phi_2 y) < \varepsilon, \quad 0 \leqslant u \leqslant 2.$$

注意到 $d(\phi_{\alpha(2)}(x), \phi_2(y)) < \varepsilon$, 进而

$$d(\phi_u \phi_{\alpha(2)} x, \phi_u \phi_2 y) < \delta', \quad 0 \leqslant u \leqslant 2,$$

再由 δ' 的选取, 我们得到

$$|\gamma(u) - u| < \varepsilon_1, \quad 0 \leqslant u \leqslant 2,$$

即

$$|\alpha(u+2) - \alpha(2) - (u+2) + 2| < \varepsilon_1, \quad 0 \leqslant u \leqslant 2.$$

这给出

$$|\alpha(s)-s|<2\varepsilon_1,\quad 2\leqslant s\leqslant 4.$$

归纳地可证明

$$|\alpha(s)-s|<n\varepsilon_1,\quad 2n-2\leqslant s\leqslant 2n,\quad n=2,3,4,\cdots.$$

由此容易得到所要结论. □

定理 7.3.2　设 ϕ 为紧致度量空间 (X,d) 上的流, 没有不动点, 并设 ϕ 保持一个遍历测度 μ, 则

$$e_\mu(\phi)\geqslant\frac{1}{|\tau|}h_\mu(\phi_\tau),\quad \forall\tau\in\mathbb{R}\setminus\{0\}.$$

证明　考虑 X 上的一个有限可测分解 $\xi=\{A_1,\cdots,A_m,A_{m+1}\}$, 满足:

(i) $A_1,\cdots,A_m$ 是互不相交的紧致集合;

(ii) $A_{m+1}=X\setminus\bigcup_{i=1}^{m}A_i$.

断言　对任意 $r>0$, 有

$$r+e_\mu(\phi)\geqslant\frac{1}{|\tau|}h_\mu(\phi_\tau,\xi).$$

证明　为了证明断言, 取 L 满足 $\frac{1}{|\tau|L}\ln 6<r$. 下面分三种情形证明断言.

情形 1　设 $\tau>0,t=nL\tau$, 这里 n 为正整数.

用 $A_n(x)$ 记分解 $\bigvee_{i=0}^{n-1}\phi_{L\tau}^{-i}\xi$ 中包含 x 的那个元素. 由 Shonnon-McMillan-Breiman 定理, 对于 μ-a.e. $x\in X$, 极限 $\lim\limits_{n\to\infty}\frac{1}{n}\ln\mu(A_n(x))$ 存在, 且等于 $h_\mu(\phi_{L\tau},\xi)$(见习题).

取 $b>0$, 并定义

$$\mathcal{A}_{nb}(\xi)=\left\{A\in\bigvee_{i=0}^{n-1}\phi_{L\tau}^{-i}\xi\,\middle|\,\mu(A)<\mathrm{e}^{-n(h_\mu(\phi_{L\tau},\xi)-b)}\right\}.$$

令 $A_{nb}(\xi)=\bigcup\limits_{A\in\mathcal{A}_{nb}(\xi)}A$, 则当 n 充分大时, $\mu(A_{nb}(\xi))>2\delta$ 对某个 $\delta>0$

成立.

设 $\eta_0 = \min\{d(x,y) | x \in A_i, y \in A_j, 1 \leqslant i \neq j \leqslant m\}$. 对给定的 $\eta \in (0,\eta_0)$, 我们选择 $\theta > 0$, 使得

$$d(\phi_s(z), z) < \frac{\eta}{3}, \quad \forall z \in X, \ |s| \leqslant \theta.$$

如引理 7.3.1, 取相应于 $\varepsilon_1 = \dfrac{\theta}{4L\tau}$ 的 $\varepsilon \in \left(0, \dfrac{\eta}{3}\right)$. 记 $N = N(\delta, t, \varepsilon, \phi)$, 考虑 N 个 (t,ε,ϕ) 球 $B(x_1,t,\varepsilon,\phi),\cdots,B(x_N,t,\varepsilon,\phi)$, 使得这些球的并的 μ 测度大于 $1-\delta$. 于是

$$\mu\left(\mathcal{A}_{nb}(\xi) \cap \bigcup_{j=1}^{N} B(x_j,t,\varepsilon,\phi)\right) > \delta.$$

现在我们证明, 对每个 $j = 1,2,\cdots,N$, $\mathcal{A}_{nb}(\xi)$ 中最多有 6^n 个元素和 $B(x_j,t,\varepsilon,\phi)$ 有非空交集. 事实上, 若 $x \in A \cap B(x_j,t,\varepsilon,\phi)$, $A \in \bigvee\limits_{i=0}^{n-1} \phi_{L\tau}^{-i}\xi$, 则存在 $\alpha \in \mathrm{Rep}[0,t]$, 使得

$$d(\phi_{\alpha(s)}x_j, \phi_s x) < \varepsilon, \quad 0 \leqslant s \leqslant t.$$

记 $u = s - s_1, \gamma(u) = \alpha(s) - \alpha(s_1)$, 则 $\gamma \in \mathrm{Rep}[-s_1, t-s_1]$, 满足

$$d(\phi_{\gamma(u)}\phi_{\alpha(s_1)}x_j, \phi_u\phi_{s_1}x) < \varepsilon, \quad -s_1 \leqslant u \leqslant t - s_1.$$

由引理 7.3.1 知道, $|\gamma(u) - u| < \varepsilon_1|u| = \dfrac{\theta}{4L\tau}|u|$. 取 $u = s_2 - s_1$, 其中 $|s_2 - s_1| < L\tau$, 则有 $|(\alpha(s_1) - s_1) - (\alpha(s_2) - s_2)| \leqslant \dfrac{\theta}{4}$.

考虑如下数列:

$$S_\alpha = \left\{\left[\frac{\alpha(kL\tau) - kL\tau}{\theta/4}\right]\right\}, \quad k = 0,1,\cdots,n-1,$$

其中 $[z]$ 表示小于或等于 z 的最大整数. 若对另外的 $\widetilde{A} \in \bigvee\limits_{i=0}^{n-1} \phi_{L\tau}^{-i}\xi$ (即 $\widetilde{A} \neq A$), 存在 $y \in \widetilde{A} \cap B(x_j,t,\varepsilon,\phi)$, 则我们可以取 $\beta \in \mathrm{Rep}[0,t]$, 使得

$d(\phi_{\beta(s)}x_j, \phi_s y) < \varepsilon, 0 \leqslant s \leqslant t$. 类似地可定义数列 S_β. 若数列 S_α 和 S_β 相同, 则对任意 $s \in [0,t]$, 有

$$\begin{aligned}|\alpha(s)-\beta(s)| \leqslant & \left|(\alpha(s)-s)-\left(\alpha\left(\left[\frac{s}{L\tau}\right]L\tau\right)-\left[\frac{s}{L\tau}\right]L\tau\right)\right| \\ & +\left|\left(\alpha\left(\left[\frac{s}{L\tau}\right]L\tau\right)-\left[\frac{s}{L\tau}\right]L\tau\right)-\left(\beta\left(\left[\frac{s}{L\tau}\right]L\tau\right)-\left[\frac{s}{L\tau}\right]L\tau\right)\right| \\ & +\left|(\beta(s)-s)-\left(\beta\left(\left[\frac{s}{L\tau}\right]L\tau\right)-\left[\frac{s}{L\tau}\right]L\tau\right)\right| \\ \leqslant & \frac{\theta}{4}+\frac{\theta}{4}\left|\frac{\alpha\left(\left[\frac{s}{L\tau}\right]L\tau\right)-\left[\frac{s}{L\tau}\right]L\tau}{\frac{\theta}{4}}-\frac{\beta\left(\left[\frac{s}{L\tau}\right]L\tau\right)-\left[\frac{s}{L\tau}\right]L\tau}{\frac{\theta}{4}}\right|+\frac{\theta}{4} \\ \leqslant & \theta.\end{aligned}$$

从 θ 的选取知道, 对于所有的 $s \in [0,t]$, 有 $d(\phi_{\alpha(s)}x_j, \phi_{\beta(s)}x_j) < \dfrac{\eta}{3}$. 因此, 对所有的 $0 \leqslant s \leqslant t$, 有

$$\begin{aligned}d(\phi_s x, \phi_s y) &\leqslant d(\phi_s x, \phi_{\alpha(s)}x_j) + d(\phi_{\alpha(s)}x_j, \phi_{\beta(s)}x_j) + d(\phi_s y, \phi_{\beta(s)}x_j) \\ &< \varepsilon + \frac{\eta}{3} + \varepsilon < \eta.\end{aligned}$$

特别地, $d(\phi_{L\tau}^i x, \phi_{L\tau}^i y) \leqslant \eta,\ i = 0, 1, \cdots, n-1$. 对 $\mathcal{A}_{nb}(\xi)$ 中的一个 A, 存在 $i_0, i_1, \cdots, i_{n-1} \in \{1, 2, \cdots, m+1\}$, 使得

$$A = A_{i_0} \cap \phi_{L\tau}^{-1}(A_{i_2}) \cap \cdots \cap \phi_{L\tau}^{-(n-1)}(A_{i_{n-1}}).$$

注意到 η_0 的选取, 对给定的数列 S_α, 则至多存在 2^n 种 A 的选择, 使得 $A \cap B(x_j, t, \varepsilon, \phi) \neq \varnothing$.

现在注意到 S_α 的第一项是 0, 且 S_α 的相邻两项之差是整数, 而这个整数至多是 1. 由此看来, 最多存在 3^{n-1} 个不同的数列 S_α. 故对每个 $j = 1, 2, \cdots, N$, 至多有 6^n 个 $\mathcal{A}_{nb}(\xi)$ 中的元素与 $B(x_j, t, \varepsilon, \phi)$ 有非空交集, 进而可知最多有$N6^n$ 个 $\mathcal{A}_{nb}(\xi)$ 中的元素与 $\displaystyle\bigcup_{j=1}^{N} B(x_j, t, \varepsilon, \phi)$ 有非空交集. 再注意到

$$\mu\left(A_{nb}(\xi) \cap \bigcup_{j=1}^{N} B(x_j, t, \varepsilon, \phi)\right) > \delta$$

以及对每个 $\mathcal{A}_{nb}(\xi)$ 中的 A 有

$$\mu\left(A\cap\bigcup_{j=1}^{N}B(x_j,t,\varepsilon,\phi)\right)<\mathrm{e}^{-n(h_\mu(\phi_{L\tau},\xi)-b)},$$

我们得到至少有 $\mathcal{A}_{nb}(\xi)$ 中的 $\delta\mathrm{e}^{n(h_\mu(\phi_{L\tau},\xi)-b)}$ 个元素和 $\bigcup_{j=1}^{N}B(x_j,t,\varepsilon,\phi)$ 有非空交集. 于是

$$6^nN(\delta,t,\varepsilon,\phi)\geqslant\delta\mathrm{e}^{n(h_\mu(\phi_{L\tau},\xi)-b)}.$$

故由熵定义及 L,τ,r 的选取, 有

$$\frac{1}{\tau}h_\mu(\phi_\tau,\xi)\leqslant e_\mu(\phi)+r.$$

情形 2 考虑 $\tau>0,t>0$ 的情形.

取 $n_t\in\mathbb{Z}^+$, 使得 $n_tL\tau\leqslant t<(n_t+1)L\tau$. 由定义易知 $N(\delta,t,\varepsilon,\phi)\geqslant N(\delta,n_tL\tau,\varepsilon,\phi)$. 于是我们可以得到

$$\begin{aligned}e_\mu(\phi)+r&=\lim_{\delta\to1}\lim_{\varepsilon\to0}\limsup_{t\to\infty}\frac{1}{t}\ln N(\delta,t,\varepsilon,\phi)+r\\&\geqslant\lim_{\varepsilon\to0}\limsup_{t\to\infty}\frac{1}{(n_t+1)L\tau}\ln N(\delta,n_tL\tau,\varepsilon,\phi)+r\\&=\lim_{\varepsilon\to0}\limsup_{t\to\infty}\frac{1}{n_tL\tau}\ln N(\delta,n_tL\tau,\varepsilon,\phi)+r\\&\geqslant\frac{1}{\tau}h_\mu(\phi_\tau,\xi).\end{aligned}$$

情形 3 现在考虑 $\tau<0,t>0$.

因 $-\tau>0$, 类似于情形 2 的讨论, 有

$$e_\mu(\phi)\geqslant-\frac{1}{\tau}h_\tau(\phi_{-\tau})=-\frac{1}{\tau}h_\tau(\phi_\tau)=\left|\frac{1}{\tau}\right|h_\tau(\phi_\tau).\qquad\square$$

本节介绍的流的熵的定义关注流本身, 而不是像通常定义那样 (如定义 7.2.1) 只关注流的时间 1 离散采样. 本节的定义中还考虑了时间参数化. 这个定义在无不动点流的情形和用时间 1 映射给的定义是吻合的. 那么, 本节给的熵定义对具有不动点流的情形和时间 1 映射定义的熵有怎样的差别呢? 它在哪类具有不动点的流中可作为等价流的怎样程度的不变量? 这些问题都有待探讨.

§7.4　习　　题

1. 设 (X,ϕ) 为紧致度量空间上的连续流, 没有不动点. 证明: 存在 $T_0>0$, 满足下列条件: 对任给的 $0<\lambda<T_0$, 存在 $\gamma>0$, 使得当 $x,y\in X$ 满足 $d(x,y)<\gamma$ 时, $d(\phi_\lambda x,y)>\gamma$.

2. 给定紧致度量空间 X 上的一个流 ϕ, 又给定 $q\in X$, $t\in\mathbb{R}^+$ 及 $\varepsilon>0$. 记一个 (t,ε,ϕ) 球为

$$D(q,t,\varepsilon,\phi)=\{w\in X|d(\phi_s w,\phi_s q)<\varepsilon,0\leqslant s\leqslant t\}.$$

给定 $\delta\in(0,1)$ 和 $\mu\in\mathcal{M}_{erg,\phi}$, 记 $R(\delta,t,\varepsilon,\phi)$ 为覆盖一个测度大于 $1-\delta$ 的集合所需要的 (t,ε,ϕ) 球的最少个数. ϕ 的测度熵 $h_\mu(\phi)$ 定义为

$$h_\mu(\phi)=\lim_{\varepsilon\to 0}\limsup_{t\to\infty}\frac{1}{t}\ln R(\delta,t,\varepsilon,\phi).$$

证明: $h_\mu(\phi)$ 与 δ 的选取无关且 $h_\mu(\phi)=h_\mu(\phi_1)$. (提示: 参照 Katok 就离散系统给出的熵定义.)

3. 设 ϕ,ψ 为紧致度量空间 X 上的等价的连续流, 没有不动点. 证明:

$$h(\phi)=0\Longleftrightarrow h(\psi)=0;\quad h(\phi)=\infty\Longleftrightarrow h(\psi)=\infty.$$

4. 设 $\mu\in\mathcal{M}_{erg,\phi}$, ξ 为有限分解. 取定 $\tau>0$. 证明:

$$h_\mu(\phi_\tau,\xi)=-\lim_{n\to\infty}\frac{1}{n}\ln\mu(C_n(x)),\quad \mu\text{-a.e.}x,$$

其中 $C_n(x)$ 为 $\bigvee\limits_{i=0}^{n-1}\phi_\tau^{-i}\xi$ 中包含 x 的元素.

5. (i) 对紧致度量空间 (X,d) 上的流 $\phi:X\times\mathbb{R}\to X$ 如下刻画其可扩性是否合理? 请说明理由: 存在 $e>0$, 使当 $x\neq y$ 时, 有 $d(\phi(x,t),\phi(y,t))>e$, $t\in\mathbb{R}$.

(ii) 试给出流的可扩性的一个合理定义.

(iii) 就给定的可扩性定义证明: 当两个流等价时, 一个是可扩流则另一个也是.

6. 设 $T:X\to X$ 是紧致度量空间上的同胚, $r:X\to\mathbb{R}$, $r(x)=1$ 是常函数 1. 用 (X^r,ϕ) 表示 (X,T) 经 r 做成的扭转流. 证明: $h(T)=h(\phi)=h(\phi_1)$.

7. 构造一个无周期点的流, 使具有 0 拓扑熵. (提示: 有多种方法和例子, 比如取圆周的无理旋转的扭扩流.)

8. 构造一个无周期点的流, 使具有正拓扑熵. (提示: 有多种方法和例子, 比如取圆周的无理旋转和符号系统的乘积之后再做扭扩流.)

第8章　拓　扑　压

本章我们总设定 $T: X \to X$ 为紧致度量空间 X 上的连续映射. 记 $C(X)$ 为 X 上所有连续实值函数就上确界模形成的 Banach 空间. 本章介绍的拓扑压是一个联系着 $C(X)$ 的结构的映射

$$P(T, \cdot): C(X) \to \mathbb{R} \cup \{\infty\}.$$

如果 $f \in C(X)$ 取 0 函数, 则这个映射给出拓扑系统 (X, T) 的拓扑熵, 即 $P(T, 0) = h(T)$. 从这个意义上讲, 拓扑压是拓扑熵的推广. 类似于拓扑熵和测度熵的变分原理, 本章就拓扑压, 测度熵和测度积分也建立变分原理, 进而讨论类似于最大熵测度概念的所谓平衡态测度. 拓扑压理论运用了数学统计力学的思路并对一些领域有重要应用.

§8.1　拓扑压的定义

拓扑压可以用生成集和分离集给出定义, 也可以用开覆盖给出. 我们将证明这些定义是等价的. 考虑紧致度量空间 (X, d) 上的连续映射 $T: X \to X$. 对 $f \in C(X)$, $x \in X$ 和 $n \in \mathbb{N}$, 记 $S_n f(x) = \sum\limits_{i=0}^{n-1} f(T^i x)$. 拓扑压定义中的对数指自然对数.

8.1.1　用生成集和分离集给出的拓扑压定义

定义 8.1.1　对 $f \in C(X)$, $n \geqslant 1$ 和 $\varepsilon > 0$, 记

$$Q_n(T, f, \varepsilon) = \inf\left\{\sum_{x \in F} \mathrm{e}^{(S_n f)(x)} \,\middle|\, F \text{ 是}(X, T) \text{ 的}(n, \varepsilon) \text{ 生成集}\right\},$$

$$Q(T, f, \varepsilon) = \limsup_{n \to \infty} \frac{1}{n} \ln Q_n(T, f, \varepsilon), \quad P(T, f) = \lim_{\varepsilon \to 0} Q(T, f, \varepsilon).$$

称

$$P(T,\cdot): C(X) \to \mathbb{R} \cup \{\infty\},$$
$$f \mapsto P(T,f),$$

为 T 的**拓扑压**.

注　我们指出定义的合理性. 因

$$0 < Q_n(T,f,\varepsilon) \leqslant \| \mathrm{e}^{S_n f} \| r_n(\varepsilon, X) < \infty,$$

所以

$$0 \leqslant Q(T,f,\varepsilon) \leqslant \| f \| + r(\varepsilon, X) < \infty.$$

再注意到 $\varepsilon_1 < \varepsilon_2$ 意味着 $Q(T,f,\varepsilon_1) > Q(T,f,\varepsilon_2)$, 故极限 $P(T,f)$ 存在 (允许是 $+\infty$).

定义 8.1.2　对 $f \in C(X)$, $n \geqslant 1$ 和 $\varepsilon > 0$, 记

$$P_n(T,f,\varepsilon) = \sup\left\{\sum_{x\in E} \mathrm{e}^{(S_n f)(x)} \middle| E \text{ 是 } (X,T) \text{ 的 } (n,\varepsilon) \text{ 分离集}\right\},$$

$$P(T,f,\varepsilon) = \limsup_{n\to\infty} \frac{1}{n} \ln P_n(T,f,\varepsilon), \quad P(T,f) = \lim_{\varepsilon\to 0} P(T,f,\varepsilon).$$

称

$$P(T,\cdot): C(X) \to \mathbb{R} \cup \{\infty\},$$
$$f \mapsto P(T,f),$$

为 T 的**拓扑压**.

之所以用定义 8.1.1 中的符号 $P(T,f)$ 来记 $\lim\limits_{\varepsilon\to 0} P(T,f,\varepsilon)$, 是因为这极限和 $\lim\limits_{\varepsilon\to 0} Q(T,f,\varepsilon)$ 相同 (这也就给出了定义 8.1.2 的合理性), 见下面的命题证明.

命题 8.1.1

$$\begin{aligned} P(T,f) &= \lim_{\varepsilon\to 0} \limsup_{n\to\infty} \frac{1}{n} \ln Q_n(T,f,\varepsilon) \\ &= \lim_{\varepsilon\to 0} \limsup_{n\to\infty} \frac{1}{n} \ln P_n(T,f,\varepsilon). \end{aligned}$$

证明　设 E 为 X 那样的 (n,ε) 分离集, 使得添加任何点都不再是 (n,ε) 分离集了, 则 E 必为 X 的一个 (n,ε) 生成集. 故

$$Q_n(T,f,\varepsilon) \leqslant P_n(T,f,\varepsilon).$$

取 $\delta>0$, 满足

$$d(x,y)<\frac{\varepsilon}{2}\Longrightarrow |f(x)-f(y)|<\delta,\quad \forall x,y\in X.$$

下面证明 $P_n(T,f,\varepsilon)\leqslant \mathrm{e}^{n\delta}Q_n\left(T,f,\frac{\varepsilon}{2}\right)$.

设 E 为 (n,ε) 分离集, F 为 $\left(n,\frac{\varepsilon}{2}\right)$ 生成集. 构造映射 $\phi:E\to F$, 使得对 $x\in E$ 取 $\phi(x)\in F$ 满足

$$d(T^ix,T^i\phi(x))<\frac{\varepsilon}{2},\quad i=0,1,\cdots,n-1.$$

易见 ϕ 是单射. 于是

$$\begin{aligned}\sum_{y\in F}\mathrm{e}^{S_nf(y)}&\geqslant\sum_{y\in\phi E\subset F}\mathrm{e}^{S_nf(y)}\\&=\sum_{x\in E}\mathrm{e}^{S_nf(\phi x)-S_nf(x)}\cdot\mathrm{e}^{S_nf(x)}\\&\geqslant\min_{x\in E}\mathrm{e}^{S_nf(\phi x)-S_nf(x)}\cdot\sum_{x\in E}\mathrm{e}^{S_nf(x)}\\&\geqslant\mathrm{e}^{-n\delta}\cdot\sum_{x\in E}\mathrm{e}^{S_nf(x)},\end{aligned}$$

这里我们用到了

$$|S_nf(\phi x)-S_nf(x)|\geqslant-\sum_{i=0}^{n-1}|f(T^i\phi x)-f(T^ix)|\geqslant-n\delta.$$

由 E,F 的任意性, 则

$$P_n(T,f,\varepsilon)\leqslant\mathrm{e}^{n\delta}Q_n\left(T,f,\frac{\varepsilon}{2}\right).$$

于是有

$$\lim_{\varepsilon\to0}\limsup_{n\to\infty}\frac{1}{n}\ln Q_n(T,f,\varepsilon)\geqslant\lim_{\varepsilon\to0}\limsup_{n\to\infty}\frac{1}{n}\ln P_n(T,f,\varepsilon)-\delta.$$

当 $\varepsilon\to0$ 时, 有 $\delta\to0$, 故

$$\lim_{\varepsilon\to0}\limsup_{n\to\infty}\frac{1}{n}\ln Q_n(T,f,\varepsilon)\geqslant\lim_{\varepsilon\to0}\limsup_{n\to\infty}\frac{1}{n}\ln P_n(T,f,\varepsilon).\qquad\square$$

8.1.2　拓扑压的开覆盖定义

设 $f\in C(X)$, α 为 X 的开覆盖, 又设 $n\geqslant 1$ 和 $\varepsilon>0$. 记

$$q_n(T,f,\alpha)=\inf\left\{\sum_{B\in\beta}\inf_{x\in B}\mathrm{e}^{S_nf(x)}\,\middle|\,\beta \text{ 为 } \bigvee_{i=0}^{n-1}T^{-i}\alpha \text{ 的有限子覆盖}\right\},$$

$$p_n(T,f,\alpha)=\inf\left\{\sum_{B\in\beta}\sup_{x\in B}\mathrm{e}^{S_nf(x)}\,\middle|\,\beta \text{ 为 } \bigvee_{i=0}^{n-1}T^{-i}\alpha \text{ 的有限子覆盖}\right\},$$

则

$$q_n(T,f,\alpha)\leqslant p_n(T,f,\alpha),\ q_n(T,0,\alpha)=p_n(T,0,\alpha)=N\left(\bigvee_{i=0}^{n-1}T^{-i}\alpha\right),$$

且

$$\alpha<\gamma\Longrightarrow q_n(T,f,\alpha)<q_n(T,f,\gamma).$$

命题 8.1.2　对 $f\in C(X)$ 和 X 的开覆盖 α, 有

$$\lim_{n\to\infty}\frac{1}{n}\ln p_n(T,f,\alpha)=\inf\frac{1}{n}\ln p_n(T,f,\alpha).$$

证明　令 $a_n=\ln p_n(T,f,\alpha)$. 只要能证 $a_{n+k}\leqslant a_n+a_k$, 就会有 $\lim\limits_{n\to\infty}\dfrac{a_n}{n}=\inf\dfrac{a_n}{n}$. 于是我们只证明

$$p_{n+k}(T,f,\alpha)\leqslant p_n(T,f,\alpha)\cdot p_k(T,f,\alpha).$$

设 β 为 $\bigvee\limits_{i=0}^{n-1}T^{-i}\alpha$ 的一个有限子覆盖, γ 为 $\bigvee\limits_{i=0}^{k-1}T^{-i}\alpha$ 的一个有限子覆盖, 则 $\beta\vee T^{-n}\gamma$ 为 $\bigvee\limits_{i=0}^{n+k-1}T^{-i}\alpha$ 的一个有限子覆盖. 因此

$$\begin{aligned}
&\sum_{D\in\beta\vee T^{-n}\gamma}\sup_{x\in D}\mathrm{e}^{S_{n+k}f(x)}\\
&\quad=\sum_{D\in\beta\vee T^{-n}\gamma}\sup_{x\in D}\mathrm{e}^{S_nf(x)}\cdot\mathrm{e}^{S_kf(T^nx)}\\
&\quad\leqslant\sum_{B\in\beta}\sup_{x\in B}\mathrm{e}^{S_nf(x)}\cdot\sum_{C\in T^{-n}\gamma}\sup_{x\in C}\mathrm{e}^{S_kf(T^nx)}\\
&\quad=\sum_{B\in\beta}\sup_{x\in B}\mathrm{e}^{S_nf(x)}\cdot\sum_{C\in\gamma}\sup_{x\in C}\mathrm{e}^{S_kf(x)},
\end{aligned}$$

进而

$$p_{n+k}(T,f,\alpha) \leqslant p_n(T,f,\alpha) \cdot p_k(T,f,\alpha). \qquad \square$$

命题 8.1.3 给定 $f \in C(X)$ 和 $\delta > 0$. 若开覆盖 α 满足

$$d(x,y) \leqslant \mathrm{diam}\alpha \Longrightarrow |f(x)-f(y)| \leqslant \delta, \quad \forall x,y \in X,$$

则 $p_n(T,f,\alpha) \leqslant \mathrm{e}^{n\delta} q_n(T,f,\alpha)$.

注 题设条件总可以通过取小直径的开覆盖得到满足.

证明 设 $B \in \bigvee_{i=0}^{n-1} T^{-i}\alpha$, 且 $x_0, y_0 \in \overline{B}$, 满足

$$\sup_{x\in B} \mathrm{e}^{S_n f(x)} = \mathrm{e}^{S_n f(x_0)}, \quad \inf_{x\in B} \mathrm{e}^{S_n f(x)} = \mathrm{e}^{S_n f(y_0)},$$

则

$$\begin{aligned}
\sup_{x\in B} \mathrm{e}^{S_n f(x)} &= \mathrm{e}^{S_n f(x_0)} \\
&= \mathrm{e}^{S_n f(x_0) - S_n f(y_0)} \cdot \mathrm{e}^{S_n f(y_0)} \\
&= \mathrm{e}^{[f(x_0)-f(y_0)]+\cdots+[f(T^{n-1}x_0)-f(T^{n-1}y_0)]} \cdot \inf_{x\in B} \mathrm{e}^{S_n f(x)} \\
&\leqslant \mathrm{e}^{n\delta} \cdot \inf_{x\in B} \mathrm{e}^{S_n f(x)},
\end{aligned}$$

进而有 $p_n(T,f,\alpha) \leqslant \mathrm{e}^{n\delta} q_n(T,f,\alpha)$. $\square$

定义 8.1.3 T 的拓扑压定义为

$$\begin{aligned}
P(T,f) &= \lim_{\delta\to 0}\left[\sup_{\alpha}\left\{\lim_{n\to\infty}\frac{1}{n}\ln p_n(T,f,\alpha)\middle|\,\mathrm{diam}\alpha \leqslant \delta\right\}\right] \\
&= \lim_{\delta\to 0}\left[\sup_{\alpha}\left\{\limsup_{n\to\infty}\frac{1}{n}\ln q_n(T,f,\alpha)\middle|\,\mathrm{diam}\alpha \leqslant \delta\right\}\right].
\end{aligned}$$

注 我们指出定义 8.1.3 的合理性. 由命题 8.1.2 可以知道, 极限 $\lim\limits_{n\to\infty}\frac{1}{n}\ln p_n(T,f,\alpha)$ 存在. 注意到命题 8.1.2 的论证对 $q_n(T,f,\alpha)$ 并不成立, 因此使用上极限 $\limsup\limits_{n\to\infty}\frac{1}{n}\ln q_n(T,f,\alpha)$. 由于 $q_n(T,f,\alpha) \leqslant p_n(T,f,\alpha)$ 和命题 8.1.3, 定义 8.1.3 式子中的第二个等号成立, 而第一个等号 ($P(X,T)$ 等于极限式) 则是基于命题 8.1.3 和后面的命题 8.1.4.

8.1.3　定义的等价性讨论

命题 8.1.4　(i) 设 α 为 X 的开覆盖, 具有 Lebesgue 数 $\delta>0$, 则

$$q_n(T,f,\alpha)\leqslant Q_n\left(T,f,\frac{\delta}{2}\right)\leqslant P_n\left(T,f,\frac{\delta}{2}\right);$$

(ii) 设 $\varepsilon>0$, α 为开覆盖, 满足 $\mathrm{diam}\alpha<\varepsilon$, 则

$$Q_n(T,f,\varepsilon)\leqslant P_n(T,f,\varepsilon)\leqslant p_n(T,f,\alpha).$$

证明　(i) 设 F 为 (X,T) 的 $\left(n,\dfrac{\delta}{2}\right)$ 生成集, 则

$$X=\bigcup_{x\in F}\bigcap_{i=0}^{n-1}T^{-i}B\left(T^ix,\frac{\delta}{2}\right).$$

由于 $B\left(T^ix,\dfrac{\delta}{2}\right)$ 包含在 α 的某个元素中, 所以 $\displaystyle\bigcap_{i=0}^{n-1}T^{-i}B\left(T^ix,\frac{\delta}{2}\right)$ 包含在 $\displaystyle\bigvee_{i=0}^{n-1}T^{-i}\alpha$ 的某个元素中. 由 $\displaystyle\bigvee_{i=0}^{n-1}T^{-i}\alpha$ 中所有含有

$$\bigcap_{i=0}^{n-1}T^{-i}B\left(T^ix,\frac{\delta}{2}\right),\quad \forall x\in F$$

的元素组成子开覆盖 γ, 于是有

$$q_n(T,f,\alpha)\leqslant\sum_{B\in\gamma}\inf_{x\in B}\mathrm{e}^{S_nf(x)}\leqslant\sum_{x\in F}\mathrm{e}^{S_nf(x)},$$

进而由 F 的任意性有 $q_n(T,f,\alpha)\leqslant Q_n\left(T,f,\dfrac{\delta}{2}\right)$.

(ii) 设 E 为 (n,ε) 分离集, 则 $\displaystyle\bigvee_{i=0}^{n-1}T^{-i}\alpha$ 中的每个元素至多含有 E 中一个点. 于是

$$\sum_{x\in E}\mathrm{e}^{S_nf(x)}\leqslant p_n(T,f,\alpha).$$

故 $P_n(T,f,\varepsilon)\leqslant p_n(T,f,\alpha)$. □

定理 8.1.1 设 $T: X \to X$ 为紧致度量空间上的连续映射, $f \in C(X)$, 则定义 8.1.1, 定义 8.1.2 和定义 8.1.3 相互等价.

证明 已经知道定义 8.1.1 和定义 8.1.2 是等价的了, 只要再证明它们和定义 8.1.3 等价即可.

设 $\delta > 0$, α 为开覆盖, 满足 $\mathrm{diam}\alpha < \delta$, 则由命题 8.1.4 中的 (ii) 有

$$P_n(T, f, \delta) \leqslant p_n(T, f, \alpha).$$

再注意到命题 8.1.2, 有

$$\begin{aligned} P(T, f, \delta) &\leqslant \lim_{n\to\infty} \frac{1}{n} \ln p_n(T, f, \alpha) \\ &\leqslant \sup_{\alpha} \left\{ \lim_{n\to\infty} \frac{1}{n} \ln p_n(T, f, \alpha) \middle| \mathrm{diam}\alpha \leqslant \delta \right\}. \end{aligned}$$

所以由定义 8.1.2 给出的拓扑压 $P(T, f) = \lim\limits_{\delta\to 0} P(T, f, \delta)$ 小于或等于

$$\lim_{\delta\to 0} \left[\sup_{\alpha} \left\{ \lim_{n\to\infty} \frac{1}{n} \ln p_n(T, f, \alpha) \middle| \mathrm{diam}\alpha \leqslant \delta \right\} \right].$$

另一方面, 设 α 为 X 的开覆盖, 具有 Lebesgue 数 $\delta > 0$. 由命题 8.1.4 中的 (i) 有

$$q_n(T, f, \alpha) \leqslant P_n\left(T, f, \frac{\delta}{2}\right).$$

令 $\tau_\alpha = \sup\{|f(x) - f(y)| \mid d(x, y) < \mathrm{diam}\alpha, x, y \in X\}$, 由命题 8.1.3 有

$$p_n(T, f, \alpha) \leqslant \mathrm{e}^{n\tau_\alpha} \cdot q_n(T, f, \alpha) \leqslant \mathrm{e}^{n\tau_\alpha} \cdot P_n\left(T, f, \frac{\delta}{2}\right).$$

再由命题 8.1.2 有

$$\lim_{n\to\infty} \frac{1}{n} \ln p_n(T, f, \alpha) \leqslant \tau_\alpha + \limsup_{n\to\infty} \frac{1}{n} \ln P_n\left(T, f, \frac{\delta}{2}\right).$$

注意到 $\mathrm{diam}\alpha \to 0$ 时, $\tau_\alpha \to 0$, 于是由定义 8.1.2 给出的拓扑压 $P(T, f)$ 大于或等于

$$\lim_{\eta\to 0} \left[\sup_{\alpha} \left\{ \lim_{n\to\infty} \frac{1}{n} \ln p_n(T, f, \alpha) \middle| \mathrm{diam}\alpha \leqslant \eta \right\} \right].$$

定理得证. □

我们给出拓扑压的更多的等价定义, 其等价性的证明留为作业习题.

定理 8.1.2 设 $T: X \to X$ 为紧致度量空间上的连续映射, $f \in C(X)$, 则下列两个表述给出的都是拓扑压 $P(T, f)$:

(i) $\lim\limits_{k\to\infty}\left[\lim\limits_{n\to\infty}\frac{1}{n}\ln p_n(T, f, \alpha_k)\right]$, 其中 α_k 是 X 的开覆盖, 满足 $\mathrm{diam}\alpha_k \to 0$;

(ii) $\lim\limits_{k\to\infty}\left[\limsup\limits_{n\to\infty}\frac{1}{n}\ln q_n(T, f, \alpha_k)\right]$, 其中 α_k 是 X 的开覆盖, 满足 $\mathrm{diam}\alpha_k \to 0$.

§8.2 拓扑压的性质

8.2.1 拓扑压的几个性质

定理 8.2.1 设 X 为紧致度量空间, $T: X \to X$ 是连续映射, 又设 $f \in C(X)$.

(i) 若 $k > 0$ 是整数, 则 $P(T^k, S_k f) = kP(T, f)$;

(ii) 若 T 是同胚, 故 $P(T^{-1}, f) = P(T, f)$.

证明 (i) T 的 (nk, ε) 生成集一定是 T^k 的 (n, ε) 生成集. 于是

$$\begin{aligned}
Q_n(T^k, S_k f, \varepsilon) &= \inf\left\{\sum_{x\in F}\mathrm{e}^{S_n S_k f(x)}\middle| F \text{ 是 } T^k \text{ 的 } (n,\varepsilon) \text{ 生成集}\right\}\\
&\leqslant \inf\left\{\sum_{x\in F}\mathrm{e}^{S_{nk} f(x)}\middle| F \text{ 是 } T \text{ 的 } (nk,\varepsilon) \text{ 生成集}\right\}\\
&= Q_{nk}(T, f, \varepsilon),
\end{aligned}$$

进而

$$\begin{aligned}
P(T^k, S_k f) &= \lim_{\varepsilon\to 0}\limsup_{n\to\infty}\frac{1}{n}\ln Q_n(T^k, S_k f, \varepsilon)\\
&\leqslant k\lim_{\varepsilon\to 0}\limsup_{n\to\infty}\frac{1}{nk}\ln Q_{nk}(T, f, \varepsilon)\\
&= kP(T, f).
\end{aligned}$$

反之, 对 $\forall\varepsilon>0$, 取 $\delta>0$, 使得

$$d(x,y)<\delta \Longrightarrow \max_{1\leqslant i\leqslant k-1} d(T^i x, T^i y)<\varepsilon, \quad \forall x,y\in X.$$

设 F 为 T^k 的 (n,δ) 生成集, 则 F 为 T 的 (nk,ε) 生成集. 故 $Q_n(T^k, S_k f, \delta)\geqslant Q_{nk}(T,f,\varepsilon)$, 进而有 $P(T^k, S_k f)\geqslant kP(T,f)$.

(ii) 因 $T:X\to X$ 是同胚, 故 E 为 T 的 (n,ε) 分离集 $\Longleftrightarrow T^{n-1}E$ 为 T^{-1} 的 (n,ε) 分离集. 又有

$$\begin{aligned}\sum_{x\in E}\mathrm{e}^{S_n f(x)} &= \sum_{x\in E}\mathrm{e}^{f(x)+f(Tx)+\cdots+f(T^{n-1}x)}\\ &= \sum_{y\in T^{n-1}E}\mathrm{e}^{f(T^{-(n-1)}y)+\cdots+f(T^{-1}y)+f(y)}.\end{aligned}$$

故 $P_n(T,f,\varepsilon)=P_n(T^{-1},f,\varepsilon)$, 进而有 $P(T,f)=P(T^{-1},f)$. □

定理 8.2.2 设 $T_i: X_i\to X_i (i=1,2)$ 是紧致度量空间 (X_i,d_i) 上的连续满映射, $\phi: X_1\to X_2$ 是连续满映射, 满足 $\phi\circ T_1=T_2\circ\phi$, 亦即下列交换图:

$$\begin{array}{ccc} X_1 & \xrightarrow{T_1} & X_1 \\ \phi\big\downarrow & & \big\downarrow\phi \\ X_2 & \xrightarrow{T_2} & X_2 \end{array}$$

则

$$P(T_2,f)\leqslant P(T_1,f\circ\phi), \quad \forall f\in C(X_2,\mathbb{R}).$$

如果 $\phi: X_1\to X_2$ 是同胚, 则有

$$P(T_2,f)=P(T_1,f\circ\phi), \quad \forall f\in C(X_2,\mathbb{R}).$$

证明 对任意给定的 $\varepsilon>0$, 取 $\delta>0$, 使得

$$d_1(x,y)<\delta \Longrightarrow d_2(\phi(x),\phi(y))<\varepsilon, \quad \forall x,y\in X_1.$$

若 F 为 (X_1,T_1) 的 (n,δ) 生成集, 则 ϕF 为 (X_2,T_2) 的 (n,ε) 生成集. 注意到 $\#F\geqslant\#(\phi F)$, 我们有

$$\begin{aligned}&\sum_{x\in F}\mathrm{e}^{f(\phi x)+f(\phi T_1x)+\cdots+f(\phi T_1^{n-1}x)}\\&\quad\geqslant\sum_{y\in\phi F}\mathrm{e}^{f(y)+f(T_2y)+\cdots+f(T_2^{n-1}y)}\\&\quad\geqslant Q_n(T_2,f,\varepsilon).\end{aligned}$$

所以 $Q_n(T_1,f\circ\phi,\delta)\geqslant Q_n(T_2,f,\varepsilon)$, 进而有 $P(T_1,f\circ\phi)\geqslant P(T_2,f)$.

当 ϕ 是同胚时也可证明 $P(T_1,f\circ\phi)\leqslant P(T_2,f)$, 进而等式成立. □

8.2.2 拓扑压的变分原理

引理 8.2.1 设 $a_1,\cdots,a_k$ 是给定的一组实数. 如果 $p_i\geqslant 0$ 且 $\sum\limits_{i=1}^{k}p_i=1$, 则

$$\sum_{i=1}^{k}p_i(a_i-\ln p_i)\leqslant\ln\sum_{i=1}^{k}\mathrm{e}^{a_i},$$

而等式成立的充分必要条件为

$$p_i=\frac{\mathrm{e}^{a_i}}{\sum\limits_{j=1}^{k}\mathrm{e}^{a_j}},\quad i=1,2,\cdots,k.$$

证明 设 $M=\sum\limits_{j=1}^{k}\mathrm{e}^{a_j}$. 在命题 3.1.1 中, 令 $\alpha_i=\dfrac{\mathrm{e}^{a_i}}{M},x_i=\dfrac{p_iM}{\mathrm{e}^{a_i}}$, 则 $\sum\limits_{i=1}^{k}\alpha_i=1$. 回顾在命题 3.1.1 中的函数 $\phi(x)=x\ln x(x>0)$, 则

$$\begin{aligned}0=\phi(1)=\phi\left(\sum_{i=1}^{k}\alpha_ix_i\right)&\leqslant\sum_{i=1}^{k}\alpha_i\phi(x_i)\\&=\sum_{i=1}^{k}\frac{\mathrm{e}^{a_i}}{M}\cdot\frac{p_iM}{\mathrm{e}^{a_i}}\ln\frac{p_iM}{\mathrm{e}^{a_i}}=\sum_{i=1}^{k}p_i(\ln p_i+\ln M-a_i)\\&=\sum_{i=1}^{k}p_i(\ln p_i-a_i)+\ln M,\end{aligned}$$

进而有 $\sum\limits_{i=1}^{k}p_i(a_i-\ln p_i)\leqslant\ln\sum\limits_{i=1}^{k}\mathrm{e}^{a_i}$, 其中等号成立当且仅当 $x_i=\dfrac{p_iM}{\mathrm{e}^{a_i}}$

不依赖于 i 的选取, 即 $p_i = \dfrac{\mathrm{e}^{a_i}}{M}$, $i = 1, 2, \cdots, k$. □

下面的定理是关于拓扑压的变分原理. 它是关于拓扑熵的变分原理 (定理 6.4.1) 的推广, 其证明也沿用了那里的部分思路.

定理 8.2.3 设 $T: X \to X$ 为紧致度量空间 (X, d) 上的连续映射, $f \in C(X)$, 则

$$P(T, f) = \sup_{\mu \in M(X,T)} \left\{ h_\mu(T) + \int f \mathrm{d}\mu \right\}.$$

证明 步骤 1 设 $\mu \in M(X, T)$, 证明 $h_\mu(T) + \displaystyle\int f \mathrm{d}\mu \leqslant P(T, f)$.

设 $\xi = \{A_1, \cdots, A_k\}$ 为 $(X, \mathcal{B}(X))$ 的有限分解. 给定 $a > 0$, 取 $\varepsilon > 0$, 使得 $\varepsilon < \dfrac{a}{k \ln k}$. 因 μ 正则, 可选择紧子集 $B_i \subset A_i$, 使得 $\mu(A_i \setminus B_i) < \varepsilon$, $i = 1, 2, \cdots, k$. 构造一个分解

$$\eta = \{B_0, B_1, \cdots, B_k\}, \quad B_0 = X \setminus \bigcup_{i=1}^{k} B_i.$$

如同拓扑熵的变分原理, 可证 $H_\mu(\xi|\eta) \leqslant (k \ln k)\varepsilon < a$. 令

$$b = \min_{1 \leqslant i \neq j \leqslant k} d(B_i, B_j) > 0.$$

取 $0 < \delta < \dfrac{b}{2}$, 使得

$$d(x, y) < \delta \Longrightarrow |f(x) - f(y)| < \varepsilon, \quad \forall x, y \in X.$$

取 E 为 (X, T) 的那样的 (n, δ) 分离集, 使得添加任何点就不再是 (n, δ) 分离集了, 则 E 为 (X, T) 的 (n, δ) 生成集. 对 $C \in \bigvee\limits_{i=0}^{n-1} T^{-i}\eta$, 记 $\alpha(C) = \sup\{S_n f(x) | x \in C\}$, 则根据引理 8.2.1 有

$$\begin{aligned}
&H_\mu\left(\bigvee_{i=0}^{n-1} T^{-i}\eta\right) + \int S_n f \mathrm{d}\mu \\
&= -\sum_{C \in \bigvee_{i=0}^{n-1} T^{-i}\eta} \mu(C) \ln \mu(C) + \sum_{C \in \bigvee_{i=0}^{n-1} T^{-i}\eta} \int_C S_n f \mathrm{d}\mu
\end{aligned}$$

$$\leqslant \sum_{C\in\bigvee_{i=0}^{n-1}T^{-i}\eta} \mu(C)[\alpha(C)-\ln\mu(C)]$$
$$\leqslant \ln \sum_{C\in\bigvee_{i=0}^{n-1}T^{-i}\eta} \mathrm{e}^{\alpha(C)}.$$

对每个 $C\in\bigvee\limits_{i=0}^{n-1}T^{-i}\eta$, 选取 $x\in\overline{C}$, 使得 $(S_nf)(x)=\alpha(C)$. 因 E 是 (n,δ) 生成集, 故存在 $y(C)\in E$, 使得

$$d(T^ix,T^iy(C))<\delta,\quad i=0,1,\cdots,n-1.$$

则

$$\begin{aligned}\alpha(C)&=S_nf(x)\\&=S_nf(y(C))+\sum_{i=0}^{n-1}[f(T^ix)-f(T^iy(C))]\\&\leqslant S_nf(y(C))+n\varepsilon.\end{aligned}$$

由于 b 的选取以及 $\delta<\dfrac{b}{2}$, 每个半径为 δ 的球与 η 中至多两个元素的闭包有交集. 对于每个 $y\in E$, 则 $\#\left\{C\in\bigvee\limits_{i=0}^{n-1}T^{-i}\eta\,\middle|\,y(C)=y\right\}\leqslant 2^n$. 于是

$$\sum_{C\in\bigvee_{i=0}^{n-1}T^{-i}\eta} \mathrm{e}^{\alpha(C)-n\varepsilon}\leqslant \sum_{C\in\bigvee_{i=0}^{n-1}T^{-i}\eta} \mathrm{e}^{S_nf(y(C))}\leqslant 2^n\sum_{y\in E}\mathrm{e}^{S_nf(y)},$$

进而

$$\ln \sum_{C\in\bigvee_{i=0}^{n-1}T^{-i}\eta} \mathrm{e}^{\alpha(C)}-n\varepsilon\leqslant n\ln 2+\ln\sum_{y\in E}\mathrm{e}^{S_nf(y)}.$$

因此

$$\begin{aligned}
&\frac{1}{n}H_\mu\left(\bigvee_{i=0}^{n-1}T^{-i}\eta\right)+\int f\mathrm{d}\mu\\
&\quad=\frac{1}{n}H_\mu\left(\bigvee_{i=0}^{n-1}T^{-i}\eta\right)+\frac{1}{n}\int S_nf\mathrm{d}\mu\\
&\quad\leqslant\varepsilon+\ln 2+\frac{1}{n}\ln\sum_{y\in E}\mathrm{e}^{S_nf(y)}\\
&\quad\leqslant\varepsilon+\ln 2+\frac{1}{n}\ln P_n(T,f,\delta).
\end{aligned}$$

令 $n\to\infty$, 得到 $h_\mu(T,\eta)+\displaystyle\int fd\mu\leqslant\varepsilon+\ln 2+P(T,f)$.

使用 ξ 与 η 的关系 $h_\mu(T,\xi)\leqslant h_\mu(T,\eta)+H_\mu(\xi|\eta)$, 进而得到

$$\begin{aligned}
&h_\mu(T,\xi)+\int f\mathrm{d}\mu\\
&\quad\leqslant h_\mu(T,\eta)+\int f\mathrm{d}\mu+H_\mu(\xi|\eta)\\
&\quad\leqslant P(T,f)+\ln 2+\varepsilon+a\\
&\quad< P(T,f)+\ln 2+2a.
\end{aligned}$$

这个不等式对任何连续映射 $T:X\to X$ 和 $f\in C(X)$ 均成立. 将 T 换成 T^n, f 换成 $S_nf=\displaystyle\sum_{i=0}^{n-1}f\circ T^i$, 有

$$n\left[h_\mu(T,\xi)+\int f\mathrm{d}\mu\right]\leqslant nP(T,f)+\ln 2+2a.$$

上式两边同时除以 n, 并令 $n\to\infty$, 得到

$$h_\mu(T,\xi)+\int f\mathrm{d}\mu\leqslant P(T,f),$$

于是

$$h_\mu(T)+\int f\mathrm{d}\mu\leqslant P(T,f).$$

步骤 2 设 $\varepsilon>0$, 我们将找 $\mu\in M(X,T)$, 满足 $h_\mu(T)+\displaystyle\int f\mathrm{d}\mu\geqslant P(T,f,\varepsilon)$. 据此即知

$$\sup\left\{h_\mu(T)+\int f\mathrm{d}\mu \,\middle|\, \mu\in M(X,T)\right\}\geqslant P(T,f).$$

设 E_n 为 (X,T) 的 (n,ε) 分离集, 满足

$$\ln\sum_{y\in E_n}\mathrm{e}^{S_nf(y)}\geqslant \ln P_n(T,f,\varepsilon)-1.$$

记

$$\sigma_n=\frac{1}{\sum\limits_{y\in E_n}\mathrm{e}^{S_nf(y)}}\sum_{y\in E_n}\mathrm{e}^{S_nf(y)}\delta_y\in M(X),$$

$$\mu_n=\frac{1}{n}\sum_{i=0}^{n-1}\widetilde{T}^i\circ\sigma_n.$$

取子列 $\{n_j\}$, 使得

$$\lim_{j\to\infty}\frac{1}{n_j}\ln P_{n_j}(T,f,\varepsilon)=P(T,f,\varepsilon),$$

且 μ_{n_j} 弱 * 收敛于某个测度 $\mu\in M(X)$. 由定理 6.1.2 知 $\mu\in M(X,T)$. 以下验证 $h_\mu(T)+\int f\mathrm{d}\mu\geqslant P(T,f,\varepsilon)$.

取 $(X,\mathcal{B}(X))$ 的分解 $\xi=\{A_1,\cdots,A_k\}$, 满足 $\mathrm{diam}A_i<\varepsilon$ 且 $\mu(\partial A_i)=0, i=1,2,\cdots,k$, 则 $\bigvee\limits_{i=0}^{n-1}T^{-i}\xi$ 中每个元素包含 E_n 的至多一个点. 使用 σ_n 的定义和引理 8.2.1 得到

$$\begin{aligned}
&H_{\sigma_n}\left(\bigvee_{i=0}^{n-1}T^{-i}\xi\right)+\int S_nf\mathrm{d}\sigma_n\\
&=-\sum_{C\in\bigvee\limits_{i=0}^{n-1}T^{-i}\xi}\sigma_n(C)\left[\ln\sigma_n(C)-\int_C S_nf\mathrm{d}\sigma_n\right]\\
&=\sum_{y\in E_n}\sigma_n(y)[S_nf(y)-\ln\sigma_n(y)]\\
&=\ln\sum_{y\in E_n}\mathrm{e}^{S_nf(y)}.
\end{aligned}$$

对自然数 n,q, 满足 $0<q<n$, 如引理 6.4.3 那样对每个 $0\leqslant j\leqslant q-1$ 定义 $a(j)=\left[\dfrac{n-j}{q}\right]$, 则

$$\{0,1,\cdots,n-1\}=\{j+rq+i|0\leqslant r\leqslant a(j)-1,\ 0\leqslant i\leqslant q-1\}\cup S,$$

其中 $S=\{0,1,\cdots,j-1\}\cup\{j+a(j)q,j+a(j)q+1,\cdots,n-1\}$, $\#(S)\leqslant 2q$. 现在对固定的 $0\leqslant j\leqslant q-1$, 我们有

$$\bigvee_{i=0}^{n-1}T^{-i}\xi=\bigvee_{i=0}^{a(j)-1}T^{-(rq+j)}\left(\bigvee_{i=0}^{q-1}T^{-i}\xi\right)\vee\bigvee_{l\in S}T^{-l}\xi,$$

于是

$$\begin{aligned}\ln\sum_{y\in E_n}\mathrm{e}^{S_nf(y)}&=H_{\sigma_n}\left(\bigvee_{j=0}^{n-1}T^{-j}\xi\right)+\int S_nf\mathrm{d}\sigma_n\\&\leqslant\sum_{r=0}^{a(j)-1}H_{\sigma_n}\left(T^{-(rq+j)}\bigvee_{i=0}^{q-1}T^{-i}\xi\right)\\&\quad+H_{\sigma_n}\left(\bigvee_{k\in S}T^{-k}\xi\right)+\int S_nf\mathrm{d}\sigma_n\\&\leqslant\sum_{r=0}^{a(j)-1}H_{\widetilde{T}^{rq+j}\sigma_n}\left(\bigvee_{i=0}^{q-1}T^{-i}\xi\right)+2q\ln k+\int S_nf\mathrm{d}\sigma_n.\end{aligned}$$

令 j 从 0 变到 $q-1$ 作和 (不等式右端可添加些非负项), 得到

$$q\ln\sum_{y\in E_n}\mathrm{e}^{S_nf(y)}\leqslant\sum_{p=0}^{n-1}H_{\widetilde{T}^p\sigma_n}\left(\bigvee_{i=0}^{q-1}T^{-i}\xi\right)+2q^2\ln k+q\int S_nf\mathrm{d}\sigma_n.$$

回顾定理 6.3.1 的证明中已有 $H_{p\mu+(1-p)m}(\xi)\geqslant pH_\mu(\xi)+(1-p)H_m(\xi)$. 不难将这个性质推广到有限多项的凸组合情形. 注意到这个事实并在不等式两端同时除以 n, 得到

$$\frac{q}{n}\ln\sum_{y\in E_n}\mathrm{e}^{S_nf(y)}\leqslant H_{\frac{1}{n}\sum\limits_{p=0}^{n-1}\widetilde{T}^p\circ\sigma_n}\left(\bigvee_{i=0}^{q-1}T^{-i}\xi\right)+\frac{2q^2}{n}\ln k+q\int f\mathrm{d}\frac{1}{n}\sum_{i=0}^{n-1}\widetilde{T}^i\circ\sigma_n.$$

对于所选定的子列 $\{n_j\}$, 并注意到 E_{n_j} 的选取, 有

$$\begin{aligned}\frac{q}{n_j}\ln P_{n_j}(T,f,\varepsilon)-\frac{q}{n_j}&\leqslant\frac{q}{n_j}\ln\sum_{y\in E_{n_j}}\mathrm{e}^{S_{n_j}f(y)}\\&\leqslant H_{\mu_{n_j}}\left(\bigvee_{i=0}^{q-1}T^{-i}\xi\right)+\frac{2q^2}{n_j}\ln k+q\int f\mathrm{d}\mu_{n_j}.\end{aligned}$$

令 $j\to\infty$, 注意到 $\mu(\partial A_i)=0$, 有

$$\lim_{j\to\infty}H_{\mu_{n_j}}\left(\bigvee_{i=0}^{q-1}T^{-i}\xi\right)=H_\mu\left(\bigvee_{i=0}^{q-1}T^{-i}\xi\right).$$

于是

$$qP(T,f,\varepsilon)\leqslant H_\mu\left(\bigvee_{i=0}^{q-1}T^{-i}\xi\right)+q\int f\mathrm{d}\mu.$$

上式两边除以 q, 再令 $q\to\infty$, 得到

$$P(T,f,\varepsilon)\leqslant h_\mu(T,\xi)+\int f\mathrm{d}\mu\leqslant h_\mu(T)+\int f\mathrm{d}\mu.\qquad\square$$

§8.3　平　衡　态

定义 8.3.1　设 $T:X\to X$ 为紧致度量空间 X 上的连续映射, $f\in C(X)$. 测度 $\mu\in\mathcal{M}(X,T)$ 称为 f 的**平衡态**, 如果

$$h_\mu(T)+\int f\mathrm{d}\mu=P(T,f).$$

如果将 f 视为观察函数, 将 $P(T,f)$ 视为由 f 观察到的系统 (X,T) 的复杂性态, 则这样观察到的值等于平衡态测度 μ 的熵加上 f 关于 μ 的积分 (如果平衡态测度存在的话). 0 函数的平衡态 (如果存在的话) 就是最大熵测度. 因此, 平衡态是最大熵测度的推广. 后面我们会给出一个例子, 说明平衡态测度可以唯一地存在. 为此, 我们先介绍可扩系统的拓扑压的计算方法.

定理 8.3.1 设 $T:X\to X$ 为紧致度量空间 X 上的可扩同胚, $f\in C(X)$. 如果 α 是 X 的一个生成子开覆盖, 则

$$P(T,f)=\lim_{n\to\infty}\frac{1}{n}\ln p_n(T,f,\alpha)=\limsup_{n\to\infty}\frac{1}{n}\ln q_n(T,f,\alpha).$$

我们把证明留作习题.

例 8.3.1 对 $Y=\{0,1,\cdots,k-1\}$ 赋予离散拓扑, 令 $X=\prod\limits_{-\infty}^{+\infty}(Y,2^Y)$ 并赋予乘积拓扑. 考虑转移同胚

$$\begin{aligned}T&:X\to X,\\\{x_i\}_{-\infty}^{+\infty}&\mapsto\{x_{i+1}\}_{-\infty}^{+\infty},\end{aligned}$$

即 (X,T) 即为由 k 个符号给出的拓扑系统. 给定 k 个数 $a_0,a_1,\cdots,a_{k-1}\in\mathbb{R}$, 考虑函数 $f(\{x_i\}_{-\infty}^{+\infty})=a_{x_0}$. 易知 f 是连续的. 我们讨论 f 的平衡态及其唯一性.

步骤 1 计算拓扑压 $P(T,f)$.

用 $\alpha=\{A_0,A_1,\cdots,A_{k-1}\}$ 表示 X 的自然开覆盖, 其中 $A_i=\{\{x_j\}_{-\infty}^{+\infty}|x_0=i\}$. f 在 A_i 上取常值 a_i. 注意到

$$\bigvee_{i=0}^{n-1}T^{-i}\alpha=\{[i_0,i_1,\cdots,i_{n-1}]|i_0,i_1,\cdots,i_{n-1}\in\{0,1,\cdots,k-1\}\},$$

对于 $x\in[i_0,i_1,\cdots,i_{n-1}]$ 有

$$S_nf(x)=S_nf([i_0,i_1,\cdots,i_{n-1}])=a_{i_0}+\cdots+a_{i_{n-1}},$$

再注意到开覆盖 $\bigvee\limits_{i=0}^{n-1}T^{-i}\alpha$ 没有真子覆盖, 则

$$\begin{aligned}p_n(T,f,\alpha)&=q_n(T,f,\alpha)\\&=\sum_{B\in\bigvee\limits_{i=0}^{n-1}T^{-i}\alpha}\inf_{x\in B}\mathrm{e}^{S_nf(x)}\end{aligned}$$

$$
\begin{aligned}
&= \sum_{i_0,\cdots,i_{n-1}=0}^{k-1} \mathrm{e}^{a_{i_0}+\cdots+a_{i_{n-1}}} \\
&= \sum_{i_0,\cdots,i_{n-1}=0}^{k-1} \mathrm{e}^{a_{i_0}} \cdots \mathrm{e}^{a_{i_{n-1}}} \\
&= [\mathrm{e}^{a_0} + \mathrm{e}^{a_1} + \cdots + \mathrm{e}^{a_{k-1}}]^n.
\end{aligned}
$$

应用定理 8.3.1 有

$$P(T,f) = \lim_{n\to\infty} \frac{1}{n} \ln p_n(T,f,\alpha) = \ln(\mathrm{e}^{a_0} + \mathrm{e}^{a_1} + \cdots + \mathrm{e}^{a_{k-1}}).$$

步骤 2 证明用概率向量

$$(p_0,\cdots,p_{k-1}) = \left(\frac{\mathrm{e}^{a_0}}{\sum_{i=0}^{k-1} \mathrm{e}^{a_i}}, \cdots, \frac{\mathrm{e}^{a_{k-1}}}{\sum_{i=0}^{k-1} \mathrm{e}^{a_i}} \right)$$

给出的乘积测度 m (参看第 1 章) 是平衡态.

事实上, m 是 T 的不变测度, 在第 3 章中已经证明

$$h_m(T) = -\sum_{i=0}^{k-1} p_i \ln p_i.$$

由引理 8.2.1 有

$$
\begin{aligned}
h_m(T) + \int f \mathrm{d}m &= -\sum_{i=0}^{k-1} p_i \ln p_i + \sum_{i=0}^{k-1} \int_{A_i} a_i \mathrm{d}m \\
&= -\sum_{i=0}^{k-1} p_i (a_i - \ln p_i) = \ln \sum_{i=0}^{k-1} \mathrm{e}^{a_i} \\
&= P(T,f).
\end{aligned}
$$

步骤 3 证明平衡态的唯一性.

在符号系统中, 自然开覆盖 α 也是 X 的可测分解. 记 $\xi = \alpha$, 则 ξ 是 X 的生成子分解. 设 $\mu \in M(X,T)$ 是 T 关于 f 的平衡态, 往证

$m=\mu$. 令 $p_i=\mu(A_i), 0\leqslant i\leqslant k-1$, 则由引理 8.2.1 有

$$\begin{aligned}\ln\sum_{j=0}^{k-1}\mathrm{e}^{a_j}&=h_\mu(T,\xi)+\int f\mathrm{d}\mu=h_\mu(T,\xi)+\sum_{j=0}^{k-1}\int_{A_j}a_j\mathrm{d}\mu\\&\leqslant\frac{1}{n}H_\mu\left(\bigvee_{i=0}^{n-1}T^{-i}\xi\right)+\sum_{j=0}^{k-1}a_jp_j\leqslant H_\mu(\xi)+\sum_{j=0}^{k-1}a_jp_j\\&=\sum_{j=0}^{k-1}p_i(a_i-\ln p_i)\leqslant\ln\sum_{j=0}^{k-1}\mathrm{e}^{a_i}.\end{aligned}\tag{3.1}$$

所以

$$H_\mu\left(\bigvee_{i=0}^{n-1}T^{-i}\xi\right)=nH_\mu(\xi).$$

注意到

$$\begin{aligned}&H_\mu(\xi\vee\eta)=H_\mu(\xi)+H_\mu(\eta)\\&\qquad\Longleftrightarrow\mu(A\cap C)=\mu(A)\cdot\mu(C),\quad\forall A\in\xi,\quad\forall C\in\eta,\end{aligned}$$

故 μ 是乘积测度. 由 (3.1) 式可知

$$\sum_{j=0}^{k-1}p_i(a_i-\ln p_i)=\ln\sum_{j=0}^{k-1}\mathrm{e}^{a_i}.$$

这意味着 (由引理 8.2.1) μ 在 A_i 上的测度为

$$\frac{\mathrm{e}^{a_i}}{\sum\limits_{j=0}^{k-1}\mathrm{e}^{a_j}},\quad i=0,1,\cdots k-1.$$

故 μ 和 m 是同一个概率向量

$$\left(\frac{\mathrm{e}^{a_0}}{\sum\limits_{i=0}^{k-1}\mathrm{e}^{a_i}},\cdots,\frac{\mathrm{e}^{a_{k-1}}}{\sum\limits_{i=0}^{k-1}\mathrm{e}^{a_i}}\right)$$

给出的乘积测度, 因而相等.

§8.4 习 题

1. 证明定理 8.1.2.

2. 设 $T: X \to X$ 为紧致度量空间 X 上的可扩同胚, $f \in C(X)$. 如果 α 是 X 的一个生成子开覆盖, 则

$$P(T, f) = \lim_{n\to\infty} \frac{1}{n} \ln p_n(T, f, \alpha).$$

参 考 文 献

[1] Brown J. *Ergodic theory and topological dynamics.* New York: Academic Press, 1976.

[2] 程士宏. 测度论与概率论基础. 北京: 北京大学出版社, 2004.

[3] Feller W. *An introduction to probability theory and its applications.* 2nd ed. New York: Wiley, 1957.

[4] Halmos P. *Measure theory.* New York: Springer-Verlag, 1974.

[5] 何伟弘, 周作领. 测度中心为单点集的强拓扑混合系统. 数学学报, 2002(45): 929–934.

[6] Katok A. *Lyapunov exponents, entropy and periodic points for differeomorphisms.* IHES Pub, 1980(51): 137–173.

[7] Kingman J F, Tayler S T. *Introduction to measure and probability.* Cambridge: Cambridge University Press, 1966.

[8] Mane R. *Ergodic theory and differentiable dynamics.* Berlin: Springer, 1987.

[9] Ohno T. *A weak equivalence and topological entropy.* Plub. RIMS, Kyoto Univ., 1980(16): 289–298.

[10] Pathasarathy K R. *Introduction to probability and measure.* London: MacMillan, 1977.

[11] Petersen K. *Ergodic theory.* London: Cambridge University Press, 1983.

[12] Pollicott M, Yuri M. *Dynamical systems and ergodic theory.* London: Cambridge Univesity Press, 1998.

[13] Rohlin V A. *Entropy of metric autonormophism.* Dokl. Acad. Nauk USSR, 1959(124): 980–983.

[14] Sun W. *Entropy of orthonormal n-frame flows.* Nonlinearity, 2001(14): 829–842.

[15] Sun W, Young T, Zhou Y. *Topological entropies of equivalent smooth flows.* Trans. Amer. Math. Soc., 2009(361): 3071–3082.

[16] Sun W, Vargas E. *Entropy of flows, revisited.* Bol. Soc. Bras. Mat., 1999(30): 315–333.

[17] Sun W, Zhang C. *Zero entropy versus infnity entropy.* Disc. Cont. Dyn. Syst., 2011(30): 1237–1242.

[18] Walters P. *An introduction to ergodic theory*. New York: Springer-Verlag, 1982.

[19] 熊金城. 关于拓扑熵的一点注记. 科学通报, 1988(33): 1534–1536.

[20] 严加安. 测度论讲义. 北京: 科学出版社, 2000.